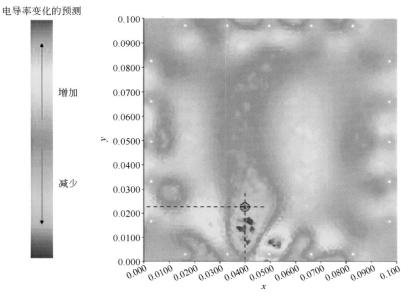

电导率变化的预测

增加

减少

彩图 1.19

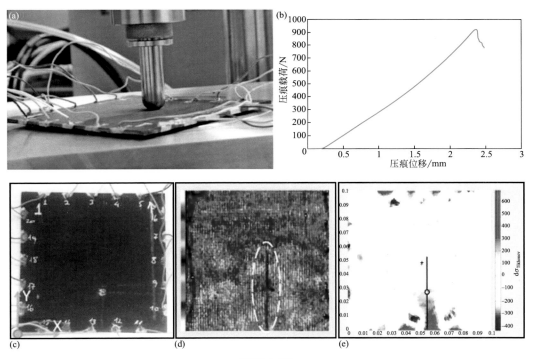

(a)

(b)

压痕载荷/N

压痕位移/mm

(c)

(d)

(e)

彩图 1.20

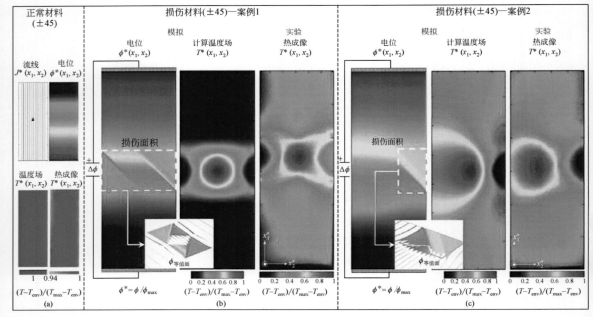

正常材料
(±45)

流线
$J^*(x_1, x_2)$

电位
$\phi^*(x_1, x_2)$

温度场
$T^*(x_1, x_2)$

热成像
$T^*(x_1, x_2)$

1   0.94   1

$(T-T_{env})/(T_{max}-T_{env})$

(a)

损伤材料(±45)—案例1

模拟

电位
$\phi^*(x_1, x_2)$

计算温度场
$T^*(x_1, x_2)$

实验

热成像
$T^*(x_1, x_2)$

损伤面积

ϕ等值面

$\phi^* = \phi/\phi_{max}$

0   0.2 0.4 0.6 0.8 1

$(T-T_{env})/(T_{max}-T_{env})$

0   0.2 0.4 0.6 0.8 1

$(T-T_{env})/(T_{max}-T_{env})$

(b)

损伤材料(±45)—案例2

模拟

电位
$\phi^*(x_1, x_2)$

计算温度场
$T^*(x_1, x_2)$

实验

热成像
$T^*(x_1, x_2)$

损伤面积

ϕ等值面

$\phi^* = \phi/\phi_{max}$

0   0.2 0.4 0.6 0.8 1

$(T-T_{env})/(T_{max}-T_{env})$

0   0.2 0.4 0.6 0.8 1

$(T-T_{env})/(T_{max}-T_{env})$

(c)

彩图 1. 22

(a)

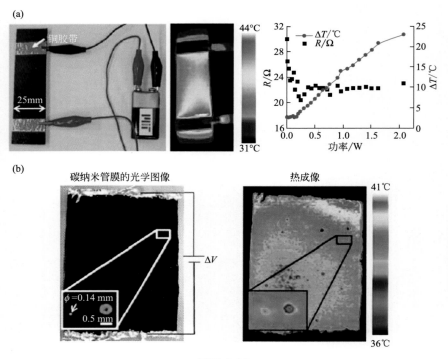

铜胶带

25mm

44℃

31℃

32   25

28   20

R/Ω 15

24    $\Delta T/℃$ 10

20   5

16

0.0 0.5 1.0 1.5 2.0

功率/W

○ $\Delta T/℃$
■ R/Ω

(b)

碳纳米管膜的光学图像

热成像

ϕ=0.14 mm

0.5 mm

ΔV

41℃

36℃

彩图 1. 23

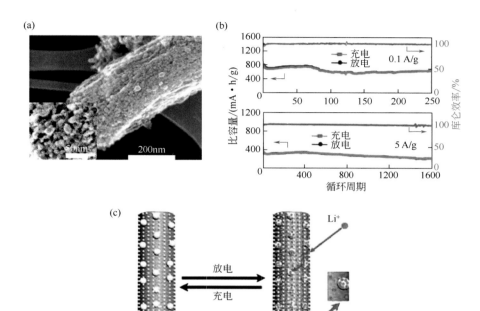

彩图 5.8

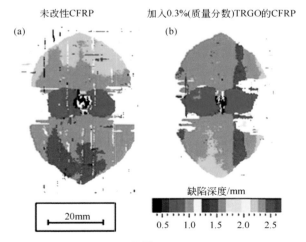

彩图 9.12

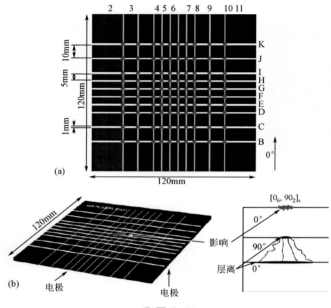

彩图 9.17

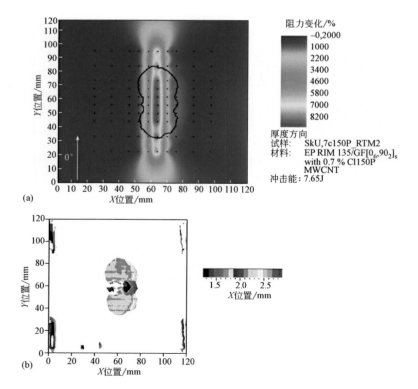

彩图 9.18

Multifunctionality of Polymer Composites

多功能聚合物复合材料

（第3卷）

纳米材料的挑战与应用

（德）　克劳斯·费里德里希（Klaus Friedrich）　主编
　　　　乌尔夫·布鲁尔（Ulf Breuer）

刘勇　徐玉龙　等　译

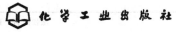

化学工业出版社

·北京·

ELSEVIER
爱思唯尔

内容简介

《多功能聚合物复合材料（第3卷）》详细介绍了多功能纳米聚合物复合材料领域的最新研究进展，包括力学、界面和热物理性能，制造技术和表征方法。作者整理总结了在聚合物复合材料领域许多知名学者的研究成果，探讨了多功能聚合物复合材料领域的最新趋势。本卷分为10章，介绍了多功能纳米聚合物复合材料在不同领域的应用，包括碳纳米管复合材料在航空航天领域的应用；碳纳米管和石墨烯的多功能高分子复合材料的性能研究；碳纳米管/纤维多尺度复合材料的加工及在传感方面的应用；含金属的纳米复合材料的光学性质；耐磨损的透明的多功能聚合物纳米涂料；锂离子电池纳米结构复合纤维阳极的静电纺丝制备；含ZnO纳米颗粒的多功能聚合物微粒复合材料的制备新方法；纳米微粒改性基体的聚合物复合材料的机械、电、传感性能；多尺度多层纳米复合材料的组装及在结构材料中的应用等方面。通过案例研究阐明了如何实现多功能纳米复合材料不同性能的组合，深入介绍了目前纳米复合材料的挑战与应用。

本卷系统地对多功能纳米复合材料进行了介绍，有案例分析，也有相关的专业知识。本卷是从事研究多功能纳米复合材料科技工作者的重要参考读物，可提供相关技术和实践的指导。本卷主要面向寻求解决新材料开发和特定应用方案的专业学者，也适合对多功能纳米复合材料领域感兴趣的科研人员和学生使用。

注　意

本书涉及领域的知识和实践标准在不断变化。新的研究和经验拓展我们的理解，因此须对研究方法、专业实践或医疗方法作出调整。从业者和研究人员必须始终依靠自身经验和知识来评估和使用本书中提到的所有信息、方法、化合物或本书中描述的实验。在使用这些信息或方法时，他们应注意自身和他人的安全，包括注意他们负有专业责任的当事人的安全。在法律允许的最大范围内，爱思唯尔、译文的原文作者、原文编辑及原文内容提供者均不对因产品责任、疏忽或其他人身或财产伤害及/或损失承担责任，亦不对由于使用或操作文中提到的方法、产品、说明或思想而导致的人身或财产伤害及/或损失承担责任。

北京市版权局著作权合同登记号：01-2016-5979

图书在版编目(CIP)数据

多功能聚合物复合材料. 第3卷，纳米材料的挑战与应用/(德)克劳斯·费里德里希，(德)乌尔夫·布鲁尔主编；刘勇等译. —北京：化学工业出版社，2021.1(2023.8重印)
书名原文：Multifunctionality of Polymer Composites
ISBN 978-7-122-35633-8

Ⅰ.①多… Ⅱ.①克… ②乌… ③刘… Ⅲ.①聚合物-功能材料-复合材料 Ⅳ.①TB33

中国版本图书馆 CIP 数据核字（2019）第 252603 号

责任编辑：吴　刚		文字编辑：李　玥
责任校对：栾尚元		装帧设计：关　飞

出版发行：化学工业出版社（北京市东城区青年湖南街13号　邮政编码100011）
印　　装：北京印刷集团有限责任公司
710mm×1000mm　1/16　印张16½　彩插2　字数301千字　　2023年8月北京第1版第3次印刷

购书咨询：010-64518888　　售后服务：010-64518899
网　　址：http://www. cip. com. cn
凡购买本书，如有缺损质量问题，本社销售中心负责调换。

定　　价：99.00元　　　　　　　　　　　　　　　　　　　　　　版权所有　违者必究

译者的话

复合材料是国家战略新兴产业中新材料领域的重要组成部分。凭借其优异的性能，复合材料在航空航天、风能发电、汽车轻量化、海洋工程、环境保护工程、船艇、建筑、电力等领域发展迅速，已经成为现代工业、国防和科学技术不可缺少的重要基础。

本书原著书名为 *Multifunctionality of Polymer Composites*，由全球 30 多个作者及其团队编著而成，其中许多作者是聚合物复合材料界的著名科学家，他们在各章中贡献了多功能聚合物复合材料方面最权威的或最全面的专业知识。本书不仅包括不同类型的聚合物基质，即从热固性材料到热塑性塑料和弹性体，还包括各种微纳米填料，例如从陶瓷纳米颗粒到碳纳米管，并与传统增强材料（如玻璃或碳纤维）进行结合。

本书介绍了各种新型复合材料的基本原理、研究进展和最新突破，其内容新、意义大，对广大技术人员具有引领作用。为了使众多技术人员更容易阅读和理解本书的丰富知识，我们组织复合材料领域的教授、博士、硕士等专业人士，将其翻译成中文。

英文原著将近 1000 页，共 31 章，内容极为丰富。从整体来看，原著内容涉及三个部分，即第 1、2 章为多功能聚合物复合材料简介；第 3~10 章为特殊基体/增强体/相间成分的使用；其余章节组成应用部分。这三部分的内容在篇幅上差别很大。尤其是应用部分内容极为庞大（共 21 章），涉及多种特殊功能复合材料在航空航天等多领域的应用，特别是对纳米复合材料在各个领域的多功能应用做了丰富而全面的阐述。但考虑到应用部分内容庞大，穿插在不同的章节中，不便于读者快速阅读。为了适应读者的专业需求，减轻读者阅读负担，我们根据书中每一章的内容，对全书章节进行了系统性的归类和重新组合，即从多功能聚合物复合材料前沿技术的简介、挑战和应用、纳米复合材料等三个部分，将本中文版分成三卷：第 1 卷多功能聚合物复合材料前沿科学与技术，包括原来的第一、二部分（即原 1~10 章）；第 2 卷多功能聚合物复合材料面临的挑战与应用案例，包括原 11~13、17、19、20、22~24、26、27 章；第 3 卷多功能聚合物复合材料纳米材料的挑战与应用，包括原 14～16、18、21、25、28～31 章。这样，全新的中文版三卷版本都具有适合读者阅读的篇幅，内容归类更加合理，读者翻阅更加轻松。中文版的分卷方法也得到了原著作者的高度赞赏。

本书第 3 卷分为 10 章，分别介绍了碳纳米管复合材料在航空航天领域的应用以及复合材料效率的最大化和大型集成体系结构的研究方向等（第 1 章）；纳米树脂及多层纳米复合材料的挑战及在汽车和航空领域的应用（第 2 章）；碳纳米管和石墨烯的多功能高分子复合材料的性能模拟及力学性能的实验研究（第 3章）；耐磨损的透明的多功能聚合物纳米涂料及其光学、力学、耐磨性能等（第 4 章）；锂离子电池的高性能静电纺丝纳米结构复合纤维阳极的制备、性能表征、面临的挑战等（第 5 章）；碳纳米管/纤维多尺度复合材料的加工及在传感方面的应用研究（第 6 章）；含金属的纳米复合材料的光学性质及适应性（第 7 章）；含ZnO 纳米颗粒的多功能聚合物纳米复合材料的制备新方法及性能表征（第 8章）；纳米微粒改性基体的聚合物复合材料的力学、电、传感性能（第 9 章）；多尺度多层纳米复合材料的组装及在结构材料中的应用（第 10 章）。

参加本书第 3 卷翻译及审校工作的有刘勇、徐玉龙、万婷婷、曹宽、张敬男、徐海灵、于建平、邵瑞雪等人。

在中文版的出版过程中，由于原书存在一些参数新旧单位混用，若换算成国际法定计量单位则会对原书产生较大改动。为保持与原书的一致性，本中文版保留了原书的物理量单位，并在目录后附以计量单位换算表，以帮助读者理解和使用。同时，为使读者更准确地理解和使用该书，保留了英文参考文献和中英文对照的专业术语表。

本书从拿到原文到全部翻译、润色、校对完成，历时 4 年，反复斟酌的目的在于尽量追求完美，力求用贴切的语言完全表达出原意。限于译者水平，书中难免有瑕疵，恳请读者朋友不吝指正。

译者
2020. 1

英文版前言

强度、刚度和韧性是系统结构科学和工程中决定材料能否得以应用的典型特性。多功能结构材料具有超出这些基本要求的属性。它们可以被设计成具有集成电、磁、光、机动、动力生成功能，以及可能与机械特性协同工作的其他功能。这种多功能结构材料可通过减小尺寸、重量、成本、电力供应、能耗和复杂性，由此提升效率、安全性和多功能性，因此具有巨大的影响结构性能的潜力[1]。这意味着多功能系统无论从工业还是从基础的角度来看，都是一个重要的研究领域。它们可用于如汽车、航空航天工业、通信、土木工程和医学等诸多领域[2]。适用材料的范围也很广，例如混合物、合金、凝胶和互穿聚合物网络，但在大多数情况下它们是基于聚合物基的复合材料。

聚合物复合材料是开发高强度、高刚度和轻量化的组合结构的先进材料。复合材料自然也适用于多功能性的概念，即材料可具备多种功能。这些功能通常是通过结构（负载或塑性）的方式附加一种或多种其他功能，例如能量存储（电容器或电池）、制动（控制位置或形状）、热管理（热屏蔽）、健康管理（感知损坏或变形）、屏蔽（免受电磁干扰辐射）、自我修复（自主响应局部损伤）、能量吸收（耐撞性）、信号传递（电信号）或电能传递。多功能结构可以通过消除或减少多个单功能组件的数量来实现显著减轻重量的效果[3]。

近年来，一些作者已认识到多功能性在聚合物复合材料中的重要性，分别集中于某一特定方面，例如，仿生学领域中的多功能材料、纳米级多功能材料、用于多功能复合材料的形状记忆聚合物或其他重要的方面做了深入的研究[1-8]。本书探讨了聚合物复合材料在多功能性领域的最新优势，包括力学、界面及热物理性质，制造技术和表征方法。同时，它将给读者留下许多工业领域的观点，其中多功能性是在各种领域中应用的重要因素。

全球有超过 30 组作者，其中许多人多年来在聚合物复合材料界广为人知，他们在各章中分享了聚合物复合材料多功能性方面的专业知识。本书不仅包括不同类型的聚合物基质，即从热固性材料到热塑性塑料和弹性体，还包括各种微纳米填料，例如从陶瓷纳米颗粒到碳纳米管，并与传统增强材料（如玻璃或碳纤维）进行结合。本书从运输、摩擦学、电气元件和智能材料及其未来发展趋势展开论述。

在第一部分中，K. Friedrich（德国）描述了在增强聚合物和复合结构中实现多功能性的可能途径。通过不同的案例研究进行了阐述，其中包括摩擦学方面的汽车部件、抗腐蚀的风能叶片和生物医学领域的训练材料。随后的章节介绍了 Mohamed S. Aly-Hassan（日本）关于多功能复合材料应用的新视角，特别是具有定制导热性能的碳-碳复合材料，以及在降雪环境下的智能夹层屋顶。

第二部分侧重于讨论特殊基质、增强物和界面及其对各种复合材料的多功能行为产生的影响。Z. A. Mohd Ishak（马来西亚）和他的团队描述了天然纤维增强材料（特别是木纤维）在室内和室外建筑材料中的应用，尤其在阻燃性方面。Debes Bhattacharyya（新西兰）等人在他们关于"天然纤维：其复合材料及可燃性表征"的章节中也讨论了类似的应用。Suprakas Sinha Ray（南非）总结了由可生物降解的聚乳酸和纳米黏土组成的多功能纳米复合材料在当前的发展。Patricia M. Frontini（阿根廷）和 António S. Pouzada（葡萄牙）等人也使用这种类型的增强材料用于可注塑聚烯烃的多功能性研究，其中特别注重加工、形貌和机械/热问题。Alessandra de Almeida Lucas（巴西）强调了膨胀石墨对聚合物纳米复合材料的改进，特别是在机械、阻隔、电气和热性能方面。Volker Altstädt（德国）小组讨论了泡沫芯材的多功能性，特别强调了热、声、电介质和冲击行为。S. S. Pesetskii（白俄罗斯）等人通过纳米和微米级填料增强来研究基于聚（对苯二甲酸亚烷基酯）的复合材料的反应增容，并提出了另一种基质的影响。对聚合物复合材料中多功能相间的分析和讨论部分由 Shang-Lin Gao 和 Edith Mäder（德国）总结为一章。

第三部分介绍了多功能材料的应用，并对上述四个选定领域进行了深入说明。运输领域始于 Xiaosu Yi（中国）关于航空航天应用的多功能复合材料，特别是提高热固性复合材料层压板的韧性和抗冲击性方面的研究。Edson Cocchieri Botelho（巴西）等人将重点放在具有良好力学性能和特定微波透明度（如辐射）的轻型飞机部件上。U. P. Breuer 和 S. Schmeer（德国）强调了机身结构电气性能和抗损伤性能的结合。在 Vassilis Kostopoulos（希腊）等人所写的章节中，介绍了在航空航天中通过在碳纤维复合层压板中结合纳米填料，如碳纳米管，来实现不同性质的组合。Mehrdad N. Ghasemi Nejhad（美国）也采用类似的概念，研发了用于汽车和航空航天工业的多功能分级纳米复合材料层压板，其中的关键词"纳米树脂基质"和"纳米森林纤维"起着特殊的作用。Rehan Umer（阿联酋）等人完成了这一领域的研究并单独成章，其中介绍了碳纳米管（CNT）和氧化石墨烯（GO）对聚合物复合材料多功能性的协同效应，预计可用于航空航天、汽车和其他技术领域。

在第 1 章 1.3 节的电气元件领域，Leif E. Asp（瑞典）等人提出用于电池和超级电容器的多功能复合材料。除了力学性能外，电化学和导电能力也是非常重要的。另一项与电池有关的贡献由 Yiu-Wing Mai 和 Limin Zhou（澳大利亚、中国香港）提供，涉及锂离子电池的电纺纳米结构复合纤维阳极的应用。Vitaliy G. Shevchenko（俄罗斯）和合作伙伴总体上阐述了用于智能结构的多功能聚合物复合材料，然后在各种示例中展示了如何实现多功能性，并介绍了具有低可燃性、增强热性能和力学性能的新型热塑性电磁波屏蔽和吸收复合材料。该领域的最后，用于航空航天工业的多功能形状记忆合金（SMA）基复合材料由 Michele Meo（英国）撰写。本章对前面提到的领域和下一领域之间起到连接作用，因为它结合了用于航空航天（如除冰）与智能材料应用中 SMA 的固有电气特性的使用，包括制动器功能。

应用的第三部分由关于智能材料和未来趋势的章节组成。Martin Gurka（德国）从形状记忆合金和碳纤维增强复合材料的活性杂化结构开始，应用于未来的制动器。接下来由 Erik T. Thostenson（美国）等人撰写，他们专注于自感碳纳米管复合材料的加工和表征。其中机械、电气和其他物理特性是他们特别关注的。在关于自愈玻璃/环氧复合材料的章节中，感知局部损伤并尝试自我修复是 Mingqiu Zhang 团队（中国）的研究焦点。J. Karger-Kocsis（匈牙利）在研究形状记忆环氧树脂和复合材料时，提到了另一个智能的领域。L. Nicolais（意大利）和同事对具有定制光学特性的纳米复合材料展开了研究，通过使用在临界温度下改变颜色的热致变色填料来感测性质。在处理多功能聚合物/ ZnO 纳米复合材料时，Hung-Jue Sue 和 Dazhi Sun（美国、中国）的章节也涉及光学、电子和光伏领域。作者强调了物理性质分布的分散质量。K. Schulte（德国）对如何提高聚合物基复合材料的多功能性给出了总体的看法，特别强调了陶瓷纳米粒子、碳纳米管和石墨烯。最后一章由 Josef Jancar（捷克）编写，引入了"复合材料组学：用于结构和组织工程应用的多尺度分级复合材料"这一术语，强调了 POSS 的特殊用途。

在考虑整本书的内容时，很明显它主要面向学术界和工业界中对材料开发和特定应用寻找新的解决方案的科学家。因此，本书将成为那些已经成为或想要在多功能聚合物复合材料领域成为专业人士的读者的参考文献和实践指南。

通过编写本书，我们希望能够对多功能聚合物复合材料这一复杂技术领域的系统结构展开进一步研究。目前来看，为时不晚，然而这仅是第一次尝试涵盖过去几年一直处于快速发展过程中的研究。我们相信，在不久的将来，有关多功能聚合物复合材料的更多有趣的成果将在公开文献中公布。

最后，我们要感谢所有能够将他们的想法和成果纳入本专题图书的贡献者。我们也感谢许多其他广泛参与的在同行评审过程中做出贡献的科学家。这些审阅者包括：S. Y. Fu，M. Z. Rong，Z. Z. Yu（中国）；A. Dasari，S. Ramakrishna（新加坡）；G. Zaikov（俄罗斯）；H. J. Sue，T. W. Chou，D. O'Brien，W. Brostow，Z. Liang，N. Koratkar（美国）；G. W. Stachowiak，J. Ma，S. Bandyopadhyay（澳大利亚）；S. Thomas（印度）；N. M. Barkoula，D. E. Mouzakis（希腊）；Z. Denchev（葡萄牙）；D. Zenkert（瑞典）；D. Wagner（以色列）；M. Quaresimin（意大利）；A. S. Luyt（南非）；H. Hatta（日本）；F. Haupert，J. Schuster，M. Gurka，B. Fiedler，U. Breuer，S. Seelecke（德国）。

Klaus Friedrich
Ulf Breuer
2014 年 10 月 20 日，凯泽斯劳滕

参考文献

[1] Nemat-Nasser S, et al. Multi-functional materials. In: Bar-Cohen Y, editor. Biomimetics—biologically inspired technologies, Chapter 12. London, UK: CRC Press; 2005.

[2] Boudenne A, editor. Handbook of multiphase polymer systems. Weinheim, Germany: Wiley & Sons; 2011.

[3] Byrd WJ, Kessler MR. Multi-functional polymer matrix composites. National Science Foundation, USA: Grant No. EPS-1101284.

[4] Long J, Lau AK-T, editors. Multi-functional polymer nano-composites. London, UK: CRC Press; 2011.

[5] McDowell DL, et al. Integrated design of multi-scale, multi-functional materials and processes. Amsterdam, The Netherlands: Elsevier; 2010.

[6] Gupta P, Srivastava RK. Overview of multi-functional materials. In: Meng Joo Er editor. New trends in technologies: devices, computer, communication and industrial systems, Chapter 1. Rijeka, Croatia: InTech Europe <www.intechopen.com>. ISBN: 975-953-307-212-8.

[7] Leng J, Du S, editors. Shape memory polymers and multi-functional composites. London, UK: CRC Press; 2010.

[8] Brechet Y, et al. Architectured multifunctional materials. MRS Symposium proceedings series, vol. 1188. Cambridge, UK: Cambridge University Press; 2009.

三卷本撰稿者名单

Mohamed S. Aly-Hassan

京都工业大学，日本，京都

Volker Altstädt

拜罗伊特大学，特种聚合物工程系，德国，拜罗伊特

Leif E. Asp[1,2]

1.斯威雷亚西科姆公司，瑞典，默恩达尔；

2.查尔姆斯理工大学，瑞典，哥德堡

Athanasios Baltopoulos

帕特雷大学，机械工程与航空系，应用力学实验室，希腊，帕特雷

Debes Bhattacharyya

奥克兰大学，机械工程系高级复合材料中心，新西兰，奥克兰

Jayashree Bijwe

印度理工学院，工业摩擦学机械动力与维修工程中心（ITMMEC），印度，新德里

Edson Cocchieri Botelho

圣保罗州立大学（UNESP），瓜拉丁瓜工程学院，材料和技术部，巴西，圣保罗

U. P. Breuer

凯泽斯劳滕大学，复合材料研究所（IVW GmbH），德国，凯泽斯劳滕

G. Carotenuto

国家研究委员会，聚合物、复合材料和生物材料研究所，意大利，波蒂奇

S. Chandrasekaran

汉堡科技大学（TUHH），聚合物和复合材料研究所，德国，汉堡

Yuming Chen

香港理工大学，机械工程系，中国，香港

Guilherme Mariz de Oliveira Barra

圣卡塔琳娜联邦大学，机械工程系，巴西，圣卡塔琳娜，弗洛里亚诺波利斯

Daniel Eurico Salvador de Sousa

圣卡洛斯联邦大学，材料工程系，巴西，圣保罗

Sagar M. Doshi[1,2]

1.特拉华大学，机械工程系，美国，特拉华州，纽瓦克；

2.特拉华大学，复合材料中心，美国，特拉华州，纽瓦克

V. V. Dubrovsky

白俄罗斯国家科学院别雷金属-高分子研究所，白俄罗斯，戈梅利

Amir Fathi

拜罗伊特大学，特种聚合物工程系，德国，拜罗伊特

B. Fiedler

汉堡科技大学（TUHH），聚合物和复合材料研究所，德国，汉堡

K. Friedrich

凯泽斯劳滕大学，复合材料研究所（IVW GmbH），德国，凯泽斯劳滕

Patricia M. Frontini

马德普拉塔大学，材料科学与技术研究所（INTEMA），阿根廷，马德普拉塔

Shang-Lin Gao

莱布尼茨聚合物研究所，德国，德累斯顿

Mehrdad N. Ghasemi Nejhad

夏威夷大学马诺阿分校，机械工程系，美国，夏威夷

Emile S. Greenhalgh

帝国理工学院，复合中心，英国，伦敦

Martin Gurka

凯泽斯劳滕大学，复合材料研究所（IVW GmbH），德国，凯泽斯劳滕

Haitao Huang

香港理工大学，应用物理系，中国，香港

Z. A. Mohd Ishak

马来西亚科技大学，材料与矿产资源工程学院，马来西亚，槟城

Josef Jancar

布尔诺科技大学，捷克，布尔诺

J. Karger-Kocsis[1,2]

1.布达佩斯科技大学，机械工程学院，聚合物工程系，匈牙利，布达佩斯；
2.MTA-BME复合科学与技术研究组，匈牙利，布达佩斯

S. Kéki

匈牙利德布勒森大学，应用化学系，匈牙利，德布勒森

Nay Win Khun

南洋理工大学，机械与航空航天工程学院，新加坡

Nam Kyeun Kim

奥克兰大学，机械工程系高级复合材料中心，新西兰，奥克兰

Vassilis Kostopoulos

帕特雷大学，机械工程与航空系，应用力学实验室，希腊，帕特雷

Xiaoyan Li

香港理工大学，机械工程系，中国，香港

Yuanqing Li

哈利法科技大学，航空航天工程系，阿联酋，阿布扎比

Kin Liao
哈利法科技大学，航空航天工程系，阿联酋，阿布扎比

Alessandra de Almeida Lucas
圣卡洛斯联邦大学，材料工程系，巴西，圣保罗

Edith Mäder
莱布尼茨聚合物研究所，德国，德累斯顿

Yiu-Wing Mai[1,2]
1. 香港理工大学，机械工程系，中国，香港；
2. 悉尼大学航空航天、机械和机电工程学院，先进材料技术中心（CAMT），澳大利亚，新南威尔士州

Michele Meo
巴斯大学，机械工程系，英国，巴斯

L. Nicolais
那不勒斯大学，材料与化学工业工程系，意大利，那不勒斯

Evandro Luís Nohara
陶巴特大学（UNITAU），机械工程系，巴西，圣保罗，陶巴特

S. S. Pesetskii
白俄罗斯国家科学院别雷金属-高分子研究所，白俄罗斯，戈梅利

Anatoliy T. Ponomarenko
俄罗斯科学院，合成高分子材料研究所，俄罗斯，莫斯科

António S. Pouzada
米尼奥大学，聚合物和复合材料研究所，葡萄牙，吉马良斯

Suprakas Sinha Ray[1,2]
1. 科学与工业研究理事会，DST / CSIR 国家纳米结构材料中心，南非，比勒陀利亚；
2. 约翰内斯堡大学，应用化学系，南非，约翰内斯堡

Mirabel Cerqueira Rezende
圣保罗联邦大学，科学技术研究所（ICT-UNIFESP），巴西，圣保罗

Minzhi Rong
中山大学，材料科学研究所，中国，广州

S. Schmeer
凯泽斯劳滕大学，复合材料研究所（IVW GmbH），德国，凯泽斯劳滕

K. Schulte
汉堡科技大学（TUHH），聚合物和复合材料研究所，德国，汉堡

Carlos Henrique Scuracchio
圣卡洛斯联邦大学，材料工程系，巴西，圣保罗

V. V. Shevchenko
白俄罗斯国家科学院别雷金属-高分子研究所，白俄罗斯，戈梅利

Vitaliy G. Shevchenko
俄罗斯科学院，合成高分子材料研究所，俄罗斯，莫斯科

Aruna Subasinghe
奥克兰大学，机械工程系高级复合材料中心，新西兰；奥克兰

Hung-Jue Sue

得克萨斯 A&M 大学，机械工程系，聚合技术中心，美国，得克萨斯州

Dawei Sun

南洋理工大学，机械与航空航天工程学院，新加坡

Dazhi Sun

南方科技大学，材料科学与工程系，中国，深圳

R. Mat Taib

马来西亚科技大学，材料与矿产资源工程学院，马来西亚，槟城

Erik T. Thostenson[1,2,3]

1. 特拉华大学，机械工程系，美国，特拉华州，纽瓦克；

2. 特拉华大学，材料科学与工程系，美国，特拉华州，纽瓦克；

3. 特拉华大学，复合材料中心，美国，特拉华州，纽瓦克

Rehan Umer

哈利法科技大学，航空航天工程系，阿联酋，阿布扎比

Chr. Viets

汉堡科技大学（TUHH），聚合物和复合材料研究所，德国，汉堡

Jinglei Yang

南洋理工大学，机械与航空航天工程学院，新加坡

Xiaosu Yi

北京航空材料研究所（BLAM），中国，北京

Tao Yin[1,2]

1. 中山大学，化学化工学院，聚合物复合材料与功能材料教育部重点实验室，中国，广州

2. 广东工业大学，材料与能源学院，中国，广州

Yanchao Yuan[1,2]

1. 中山大学，化学化工学院，聚合物复合材料与功能材料教育部重点实验室，中国，广州；

2. 华南理工大学，材料科学与工程学院，中国，广州

He Zhang

南洋理工大学，机械与航空航天工程学院，新加坡

Hui Zhang

国家纳米科学中心，中国，北京

Mingqiu Zhang

中山大学，材料科学研究所，中国，广州

Zhong Zhang

国家纳米科学中心，中国，北京

Limin Zhou

香港理工大学，机械工程系，中国，香港

Lingyun Zhou

国家纳米科学中心，中国，北京

目 录

第 1 章　航空航天领域的多功能碳纳米管基纳米复合材料 ……… 1

1.1　引言 ………………………………………………………………… 1

1.2　复合材料多尺度增强的系统图解 ……………………………… 5

1.3　复合材料损伤容限的扩大 ……………………………………… 10

1.4　纳米增强复合材料的导电性 …………………………………… 17

1.5　纳米复合材料多功能性示范 …………………………………… 23

1.6　结论与展望 ……………………………………………………… 31

参考文献 ………………………………………………………………… 32

第 2 章　多功能多层纳米复合材料在汽车和
　　　　　航空领域的应用 ……………………………………… 37

2.1　引言 ………………………………………………………………… 37

2.2　纳米树脂纳米复合材料 ………………………………………… 40

　2.2.1　纳米树脂纳米复合材料的挑战 ………………………… 40

　2.2.2　纳米树脂纳米复合材料用纳米材料 …………………… 41

2.3　多层纳米复合材料 ……………………………………………… 47

　2.3.1　纳米粒子-纳米树脂多层纳米复合材料 ……………… 48

　2.3.2　纳米黏土-纳米树脂多层复合材料 …………………… 50

　2.3.3　纳米管/纳米片-纳米树脂多层纳米复合材料 ……… 52

2.4　多功能多层纳米复合材料 ……………………………………… 53

　2.4.1　MHNs 与毛绒纤维 ……………………………………… 53

　2.4.2　MHNs 与纳米刷 ………………………………………… 54

　2.4.3　MHNs 与纳米制剂 ……………………………………… 56

2.5　多尺度 MHNs …………………………………………………… 59

2.6　结论 ……………………………………………………… 60

参考文献 ………………………………………………………… 61

第3章　碳纳米管和石墨烯对聚合物复合材料多功能性的协同作用 …………………………… 68

3.1　前言 …………………………………………………… 68

3.2　通过石墨烯氧化物片材来分散碳纳米管氧化物 ……… 69

3.3　分子动力学模拟 ……………………………………… 72

3.4　CNT-GO/PVA 复合材料的力学性能 ………………… 74

3.5　碳纳米管 GO/环氧复合材料的力学性能 …………… 77

3.6　多功能性的 CNT-GO/环氧复合材料 ………………… 81

3.7　结论 …………………………………………………… 85

致谢 ……………………………………………………………… 85

参考文献 ………………………………………………………… 85

第4章　耐磨损的透明多功能聚合物纳米涂料 ……………… 88

4.1　介绍 …………………………………………………… 88

4.2　实验 …………………………………………………… 89

4.3　结果与讨论 …………………………………………… 89

4.3.1　纳米颗粒在涂料样品中的分散度 ……………… 89

4.3.2　纳米涂料样本的光学性质 ……………………… 90

4.3.3　纳米复合材料涂层的表面力学性能 …………… 92

4.3.4　纳米复合涂料的耐磨性 ………………………… 94

4.3.5　纳米复合涂料的腐蚀耐磨性 …………………… 95

4.4　总结 …………………………………………………… 99

致谢 ……………………………………………………………… 99

参考文献 ………………………………………………………… 100

第5章　锂离子电池的高性能静电纺丝纳米结构复合纤维阳极 ……………………………… 102

5.1　引言 …………………………………………………… 102

5.2　碳 ··· 104

    5.2.1　储锂机理 ··· 104

    5.2.2　新型大容量电纺碳纳米结构 ························· 106

5.3　合金 ·· 109

    5.3.1　硅 ·· 109

    5.3.2　锡 ·· 111

    5.3.3　锗 ·· 111

5.4　金属氧化物 ·· 112

    5.4.1　锂合金反应机理 ······································ 112

    5.4.2　插入反应机理 ··· 113

    5.4.3　转化反应机理 ··· 115

5.5　静电纺丝复合纤维阳极在实际电池中面临的挑战 ····· 121

5.6　结论 ·· 121

致谢 ··· 122

参考文献 ·· 122

第 6 章　自感碳纳米管复合材料的加工与表征 ·············· 128

6.1　介绍：多功能碳纳米管复合材料 ························· 128

6.2　纳米管/纤维多尺度复合材料的加工 ····················· 131

    6.2.1　弥散/灌注的处理方法 ································ 131

    6.2.2　直接混合的处理方法 ································· 133

6.3　碳纳米管-传感基复合材料 ································· 136

    6.3.1　微损伤传感 ··· 137

    6.3.2　局部冲击损伤传感 ··································· 140

    6.3.3　接头损伤传感 ··· 143

    6.3.4　纳米管纤维和皮肤传感 ···························· 145

    6.3.5　热转换和热化学变化的原位传感 ················· 145

6.4　结论 ·· 149

致谢 ··· 150

参考文献 ·· 150

第 7 章　纳米复合材料的定制光学特性 ······················ 155

7.1　功能性和多功能纳米复合材料 ··························· 155

7.2　纳米结构在嵌入式聚合物中的结构 ·············· 156

7.3　多功能纳米复合材料的应用 ·················· 158

7.4　结论 ································· 166

参考文献 ·································· 166

第 8 章　多功能聚合物/ZnO 纳米复合材料：可控分散与物理性能 ··········· 168

8.1　引言 ································· 168

8.2　ZnO 纳米颗粒的合成与表征 ·················· 169

　　8.2.1　胶体 ZnO 纳米颗粒的制备与纯化 ············ 169

　　8.2.2　ZnO 纳米颗粒的表征 ················· 169

8.3　无机分散剂的制备 ······················ 170

8.4　直接溶液混合法 ······················· 171

　　8.4.1　ZnO 纳米颗粒与 PMMA 的溶液混合 ·········· 171

　　8.4.2　直接混合在 PMMA 中的 ZnO 纳米颗粒的分散性表征 ···· 171

　　8.4.3　直接溶液混合所得 PMMA/ZnO 纳米复合膜的光学性能 ·· 172

　　8.4.4　直接溶液混合所得 PMMA/ZnO 纳米复合膜的热稳定性 ·· 172

8.5　片状纳米微粒辅助的混合法 ·················· 173

　　8.5.1　ZnO 纳米颗粒与 ZrP 片状纳米微粒在环氧
　　　　　树脂基体中的混合 ················· 173

　　8.5.2　ZrP 片状纳米微粒辅助的 ZnO 纳米颗粒在
　　　　　环氧树脂基体中分散性的表征 ············ 174

　　8.5.3　可控纳米微粒分散的多功能环氧树脂/ZnO
　　　　　纳米复合材料的光学吸收 ·············· 175

　　8.5.4　可控纳米微粒分散的多功能环氧树脂/ZnO
　　　　　纳米复合材料的光致发光性能 ············ 178

　　8.5.5　ZrP 片状纳米微粒分散的多功能 PMMA/ZnO
　　　　　纳米复合材料 ·················· 179

8.6　结论 ································· 182

致谢 ··································· 182

参考文献 ·································· 183

第 9 章　纳米微粒改性基体的聚合物复合材料的新功能 ······ 184

9.1　引言 ································· 184

9.2　碳基纳米颗粒 ··· 185

9.3　纳米复合材料性能 ··· 186

  9.3.1　力学性能 ··· 186

  9.3.2　电性能 ··· 187

  9.3.3　传感性能 ··· 188

9.4　纤维增强复合材料 ··· 193

  9.4.1　碳纳米微粒填充基体的纤维增强聚合物 ············· 193

  9.4.2　用纳米碳粒子改性基质传感 ····························· 199

9.5　总结 ·· 206

致谢 ·· 206

参考文献 ··· 206

第 10 章　复合材料学：结构和组织工程用多尺度多层复合材料 ······· 209

10.1　引言 ·· 209

10.2　材料学：多层级多功能复合材料结构研究 ·················· 210

10.3　多层纳米复合材料的特性 ······································· 213

  10.3.1　纳米和微米尺度的界面/界面层 ······················· 215

  10.3.2　不同尺度上的增强机理 ································· 218

  10.3.3　粒子分散效应 ··· 221

10.4　多层复合材料超结构的组装技术 ······························· 227

  10.4.1　自组装 ·· 227

  10.4.2　控制组装 ··· 231

10.5　纳米尺度的构建模块 ··· 232

  10.5.1　合成纳米级构建模块的制备 ··························· 232

  10.5.2　POSS 基纳米级构建模块 ······························· 234

  10.5.3　POSS 的合成 ·· 234

  10.5.4　POSS 性能 ··· 235

  10.5.5　聚合物中的 POSS ··· 236

  10.5.6　纳米级构建模块自组装 ································· 238

10.6　结论 ·· 239

参考文献 ··· 240

单位换算

长度	
$1m = 10^{10} \text{Å}$	$1\text{Å} = 10^{-10} m$
$1m = 10^9 nm$	$1nm = 10^{-9} m$
$1m = 10^6 \mu m$	$1\mu m = 10^{-6} m$
$1m = 10^3 mm$	$1mm = 10^{-3} m$
$1m = 10^2 cm$	$1cm = 10^{-2} m$
$1m = 3.28ft$	$1ft = 0.3048m$

面积	
$1m^2 = 10^4 cm^2$	$1cm^2 = 10^{-4} m^2$
$1mm^2 = 10^{-2} cm^2$	$1cm^2 = 10^2 mm^2$

体积	
$1m^3 = 10^6 cm^3$	$1cm^3 = 10^{-6} m^3$
$1mm^3 = 10^{-3} cm^3$	$1cm^3 = 10^3 mm^3$
$1m^3 = 35.32ft^3$	$1ft^3 = 0.0283m^3$

质量	
$1Mg = 10^3 kg$	$1kg = 10^{-3} Mg$
$1kg = 10^3 g$	$1g = 10^{-3} kg$
$1kg = 2.205lb$	$1lb = 0.4536kg$
$1g = 2.205 \times 10^{-3} lb$	$1lb = 453.6g$

密度	
$1kg/m^3 = 10^{-3} g/cm^3$	$1g/cm^3 = 10^3 kg/m^3$
$1kg/m^3 = 0.0624lb/ft^3$	$1lb/ft^3 = 16.02kg/m^3$
$1g/cm^3 = 62.4 \ lb/ft^3$	$1lb/ft^3 = 1.602 \times 10^{-2} g/cm^3$

能量、功、热	
$1J = 6.24 \times 10^{18} eV$	$1eV = 1.602 \times 10^{-19} J$
$1J = 0.239cal$	$1cal = 4.184J$
$1eV = 3.83 \times 10^{-20} cal$	$1cal = 2.61 \times 10^{19} eV$

第1章

航空航天领域的多功能
碳纳米管基纳米复合材料

Athanasios Baltopoulos 和 Vassilis Kostopoulos
帕特雷大学,机械工程与航空系,应用力学实验室,希腊,帕特雷

1.1 引言

复合材料是一种高性能材料,这种材料在过去的几十年中有着巨大的发展并不断被应用于新的领域。在现代工业中,高性能材料作为一种构建基础材料被应用在越来越多的领域,尤其是交通领域和航空领域。在聚合物复合材料中,其组分及结构的不同使其具有多样化的特点。较为典型的聚合物复合材料是聚合物基体与连续的强化纤维(如碳纤维)复合形成的纤维增强聚合物(FRPs)。

航空航天领域对材料的性能有更高的要求,如物理性能、力学性能、导电性、耐热性、化学性能等[1]。相比于其他行业(如建筑和汽车),航空航天工业需要的是处于当代工程材料设计领域尖端的先进材料。这些材料需要具有更高的工作温度、强度、刚度,以及具有质量小、损伤容限低、抗断裂、抗疲劳和抗冲击的性能。在某些应用中,材料还需要具有良好的导热、导电性能,保证散热快且避免形成电荷。为减轻飞机的重量和降低运营成本,波音公司为开发质轻且性能/功能更好的新材料提供了方向[2]。

与其他工程材料相比,复合材料的应用范围不断扩大的原因之一是复合材料在设计上具有显著的优势,因为它们具有高刚度质量比和可以根据需要进行定制的性能。金属材料的加工通常利用削减的方法(如机械加工),相反地,复合材料的加工则使用添加的方法,设计师可以根据系统的要求来添加,以使系统发挥

特定的作用。而且复合材料可以根据应用情况选择不同的组分，这又提供了另一种方法，即人们可以根据需要来选择绞合、纤维、基体等使材料的性能符合应用。

在不断追求满足航空航天领域所需性能的过程中发现了纳米复合材料，特别是碳纳米管（CNT）纳米复合材料，在提高先进工程复合材料各类性能方面具有巨大的潜力[3]。纳米复合材料是指在结构中采用纳米级别材料的体系，并且这些体系在不同文章中具有不同的命名，例如：三相或两相复合材料、三元或二元复合材料，多尺度增强复合材料、分层复合材料、混杂复合材料等。在此书中将使用术语"纳米复合材料"来指具有微观结构的纳米材料 FRP（即纳米增强复合材料）。纳米聚合物是指结合纳米材料的聚合物基体，在其他章节也会有介绍。

纳米复合材料中常见的问题之一是为什么要使用纳米材料。利用纳米材料增强聚合物及后续开发纳米复合材料的原理，是基于基体与填料之间不断增加的界面面积，这基本上是通过特定的相互作用面积（m^2/kg）表示的［图 1.1(a)]。

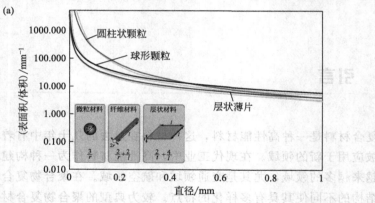

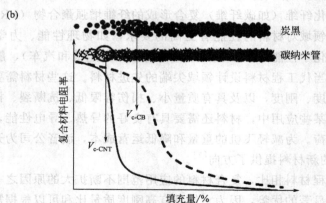

图 1.1 复合材料中微米和纳米尺度填料的几何特征[3]（a）
和不同形状纳米材料的渗透阈值[4]（b）

用纳米材料尺寸特征（即直径和长径比）来描述不同物理结构（如棒、管、粒子），并将它们直接连接到特定的相互作用区域。纳米材料的形状在纳米复合材料的性能中发挥着重要作用，有助于优化所需的性能。例如，与颗粒相比，纳米聚合物的导电性可以用更少量的管状纳米材料来实现，而这可以通过统计渗透[4,5]来进行很好的描述［图 1.1(a)］。

最有趣的是仅通过适当地增加质量就能够实现纳米材料的变化。此外，相比于现代材料，某些纳米材料和纳米物质（如碳纳米管）表现出独特的组合性能，例如，单壁碳纳米管（SWCNT）理论上具有极高的机械强度（＞1TPa）、电导率（$10^2 \sim 10^6$ S/m）和热导率［$2 \sim 6$ kW/(m·K)］。基于这些事实，在多尺度或分层复合材料的众多概念下对纳米复合材料，特别是碳纳米管纳米复合材料进行了研究，以提高特定的系统性能。

为了开发和实现纳米技术在复合材料系统中的潜在应用，人们已经提出了各种各样的术语来描述或表征在复合材料系统中引入纳米相的方法[6,7]。

• 纳米增强是一种通过引入纳米材料来改善现有或新材料结构和性能的方法。这种方法将碳纳米管随机且均匀地分散到基体材料中，并按照之前的制造工艺路线进行制造，得到改进的多功能复合材料，最终使结构的质量和成本随之降低。

• 纳米工程是通过有目的地使用各种纳米材料来满足一定的性能要求的方法。通过基于有组织的 CNT 结构设计解决方案来实现目的，如一维的纤维结构、二维的巴基纸或对齐的碳纳米管平面、三维的碳纳米管簇。在复合材料的制造过程中，某些步骤可能需要进行改变，来适应一些工程产品的使用（如织物编织、浸渍）。

• 纳米设计是从纳米尺度到宏观增强型复合材料体系的一种设计方法。这种方法从复合材料的多功能性能包络开始，并提供从分子动力学到宏观多物理学的整个数值工具，我们可以设计出合适的多尺度混合复合材料，以满足特定的应用需求。

在本书中，用一个更普遍的术语"纳米改性"来指代这三种方法。由于这三种方法已经成熟，纳米增强涵盖了纳米材料的近期使用，纳米工程通过扩展纳米材料组合延伸了中期使用，而纳米设计是目前材料技术的长期愿景。

为了进一步推动结构体系的整合以实现性能需求，人们提出了多功能材料和结构的概念。多功能材料和结构提供了一种通过减少尺寸、质量、成本、能耗来提高效率、安全和多功能性，并影响设计空间的方法，这是它们在过去的十多年中得到关注的原因之一。

过去复合材料的结构设计主要是为了确保承载能力，但是在一些领域，如航空航天领域，其他相关功能（如质量和振动刚度）也是影响设计的因素。在许多情况下，材料的选择基于强度和/或刚度以及损伤容限，但在其他领域（如汽车、航空、航天、能源等）中也存在非结构型复合材料的应用。本质上，尽管结构材料是被设计出来的，但是也能够较好地执行其他功能，因此，大多数结构有一个基本的内置的多功能性，它涉及材料的无源特性（如纤维的高电导率）。

多功能复合材料可以定义为结构复合材料，旨在执行一种以上的非结构性功能[8]。也可以认为结构材料必须具备承受机械载荷的能力，同时还需具备其他的一些特定功能，但这些功能的区别在于研究方向不同，如能源和发电、负载与损伤感知、健康监测、驱动、热管理、电磁辐射屏蔽等。结构材料能将电、磁、光、驱动、发电以及其他功能集成在一起进行设计，使其在协同工作时比单个功能的总和更具优势。

从不同的角度来看，根据应用的要求，已经在各种研究中考虑将许多功能集成到一起。最常见的是对无源功能材料的集成处理，如电、热、光。这种方法在本质上归因于所组成材料的性质，能够复合成为一个更高层次的系统。从材料本身来说，在多数情况下材料的多功能性是与所研究系统的特性直接相关的。因此对复合材料来说，通过将不同属性的材料应用于多功能材料的开发研究在报道中是很常见的，其中一个简单的例子就是碳纤维增强聚合物（CFRP），它不仅具有高导电性，同时具有高强度和高刚度，这说明碳纤维增强聚合物板在某种程度上可以提供支撑的结构功能以及接地功能，而不需要额外的接地系统去耗散静电。

具有这些特性的半无源功能材料可以用于能量收集、传感和加热等，而这些功能需要材料共同协作以获得所期望的结果。比如能量收集需要材料具有收集能量的能力（属性）且需要与其他部分共同完成。同样，自感材料本身具有导电性（属性），但执行这个功能还需要其他外部设备来监测电阻变化，传感的半无源功能是最常见的研究之一。纳米技术及其产品（如炭黑、碳纳米管、石墨烯、片晶）明确了多功能材料的发展方向。自 2000 年以来，多功能纳米改性材料已被大量报道，本章将对该功能性材料做进一步探讨。

材料的活性功能是基于材料的固有性质触发材料响应并且可以影响其他功能。例如，驱动是基于材料（压电）的固有属性向外部触发的，并引起其他功能的变化。在报道的大量研究中，大多数活性功能的研究主要集中在电活性聚合物、形状记忆合金以及聚合物，如人造肌肉和驱动机制以及为适应工况而改变形状的用于承载的变形结构。

直到今天，大部分纳米复合材料领域的研究主要是对复合材料的无源功能进行延伸处理。在航空航天领域，纳米复合材料的发展方向是在提高抗断裂和损伤特性的同时，也能改善电导率和/或热导率，这意味着需要在结构中实现更高水平的集成，并在实践中实现更高效的系统。这个例子有效地利用了材料固有的性质进行设计，集成了传感和自愈反应，同时具有良好的适应性。作为灵感和模仿的源泉，自然系统在研究中能够为开发多功能结构提供参照，例如：人类的皮肤是一个集成的复合结构，以及基于珍珠牡蛎的牢固陶瓷微观结构，基于花朵和叶子的折叠结构，基于木纤维取向的韧性复合结构等。仿生学在研究材料和结构设计的过程中具有很大的影响力，在此方向上，纳米复合材料表现出很大的协同增效潜力。

纳米复合材料长期的愿望是开发一种设计系统，通过调整成分及制造工艺来实现多功能材料系统，以满足应用需求，从本质上讲就是分析应用需求，并据此选择出相应的纳米材料。材料系统的选择应基于不同方面的控制（纳米、微观、介观和宏观尺度）、成分（结晶学、形态学、缺陷特征和分布）和时间（从纳秒到几分钟或数小时）。

1.2 复合材料多尺度增强的系统图解

复合材料由至少两个不同相（即基体和增强体）构成。将复合材料作为一个系统，通过使用系统的方法分析复合材料，图 1.2 整合总结了纳米相改性复合材料的不同技术方法，图中通过使用不同的增强方法，直接将纳米相整合到复合材料中。复合材料通常是一个两相系统，包括基体（主体）和纤维（增强元素），系统的每个组分具有不同的功能，对系统的最终性能有着不同的影响。纤维能够传递载荷，使系统具有良好的刚度和强度，基体将系统整合在一起，表现出系统所具备的主要（结构面以外）属性。在航空和航天领域中，由基体决定断裂和损伤容限的特性，由纤维（假设是碳纤维）决定电导率和热导率等相关的（结构面）特性。

传统的复合体系结构是由聚合纤维薄层相互堆叠而成的最终形式/形状，根据设计原则对每一层设置一个特定的方向。图 1.2 给出了一个设想薄层单向取向的简化图示。聚合物基体材料常见于压片层中，在大多数情况下都充满了纤维，层压材料中的纤维和/或纤维结构可能会发生变化。

纳米改性体系（纳米增强、纳米工程或纳米设计）在本质上属于三相系统，在纳米改性材料系统中除了已知的成分（即基体和纤维）以外，纳米相构成了第三相。在某些情况下，当有不同的纳米和微米材料被纳入系统时可能存在更多的相。从尺度的角度来看三相体系是一种多尺度的复合：从基质（纳米）开始通过纳米/微米尺寸（纳米增强）到达介观/宏观尺度的强化（纤维），通过使用不同的处理方法，将纳米相整合到系统中，可以得到属性不同的集成纳米相

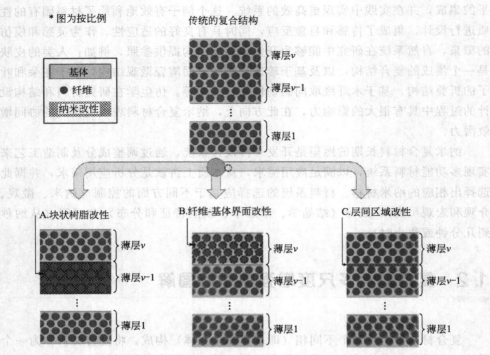

图 1.2　从传统的复合材料到纳米复合材料：纳米改性方法的系统性思考

体系。

　　如果暂时不论制造的过程，纳米材料对聚合物复合材料系统具有很多有益的方面。几乎在所有的文献中都建议分为以下几种方法，每种方法都是针对特定的目的而建立的一种技术集群，与技术生产或制造工艺有关的问题在这里并没有做详细讨论。

　　第一种方法源自对聚合物纳米复合材料最早的研究，分散体掺杂在聚合物基体中——A.块状树脂改性 [图 1.2（左）]。这种方法是将纳米材料均匀地分散在树脂中，随后将该树脂用作复合基体，很多研究都是基于这种方式的[9-24]。如利用各种技术（如：机械压延或剪切混合、超声破碎法）将纳米颗粒分散在主体溶液中。而对于碳纳米管，由于其易形成凝聚的微米颗粒，在不破坏其特征（如长度）的同时也能够通过技术手段使其均匀地分布在基体中，这种解缠和分布是决定复合材料性能水平的关键。图 1.3 为碳纳米管改性碳纤维复合材料体系，该研究除碳纳米管以外，对其他纳米粒子也进行了研究，如前面提到的碳纳米管、炭黑（CB）以及碳纳米纤维（CNF）[图 1.4（a）]，为碳纳米管的研究奠定了基础。为研究可能的协同作用，人们已经研究了使用诸如碳纳米管和炭黑或压电纳米粒子等组合的混合配方 [图 1.4（b）]。最近，与石墨烯相关的材料已经成为研

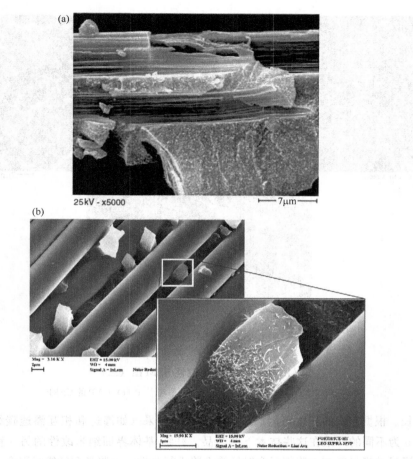

图 1.3　块状树脂改性 SEM 图（一）

（a）是参考文献［9］、（b）是参考文献［10］中含有块状 CNT 的聚合物基体复合材料

究关注的重点，并且在其多功能性方面［图 1.4(c)］进行了深入研究。

　　相较于块状树脂改性，另一种更有针对性的系统方法，即通过使用纳米材料改性纤维与基体之间的界面区域——B. 纤维-基体界面改性［图 1.2(中)］。由于界面区域是载荷传递链中的一个关键环节，因此这种方法可能会带来巨大的好处。除了机械水平以外，该界面还可能影响电导率和热导率等其他属性。国际上许多研究小组已经对这种方法进行了研究[22,25-31]，但要比块状改性的研究少得多。通过使用不同的技术可以实现界面改性，如在纤维上生长纳米增强材料、纤维上浆的纳米改性。在纤维上生长纳米增强材料的本质就是碳纳米管的生长，这已通过各种主体纤维（氧化铝、碳化硅、碳）的化学气相沉积过程实现。在这项技术中，根据碳纳米管的参数，碳纳米管能够非常密集地随机在纤维上径向生长并且变

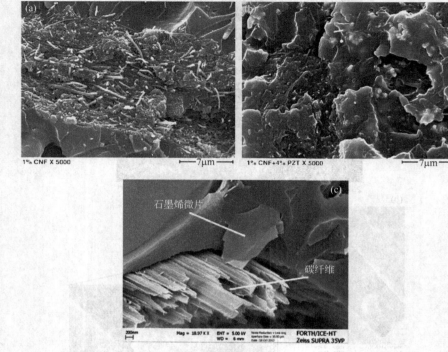

图 1.4 块状树脂改性 SEM 图 (二)

(a) CNF[11]；(b) 混合 CNF＋PZT 颗粒[11]；(c) GNP 的 CFRP

得更长。根据它们的长度可能产生一些有益的效果（如渗透和相互渗透碳纳米管），图 1.5 为不同的纤维在这些技术下的产品。纤维-基体界面纳米改性的另一种替代技术是通过纳米材料与上浆剂混合对纤维上浆进行改性，上浆是在纤维或聚合物基体上形成一个很薄的涂层，允许将纳米材料引入聚合物中，然后将混合物涂在纤维上。图 1.6 展示了将碳纳米管上浆涂覆纤维的过程。另一种方法是通过化学方法或其他方法将纳米相直接沉积在纤维上，如电泳 ［图 1.6(b)、(c)］。

　　另一个系统性的方法是在层压板 C 的层间区域引入纳米材料——C. 层间区域改性 ［图 1.2（右）］，这种方法与商业预浸料增韧法相似。除了预浸技术以外，还可以使用如喷雾、转移印花（图 1.7）、干粉、巴基纸和面纱等技术将纳米材料输送到所需位置。众所周知，这种方法是通过对复合材料层间区域的改性来影响复合材料，并且适用于干织物或预浸料复合材料，目前已经被大量报道[19,32-35]。

　　上述大多数技术已被用于碳纳米管的设计和开发，其中一些只适用于碳纳米管的纳米增强，如增长的纳米强化纤维，另一些也可以直接用于其他纳米材料，如块状树脂改性。

图 1.5　纤维-基体界面改性 SEM 图（一）

（a）碳纳米纤维与径向对齐的 MWCNTs；（b）碳纳米纤维与随意取向的 MWCNTs[26]；

（c）氧化铝纤维和径向生长的 CNT[2]

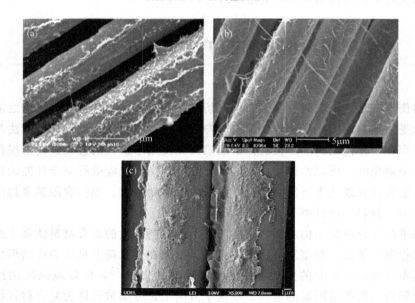

图 1.6　纤维-基体界面改性 SEM 图（二）

（a）碳纳米纤维与 SWCNT 和 MWCNT；（b）碳纳米纤维与 SWCNT 的电泳沉积[28]；

（c）在玻璃纤维表面进行 CNTs 纤维上浆的纳米相[27]

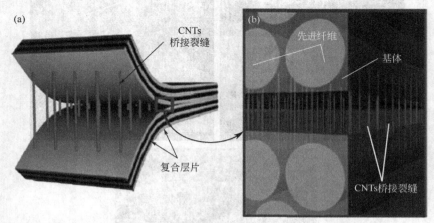

图 1.7　层间区域的改性（插图使用了对齐的 CNT[32]　）

　　这可以理解为，在复合系统中添加任何其他相都能够有效地改变其性能，而这种影响可以反映在系统的许多不同属性中。这基本上体现了材料所具有的多功能属性，通过改变材料的成分能够得到多个属性，因此复合系统可由此进行设计。根据上述方法，这种多功能性能将在以下段落中进行讨论。所报告技术的效果将由复合材料的损伤容限和导电性进行评估。

1.3　复合材料损伤容限的扩大

　　损伤容限是一种与航空航天结构密切相关的特性，是其被送去维修之前可以安全承受缺陷的能力。与更传统的安全寿命设计方法相反，这种设计方法基于缺陷可以存在于任何结构中并且这样的缺陷会在使用中扩大的假设。由于损伤是不可能完全避免的，所以即使存在缺陷，复合材料结构也应进行安全性能设计。作为航空航天以及现代飞行器结构设计中的一个驱动因素，损伤容限越来越广泛地应用于复合材料的设计中。

　　先进的复合材料结构对损伤更敏感，因此在新开发的复合材料体系中对韧性的要求也越来越高。新型复合材料体系应具有能在外载荷下抵抗裂纹的形成及扩散的基本属性，因为它的失效可能导致灾难性的失败[7]，所以应该采用这种在一定时间内能够抵抗断裂的材料。在这个方向上，分层被公认为复合材料结构能够抗损伤的基本问题[36]。

　　由于它的重要性，人们已经通过一系列的测试评估了聚合物和复合材料以及纳米复合材料抵抗断裂和损伤的性能[37,38]。在聚合物的水平上，除了拉伸和三点弯曲等基本的力学测试以外，还做了抗损性能（断裂韧性）的测试，Ⅰ型载荷的紧凑拉伸和单边裂纹弯曲测试最常用于聚合物样本。对于复合材料，还能进行更大范围的测试。由于对材料的要求小，常见的测试为短梁剪切测试，这个测试中的对象是梁弯曲，正如三点弯曲一样，相对于其厚度，梁非常短，因此增加剪切应力能够促进层间的失效。然而，所提供的信息并不能直接转换成复合材料的性能。通过频繁使用双悬臂梁（Ⅰ型载荷）和端部缺口弯曲（ENF）标本（Ⅱ型载荷）对断裂韧性进行研究，为了研究裂纹的扩展性，在这些测试中对材料试样进行预裂处理并且附加载荷，然后进一步增加准静态压痕（QSI）、低速和高速的冲击以及冲击再压缩（CAI）测试，对材料的抗损性和耐受性进行了量化且深入的研究。

　　表 1.1 和表 1.2 分别总结了文献中在Ⅰ型载荷和Ⅱ型载荷下纤维增强塑料的断裂韧性（单位表面裂缝的能量），在表中提供了 G_{IC} 的初值和增值。

表 1.1　Ⅰ型载荷下的断裂韧性结果汇总［出现裂纹时 G_{IC} 的变化（除非有特殊说明）］

纤维/基体	填料改性方法	填料类型	填充量/%	G_{IC} 变化	参考文献
玻璃/聚酯	A. 块状树脂改性	CNF	1.0	100%	[12]
玻璃/环氧树脂	A. 块状树脂改性	DWCNT	0.3	约 0%	[13]
碳/环氧树脂	A. 块状树脂改性	CNF	1.0	100%	[14]
碳/环氧树脂	A. 块状树脂改性	CSCNT	5.0	98%	[15]
玻璃/乙烯酯	A. 块状树脂改性	MWCNT	0.1	0%（初始）	[16]
				−40%（传播）	
碳/氰酸酯	A. 块状树脂改性	MWCNT	1.0	增至 36%	[17]
碳/环氧树脂	A. 块状树脂改性	纳米黏土	5.0	−70%	[18]
碳/环氧树脂	A. 块状树脂改性	MWCNT	—	30%	[19]
碳/环氧树脂	A. 块状树脂改性	MWCNT	0.5	75%（初始）	[20]
				83%（传播）	
碳/环氧树脂	A. 块状树脂改性	DWCNT	0.5	33%（初始）	[20]
				55%（传播）	
碳/环氧树脂	A. 块状树脂改性	MWCNT	0.3	增至 33%	[21]
碳/环氧树脂	A. 块状树脂改性	MWCNT	0.5	60%	[9]
玻璃/环氧树脂	A. 块状树脂改性	MWCNT	0.5	25%（初始）	[22]
				−51%（传播）	
碳/环氧树脂	A. 块状树脂改性	DWCNT	0.1	−23%	[23]
玻璃/环氧树脂	A. 块状树脂改性	CB	2.0	13%	[24]
		CB+CC		14%	
碳/环氧树脂	B. 纤维-基体界面改性 在纤维上生长	MWCNT	—	46%	[29]
玻璃/环氧树脂	B. 纤维-基体界面改性 纤维上浆	MWCNT	0.5	10%（初始） −53%（传播）	[22]
铝/环氧树脂	B. 纤维-基体界面改性 在纤维上生长	MWCNT	—	67%（初始） 76%（传播）	[30]
碳化硅/环氧树脂	B. 纤维-基体界面改性	MWCNT	2.0	348%	[31]

续表

纤维/基体	填料改性方法	填料类型	填充量/%	G_{IC} 变化	参考文献
碳/环氧树脂	在纤维上生长 C.层间区域改性 粘贴	CNF	—	增至50%	[33]
碳/环氧树脂	C.层间区域改性 转印法	MWCNT	—	50%~150%	[32]
碳/环氧树脂	C.层间区域改性 粉末	CNF	12.7	95%（初始） 25%（传播）	[34]
碳/环氧树脂	C.层间区域改性	MWCNT	5.0	290%参考以上 （传播） （25%以上均匀）	[35]
碳/环氧树脂	C.层间区域改性	MWCNT		14%	[19]

注：CNT—碳纳米管；SiC—碳化硅；MWCNT—多壁碳纳米管；DWCNT—单壁碳纳米管；CSC-NT—杯叠碳纳米管；CNF—碳纳米纤维；XD-CNT—单、双、多壁碳纳米管混合；CB—炭黑；CC—氯化铜。

表 1.2　Ⅱ型载荷下的断裂韧性结果汇总

纤维/基体	填料改性方法	填料类型	填充量/%	G_{IC} 变化	参考文献
玻璃/环氧树脂	A.块状树脂改性	DWCNT	0.3	约0%	[12]
碳/环氧树脂	A.块状树脂改性	CSCNT	5.0	30%	[15]
玻璃/乙烯酯	A.块状树脂改性	MWCNT	0.1	8%	[16]
碳/氰酸酯	A.块状树脂改性	MWCNT	0.5	49%	[17]
碳/环氧树脂	A.块状树脂改性	MWCNT	0.25	21%	[39]
玻璃/环氧树脂	A.块状树脂改性	CB CB+CC	2.0	22% 33%	[24]
碳/环氧树脂	A.块状树脂改性	纳米黏土	5.0	13%	[18]
碳/环氧树脂	A.块状树脂改性	MWCNT	0.5	75%	[9]
碳化硅/环氧树脂	B.纤维-基体界面改性	MWCNT	2.0	54%	[31]
碳/环氧树脂	在纤维上生长 C.层间区域改性 粘贴	CNF	—	100%~200%	[33]
碳/环氧树脂	C.层间区域改性 转印法	MWCNT	—	200%	[32]
碳/环氧树脂	C.层间区域改性 喷涂	XD-CNT	0.5	27%	[40]
碳/环氧树脂	C.层间区域改性 巴基纸	CNF	—	104%	[41]
碳/环氧树脂	C.层间区域改性	MWCNT	5.0	66% 参考以上 18% 以上均匀	[35]
碳/环氧树脂	C.层间区域改性	MWCNT	1.3	130%	[42]

注：CNT—碳纳米管；SiC—碳化硅；MWCNT—多壁碳纳米管；DWCNT—单壁碳纳米管；CSC-NT—杯叠碳纳米管；CNF—碳纳米纤维；XD-CNT—单、双、多壁碳纳米管混合；CB—炭黑；CC—氯化铜。

以上对于断裂韧性的测试结果为纳米增强改性提供了有力的证据。通过使用纳米增强法，其断裂韧性能够提高到200％，在Ⅰ型载荷的条件下，断裂韧性在任何纳米改性方法下都有所增加，并且通过不同的工艺方法能够普遍提高50％～80％。在Ⅱ型载荷的条件下，通过方法 C.层间区域纳米改性的方法所得到的结果有显著的提高，而其他方法仍然较低，这与过去从预浸料中常用的交叉技术所得到的经验一致。

在复合材料的纳米相中引入更多的界面能够在相同能量的条件下使产生的断裂扩展更短，或者从另一方面来说，在相同的裂纹长度时能够吸收更多的能量，当它被损坏时，除了在聚合物断裂面所需的能量外，纳米粒子能引入额外的能量吸收机制使得复合材料更加强韧。图1.8给出了一个说明性的解释，强调了该机制的定性方面。

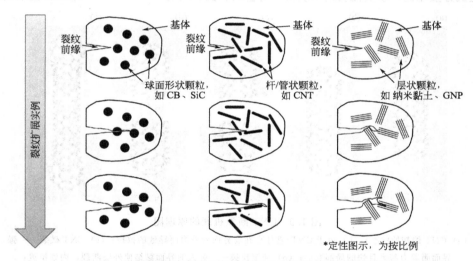

图1.8　不同形状的颗粒在复合材料中的裂纹扩展和增韧机理

不同的纳米材料形式的断裂扩展都是在主体聚合物中进行的。当负载预先存在的裂缝时（Ⅰ型载荷打开或Ⅱ型载荷剪切），一旦具备所需的能量在其尖端出现了应力集中，便会使断裂进一步扩展。随着裂纹的扩展，裂纹前沿到达颗粒时，具有纳米尺寸的裂缝就会将纳米尺寸的颗粒看作其路径中的小障碍物，因此，它可以绕过纳米尺寸的材料，释放能量进而在界面处产生断裂并使部分纳米尺寸的材料暴露（通常在 SEM 下进行观察，见图1.3和图1.4）或者通过破坏粒子结构使其释放能量。由于纳米相分布在整个材料中，断裂所需的额外能量分布在整个复合材料中，这就意味着该复合系统在本质上具有较高的断裂韧性。当颗粒以团聚形式存在时，它们的尺寸对于裂缝的影响更加显著，并且如果团聚物不起缺陷作用，裂纹的额外能量耗散可能导致裂纹偏转。

　　由于其具有的特殊结构，某些纳米材料［如碳纳米管、纳米石墨烯（GNP）］相比于其他粒子能够引入额外的能量释放机制。下面着重谈论碳纳米管的情况。对于碳纳米管增强复合材料，有着类似于纤维增强而引起的能量吸收和复合材料增强的特定损伤模式：碳纳米管拉拔、碳纳米管破损、伸缩拉拔、裂纹桥接（图1.9）。由于它的高强度和层状结构，其他的机制已经被提出和验证过了，其一为基体开裂[7]，另一个是剑鞘结构[44]。开裂是聚合物主要的失效模式，它产生于单轴拉伸载荷作用下所形成的能够保持其连续性的致密韧带（或纤维）[45]。剑鞘结构[44]与伸缩拉拔类似，与已知的多壁碳纳米管一样，并不是简单地从基体中拉拔。相反地，当外壳的碳纳米管断裂时，内芯将被剥离，同时在基体中留下外壳的碎片。最大化能量吸收的另一个方面是纳米填料的优先取向（主要是具有高纵横比的填料，如文献［32］），与随机分散相比，事实证明纳米填料是有益的和更有效的[46]。

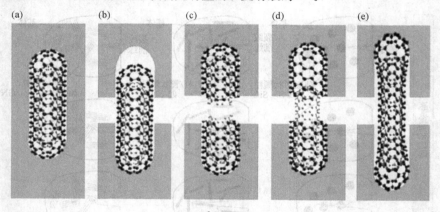

图1.9　CNT断裂机理的原理图

（a）CNT的初始状态；（b）由于CNT/基体存在弱界面附着力而导致的拉拔；（c）CNT破裂——强界面附着力与大且快的局部变形；（d）伸缩拉拔——强大的界面黏结使外层断裂，内管拉拔；（e）桥接并且局部脱离界面——基体裂纹通过局部黏合进行桥接，在非黏合区出现界面破坏[43]

　　这些针对损伤机理的观察表述对于设计航空航天结构的耐损伤复合材料非常有用。很少有研究会涉及碳纳米管对纳米增强材料的损伤容限性能的影响，即冲击和冲击再压缩。这些基本上都是航空航天领域材料在应用中最关键的性能，而且碳纳米管的影响仍然没有完全解决。在这里说明，此类研究的重点不仅在于复合材料的冲击响应（低速或高速），而且还在于复合材料冲击后行为及其残余性能，在航空航天领域中，故障-安全的设计理念要求一种材料在其损坏时仍然能够使用，并且对于该材料的残余性能也需要进行了解。此外，尽管对聚合物冲击性能的研究非常多，但并不能简单地直接用于复合材料。Kostopoulos[10]等首先提出了这些方面在航空航天领域的应用前景，而在此之前，其同一组[9]对掺有质量分数为0.5%碳纳米管的碳纤维树脂与纯碳纤维树脂做了比较，其基本原理是之前表明的基体韧性的增加可以改善抗剥离性和冲击再压缩性，碳纳米管的掺入遵循块状树脂改性方法。这项研究结果揭示了损伤容限的一些有趣的行为：在低速冲击时，未观察到分层区或单位分层区吸收的能量的根本差异，而掺有碳纳米管的碳纤维树脂在高速冲击时会在分层区受到较高的抑制。掺有质量分数为 0.5％碳纳米管的复合材料与纯复合材料相比，施加一定的冲击能量时，冲击再压缩强度和模量大约增加了 12％～15％，而对于两者而言，压缩强度下降时的阈值冲击能量值分别为 6.9J 和 7.7J，证实了在碳纤维层中添加碳纳米管对损伤容限有利（图 1.10），最后，疲劳冲击再压缩试验显示疲劳寿命增加，并且通过对断裂表面的观察发现了大量的纤维拉拔和纤维断裂。

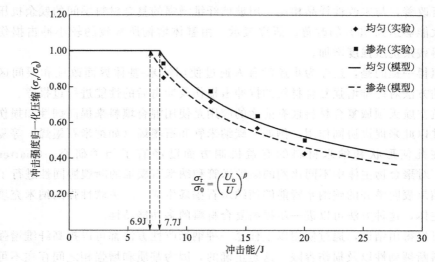

图 1.10　均匀的和纳米复合材料 CFRP 的残余抗压强度与
冲击能量等级、冲击阈值能量模型[10]

　　Yokozeki 等[15] 对随机分散入质量分数为 5％和 10％碳纳米管（CSCNT）的碳纤维复合材料基体的冲击响应进行了报道，并且对纳米复合体系的冲击载荷的峰值、分层面积和宽度以及残余抗压强度进行了比较，其中由纳米改性的层压材料的负载峰值略低。对于质量分数为 5％的层压材料，分层面积最大降低 3％，而质量分数为 10％层压材料的有效分层宽度小于参考值。实验结果显示，质量分数为 10％复合材料的冲击再压缩强度比参考值增加了 8％，就分层而言可能是分层的宽度引起的。而在质量分数为 5％的情况下的分层与参考文献中冲击再压缩强度类似。研究人员对该现象做了进一步的研究。

　　最近，Siegfried 等[39] 根据文献［10］对块状碳纳米管改性基体的复合材料的冲击和冲击再压缩后的残余性能进行了深入研究，使用质量分数为 0.25％的碳纳米管分别为纯的和被官能化的碳纳米管。由于存在碳纳米管，分层面积在冲击下增大，这可能是因为基体中碳纳米管的存在使材料在面内压应力作用下对基体破坏更敏感。而在压缩和剪切载荷的条件下，桥接和拉拔机制的效应不大，在这种情况下的碳纳米管可以作为应力集中器而非强化作用。然而，这项研究的结论指出了碳纳米管的分散状态是影响材料力学性能的因素，实验结果（特别是Ⅱ型载荷）证明，碳纳米管网络对复合材料的性能有积极的影响。

最近，Mannov 等[47] 对采用热还原氧化石墨烯基于块状树脂改性的碳纤维及玻璃纤维的冲击再压缩强度进行了研究。将质量分数为 0.3％与 0.5％的氧化石墨烯与块状树脂改性的碳纤维和玻璃纤维用三辊轧机进行混合，随着石墨烯在基体中含量的增加，缺陷尺寸明显变少。对于改性样品，层间的残余抗压性能得到显著改善，与未改性样品相比，用玻璃纤维增强的复合材料层间的残余抗压性能最大能够达到 55％的改善。研究表示，由基体增韧所导致的较小冲击损伤尺寸使得残余抗压强度增加。

值得一提的是，迄今为止还没有人通过使用纳米-基体界面改性和层间区域改性的方法对纤维增强复合材料的抗冲击损伤及冲击后的性能进行过报道。

航空航天领域复合材料最有前途的应用是使用混合填料来提高韧性和损伤容限，并以此来促进协同作用。例如，碳纳米管和石墨烯（如纳米石墨烯）等复合材料在几何形状和纳米材料的有益机制方面已经有了相关研究。Chatterjee 等[48] 对聚合物主体中不同比例的碳纳米管和纳米石墨烯的断裂协同性进行了研究，结果表明整齐的碳纳米管能够使纳米石墨烯生成一个关联性强的纳米充填网络的主体，这种方法可以进一步提高复合材料的多功能特性。

可以得出结论，通过使用以上任意一种纳米改性方法都可以提高纤维增强复合材料断裂韧性以及损伤容限。这是正确的，因为基质和增强相之间存在不可降解的纤维基体强界面，这种增强通过增加界面表面或损伤纳米相吸收能量，并由纳米相的引入带来了额外的能量吸收机制。以这些研究成果为基础，Tang 等[36] 对聚合物和纤维增强复合材料的断裂韧性和损伤容限性能进行了相关的调查研究，研究了不同形状的颗粒，发现聚合物复合材料的冲击再压缩强度与 $G_{\mathrm{ⅡC}}$ 和 $K_{\mathrm{ⅠC}}$ 密切相关，而与 $G_{\mathrm{ⅠC}}$ 的相关性较差。

实现这种改进的关键要素是将纳米相均匀分散到目标区域。据证明，非均匀分散体系可能会对复合材料的性能产生不利影响，如，强度降低。所以需要对最终复合材料中的纳米相进行评估以保证分散质量。

尽管纳米改性具有很大的发展潜力以及优异的性能，但需要明确的是复合材料的纳米改性并不是达到目标性能的直接解决方案。由于多功能纳米相的引入，副作用也会随之而来，纳米材料界面表面的增加对热/湿特性的影响始终是一个重要的评估方面。由于航空航天结构的操作环境比较苛刻，这些方面对航空航天领域来说都是非常重要的。

1.4　纳米增强复合材料的导电性

在现代航空航天领域的结构设计中越来越多地采用了复合材料。对于下一代飞机的复合材料结构部件，例如机身或机翼，新要求将是复合材料要具备导电性[49]。然而，当使用先进的结构概念去增加和优化复合材料性质的同时，某些性能的缺失便会阻碍其进展。碳纤维本身具有导电性，能够确保电子沿纤维的方向传导，而对于碳纤维增强塑料，大部分缺乏能够达到静电释放、电气接地、屏蔽以及形成电流回路所需的电导率（相对于铝）。在大多数情况下，由于碳纤维上层的结构机理使其在面内沿不同的方向延伸。作为一个横向性能，这确保了复合材料在复合材料平面中具有高的导电性（$>10^2\,\mathrm{S/m}$）[50]，而在复合材料平面外的方向（厚度）的导电性较差（$<10^5\,\mathrm{S/m}$）。在这个方向上电子是通过邻层纤维间的接触进行传导的[50]，此外，这种连接方式与上层纤维的固化过程中的压实及 ν_f 有关。

除此之外，测量纤维增强复合材料的电导率是一个非常微妙的过程。由于纤维增强复合材料的增强作用，其电导率的变化范围在 $10^{-8} \sim 10^3\,\mathrm{S/m}$，当使用高导电性的纤维时，其电导率会更高，因此所测得的电阻的范围也会在几个数量级之间。例如，当电阻范围在 0.1Ω 到 $1\mathrm{M}\Omega$ 之间变化时，处于测量范围中间的值是最可靠的[7]，当其超过 $1\mathrm{M}\Omega$ 时，由于需要较高的电压来使其产生电流，电阻值就变得难以测量。由于电压的限制，传统的仪表不能测量超过 $1\mathrm{M}\Omega$ 的电阻值。此外，接触电阻的干扰是测量中非常重要的一个方面，特别是对于厚度小的高导电系统。样品制备以及样品与电极之间的接触压力对于确定正确的电导率值至关重要[49]。由于碳纤维本身具有导电性，碳纤维复合材料的导电性在最常规的测量仪器（万用表）的测量范围内。对于具有非导电纤维增强物的其他材料（例如玻璃纤维、聚芳酰胺纤维），情况并非如此。

由于其所具有的层状结构，最终的复合材料表现出各向异性的高导电性，其差别可以是几千倍，这种各向异性在航空航天设计中一直是亟待探讨的关键问题。而将碳基纳米增强材料整合到层间便可以解决这个问题。据报道，碳纳米管在纳米尺度上能够达到成千上万西门子每米的电导率[51]，其成果为提高航空航天复合材料结构的导电性提供了一个很有前景的方向。

在聚合物层面上，存在大量关于聚合物体系中电导率依赖于碳纳米管含量的研究[5]。纳米填料体系中的关键部分是把导电粒子（如碳纳米管）随机添加在一个绝缘树脂（如环氧树脂）中时就可以形成导电的关键路径——渗透路径，它能使材料中的电子进行相互传导，这被称作渗滤阈值。当浓度低于渗滤阈值时不会影响复合材料的导电性，当浓度接近渗滤阈值时，系统的电导率突然增加，系统从绝缘体转变为导体，并且在填料含量变化不大的情况下可以增加几个数量级的电导率，浓度在渗滤阈值以上的是导体。图 1.11 显示了典型的碳纳米管聚合物体系的渗透曲线[52]。泡沫纳米复合材料的类似行为也曾被报道过[53]。

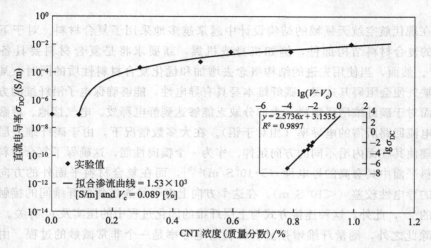

图 1.11　不同质量分数的 CNT 在 CNT-聚合物纳米复合材料中的
直流电导率半对数函数图像[52]

评估纳米增强层压复合材料电导率的中间步骤是研究聚合物和纳米颗粒混合物。图 1.12 中是文献 [5] 值的集合，其中报告的最大电导率值的绝对值是相对

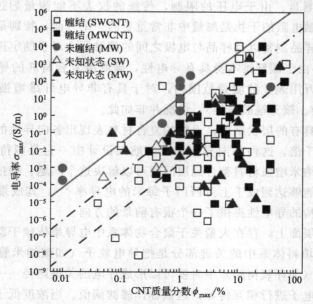

图 1.12　复合材料中不同 CNT 含量条件下获得的最大电导率的双对数坐标[5]

于聚合物中的碳纳米管的体积分数给出的。可以看出，当质量分数在 $5\%\sim30\%$ 时，电导率达到了 $10^3\sim10^4\,S/m$。而对于纤维增强复合材料，由于工艺的原因而达不到这些浓度值。多数研究都考虑了高渗透水平低于 1% 的情况，都采用最大质量分数为 2%，而多壁碳纳米管的渗透值可以接近 0.1%[5,52]。

在纤维增强复合材料层面上，由于添加碳纳米管后其电导率可以从几个数量级（在聚合物情况下）的变化到忽略不计，这可以理解为电导率取决于增强纤维是否导电。然而复合体系是更加复杂的，因为体系中有三相。此外，还取决于纳米增强的方法以及纳米相引入的位置，这都可能引起不同的效果。

基体的块状改性是一种最常研究、比较常见的研究聚合物分散的方法。相比于碳纤维，对玻璃纤维改性的研究较多，这是由于玻璃纤维对导电性的变化较为直接明显，而碳纤维的变化机制并不是显而易见的。

Wichmann 等[13] 首次报道了填充碳粒子的玻璃纤维的导电性结果。玻璃纤维具有质量分数为 0.3% 的不同碳基的粒子，如炭黑、双壁碳纳米管（DWCNT）和多壁碳纳米管（MWCNT），双壁碳纳米管和多壁碳纳米管应用了化学功能化，此外，他们还研究了利用电场来协助其在厚度方向的择优取向能力。碳纳米管增强复合材料的导电性优于炭黑，在面内能够达到 $10^{-2}\,S/m$（图 1.13），而在厚度方向上的电导率绝对值却很低，不过它使复合材料具有抗静电的特性。有趣的是，即使对于纤维不直接影响传导机制的不导电系统，沿厚度方向的电导率值也低于面内的电导率值，这说明了工艺的重要性以及系统本身对复合材料的限制。固化过程中在 z 方向上施加电场会使 z 方向上电导率增加超过一个数量级，而 0° 方向不会受到影响，进而使得导电性的各向异性程度降低。一般而言，功能化对实现高导电性是不利的，特别是先前所述的会提高同种材料的断裂性能。

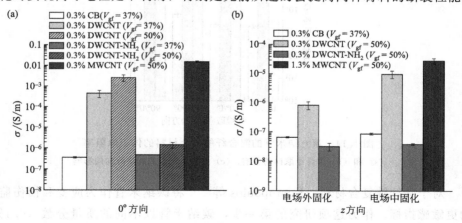

图 1.13　纳米颗粒改性层在 0° 方向上的电导率（a）和固化后
电场存在条件下 z 方向的电导率（b）

Thostenson 等[54] 对玻璃纤维增强复合材料的基体中的碳纳米管网络的电各向异性进行了研究，主要研究了在碳纳米管基质流动的影响下所产生的 UD-GFRP 电阻率。通过增加基体中碳纳米管的含量能够使电阻率降低，在质量分数为 0.8％时电阻率能够达到 $10^3 \sim 10^4 \Omega \cdot cm$，这进一步表明，在碳纳米管网络形成时，碳纳米管混合物的流动方向对实现最终的电导率是至关重要的。将同种混合物注入 UD 层后，在面内方向（沿着纤维的 x 轴和 y 轴横向）上呈现出不同的电阻率，其中，在横向方向上的电导率比纤维方向大约高出一个数量级。此外，还可以得出纤维的存在显著改变了碳纳米管的传导途径这样的结论（图 1.14）。

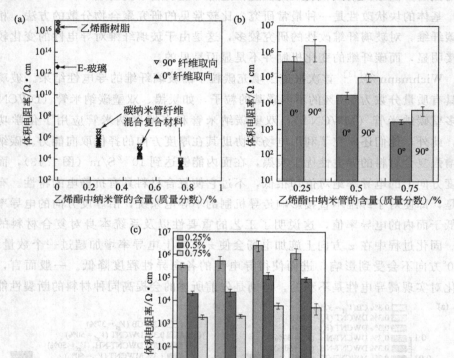

图 1.14   填充纳米管的混合纤维复合材料的体积电阻率
（a）和（b）为纤维取向的影响；（c）为树脂流动和纤维取向的影响

对于碳纤维复合材料，Kostopoulos 等[55] 将碳纳米管作为应变和损伤监测的更敏感指标。作为这项研究的第一步，碳纳米管以不同的质量分数（0.1％、0.5％、1.0％）分散在大量的碳纤维增强塑料树脂内。结果显示，厚度方向的电阻率 $186\Omega \cdot cm$（对应电导率 0.5S/m）在加入质量分数为 0.5％CNT 后翻了一番，加入质量分数为 1%CNT 情况下达到 $47\Omega \cdot cm$（接近 2S/m），在质量分数为 0.1%情况下的变化也是显著的。在垂直于 UD 纤维方向（ρ_y）的面内电阻率中表现出类似的行为。尽管在厚度和 y 轴间（ρ_z/ρ_y）的各向异性仍然很明显，但在质量分数为 1%碳纳米管存在的情况下其值从参考值 12 减少到了 8。与此同时，对纤维方向的各向异性（ρ_z/ρ_x）从 281 减少到 75。这些行为是由于碳纳米管的存在改善了纤维间的电接触机理。

使用块状改性的方法，还研究了添加不同尺寸、形状或性质的纳米颗粒的混合纳米制剂。这是一种相对来说没有被开发的研究领域，例如利用一维和二维纳米粒子的组合便能够提供所需的性能。在这个方向上，除了炭黑、碳纳米管以外，Ye 等[24] 将炭黑与氯化铜混合在质量分数为 2%的玻璃纤维增强复合材料（GFRP）基体中，能够获得 10^{-2}S/m 的电导率。测得的值高于炭黑，并且与碳纳米管纵向的值范围相同，但是在厚度方向要低 2 个数量级。

在改变纤维上浆的方向上，已有的在研究复合材料的电性能方面的工作是有限的。

Gao 等[27] 采用的方法是使用含均匀分布碳纳米管的纤维上浆剂进行碳纳米管的分散。在树脂注入之前将上浆剂注入预制件中，由于纤维浆料的黏度低，碳纳米管可以进入纤维间与束间区域。上浆剂与玻璃纤维之间强烈的亲和力，使碳纳米管沉积在上浆剂干燥后的纤维表面。因此，在纤维表面上就产生了高聚集的碳纳米管，从而制备了玻璃纤维单向层压复合材料。为了进行比较，还准备使用三辊轧磨技术制备碳纳米管混合聚合物的基体，在三个主要方向上，被碳纳米管涂覆的纤维电导率测定结果表明，其值比通过压延法制备的样品要高出两到三个数量级（图 1.15）。

Bekyarova 等[28] 使用了一种在碳纤维表面进行电泳沉积碳纳米管的方法。使用了两种类型的碳纳米管：单壁碳纳米管和多壁碳纳米管。碳纳米管的质量分数相对于碳纤维来说是 0.25%，给处理后的碳纤维织物灌注树脂，用来生产复合板材，除此之外，还准备了纯的碳纤维增强复合材料（CFRP）。对面内和面外的电导率进行测量，正如所料的是面内电导率仍然不受引入的碳纳米管的影响。与单独使用碳纤维复合纤维相比，碳纳米管/碳纤维复合材料制造的多尺度混合复合材料表现出了较高的面外电导率。与碳纤维/环氧复合材料相比，可以观察到单壁碳纳米管的面外导电性提高了 2 倍，而对于多壁碳纳米管增加幅度在 30%范围内。据报道，面外导电性的最大电导率的绝对值约为 9S/m，而对于同一层压板，面内电导率测量值在 10^4S/m 范围内。

Garcia 等[25] 利用另一种纤维基体界面改性方法，使用常压化学气相沉积及碳纳米管生长催化剂工艺，制备了直接生长在氧化铝纤维表面的碳纳米管。这种方法同样适用于其他类型的纤维。同时也在面内以及厚度方向研究了碳纳米管的

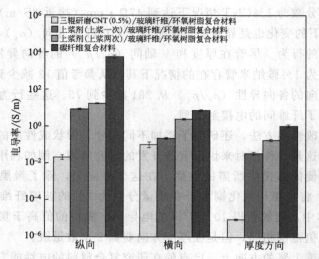

图 1.15 三辊研磨 CNT（质量分数为 0.5％）/玻璃纤维/环氧树脂复合纤
维、玻璃纤维/上浆剂（上浆一次）/环氧树脂复合材料、玻璃纤维/上浆剂
（上浆两次）/环氧树脂复合材料和碳纤维/环氧树脂电导率的比较研究

体积分数对电导率的影响（图 1.16）。无论层压板厚度如何，基线复合材料都是绝缘的，并且具有 $10^7 \sim 10^8 \Omega \cdot mm$ 的面内电阻率和 $10^9 \Omega \cdot mm$ 的贯穿厚度电阻率。结果表明，体积分数为 0.5％ 的碳纳米管，在纤维径向生长形成的导电网络导致面内的电阻率下降了 $10^2 \Omega \cdot mm$（对应电导率为 10S/m），显示增加了 6 个数量级；而在厚度方向，电阻率达到 $10^3 \Omega \cdot mm$，显示减少了 8 个数量级。在较高的碳纳米管浓度下，电阻率值分别降低了一个数量级。沿着碳纳米管的方向到达纤维-基体界面便形成了传导过程，这种组合基本上能够连接来自不同层的纤维间的绝缘缝隙，从而在层间形成渗透网络。

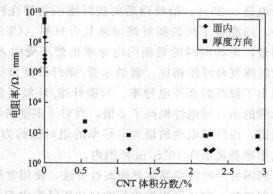

图 1.16 随着 CNT 体积分数的增加，电阻率沿厚度以及面内方向的变化
（1～3 层、体积分数为 0％～3％ 的 CNT）

层间区域纳米改性法对导电性能影响的研究还不是很多。在参考文献[19]中对层间区域的纳米改性进行了研究，并且测量了电导率，该技术针对碳纤维预浸材料使用了特定的碳纳米管沉积技术，从导电性的角度来看，该技术在提高导电性方面具有很好的发展潜力，它能够使电导率的绝对值从 0.8S/m 增加到 4.5S/m，相应变化超过了 400%，据悉，这是由于在层间区域内的碳纳米管母粒的沉积作用。此外，Ⅰ型载荷的断裂韧度结果表明，在力学性能方面也具有良好的多功能性，相比之下，在电导率较低的情况下，大部分掺杂预浸料的基体材料能够使电导率显著增加。

同样地，Ballocchi 等[56] 研究了在干燥预成型件的浸注生产过程中使用含碳纳米管的热塑性面纱的作用。所制备的复合材料的电导率在厚度方向上为 0.3～0.9S/m，低于基线的水平，这表明在面纱纤维中引入碳纳米管所起的作用非常微弱。并且据预测，含有碳纳米管的超细纤维的导电性较低，会引起最后的分层结构变化[57]。

对于相同的研究方向，Hepp 等[58] 对中间层区域的高浓度碳纳米管使用了巴基纸或高负荷膜。据悉，在碳纤维复合材料的厚度方向上的电导率增加了一个数量级，然而却没有超过 5S/m。使用巴基纸或交织膜对导电性进行研究的报道仍旧很少。

总结上述的技术及成果可以看出，尽管碳纳米管在理论上具有高导电性，但是并没有在纤维增强材料中充分体现出来。尽管如此，碳纤维主导了面内性能并且复合材料厚度方向上电传导的关键是纤维间的随机接触。对于碳纤维或玻璃纤维而言，无论采用何种改性方法，碳纳米管增强复合材料的导电性始终表现为各向异性。在航空航天复合材料的纳米技术成果中，电导率虽然能够相对接近航空航天结构所要求的边缘发光值为 5S/m，但仍不能始终如一，仍未探索出更多的技术和协同效应。

1.5　纳米复合材料多功能性示范

纳米技术激发了人们对复合材料多功能性研究的巨大兴趣，这些技术可以实现应变监测、损伤传感，甚至驱动能力等智能功能，并结合更好的结构性能，正如已经熟知的那样，具有更高的材料特性。

最热门的研究方向是使用碳纳米管进行应变和损伤传感，这属于无损检测（NDI）领域中的结构健康监测（SHM）范畴，结构健康监测通常是基于无损检测技术而形成的一种方法，SHM/NDI 方法的最终目标是在临界或灾难性损伤发生之前对体系进行损伤监测和监控。具有 SHM/NDI 功能的多功能复合结构通常被称为智能结构，这种体系可以根据其所提供的外来信息进行应答。从原则上讲，与 SHM/NDI 相关的主要结构存在着四个级别的智能化（1级—损伤嗅探，2级—损伤定位，3级—损伤大小，4级—剩余寿命预测，见图1.17）。将 SHM/NDI 技术扩展到更全面的智能化结构，还提出了用于负载/应变传感的 0 级和另外两个级别，分别是用于自我诊断的级别 5 和用于自我修复的级别 6[59]。

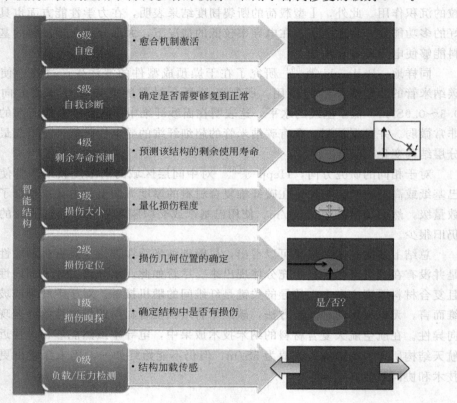

图 1.17　智能结构的级别：从加载传感到损伤感知、损伤定位、
损伤大小、剩余寿命预测、自我诊断、自愈[8]

　　许多纳米技术的研究都涉及这些结构的智能方面。直到最近，大量研究已经使用了开发的 CNT 网络进行复合材料中的应变和损伤监测。它们中的大多数都已经解决 0 级和 1 级的负载和损伤嗅探，有些直接跳过 2 级，进入 3 级，这主要是因为所研究样本的大小（纤维增强复合材料样片）。最近，在一个研究组的报告中已经解决了 2 级，一些研究所开发出了各种纳米复合体系，能够作为更高水平的智能系统去执行任务或促使级别 5 和级别 6 的实现。以上所给出结构智能化的研究已经证明了纳米多功能性材料能在航空航天及其相关领域中进行开发和应用。

以纳米导电功能为基础来研究玻璃纤维增强复合材料中的碳纳米管网络在各种载荷中的传感，在这方面比较突出的是 Sotiriadis 等[60] 所进行的研究，并且在 Thostenson 等[61] 的另一篇报道中有类似的发现。在文献 [60] 中，将质量分数为 1.0% 的碳纳米管分散在玻璃纤维增强复合材料基体中制备三维渗透网格，材料的取样片受到载荷逐渐增大的循环拉伸的作用。整个测试过程中通过一维测量装置对电阻进行在线记录，碳纳米管网络的电阻响应具有在每个负载周期中重复的特点 [图 1.18(a)]，这揭示了一个比较值得关注的信息，即负载作用下的碳纳米管网络及其行为。复合材料的响应包括四个不同的阶段，其中三个是在负载的过程中，另一个是在卸载以后。第一阶段的电阻率高速增长，第二阶段的增长率逐渐变低，第三阶段的电阻率急剧增加，直到达到最大负载值。当负载水平超过了前一周期的最大负载值时，电阻增加率的变化立即被识别，然后通过碳纳米管在线监测网络揭示这种损伤积累的行为。最后一个阶段对应于卸载步骤，记录了降低的电阻增长率。电阻率的变化为材料的负载过程以及累计损伤的开端提供了一个指示因子，循环加载过程中的模量衰减对每个周期下所记录的最大阻力演变曲线以及卸载后的不可逆的残余阻力起到支撑作用。在这两种情况下，观察到两者的刚度呈非常紧密的指数减小式的关系，证实在 GFRP（玻璃纤

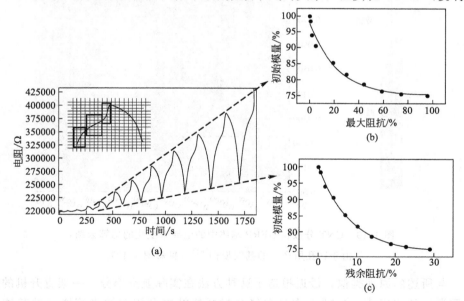

图 1.18 在循环加载条件下的 CNT-GFRT 传感

(a) 整个拉伸过程中的电阻监测增量荷载和单个荷载循环阻力变化的插图：三个阶段的
阻力增加 (b)、(c)。由于不可逆的阻抗变化功能，当载荷增加时玻璃纤维增强
聚合物（GFRP）纳米复合材料的模量退化：最大阻抗和残余阻抗

维增强复合材料）中监测碳纳米管网络是一种监测应变和损伤的手段。除了玻璃纤维增强复合材料以外，碳纤维中碳纳米管的掺入能够提高传感性能[55] 以及可以更好地利用基于一维的电阻监测来预测疲劳寿命[62]。基于电阻变化的纳米监测能用于掺有碳纳米管的发泡纳米复合材料体系[63]。

　　采用色谱法对用于复合材料基体中的碳纳米管网络进行研究，主要是为了解决第 2 级。对于结构复合材料，Baltopoulos 等[64] 对色谱法的可行性进行了调查。本研究利用玻璃钢中碳纳米管改性树脂以及电阻色谱成像（ERT）技术[65]，对变化的电压进行测量，并给出电导率分布变化的估计值，估计值的变化与损伤的存在有关，基线损失粒子如图 1.19 所示。这个概念在文献 [8] 中做了进一步扩展（图 1.20），结果表明，该技术可以有效地感知不同的破坏模式，并且对损伤定位的误差小于 10%，同时可以抑制 80% 以上检查区域的损伤。

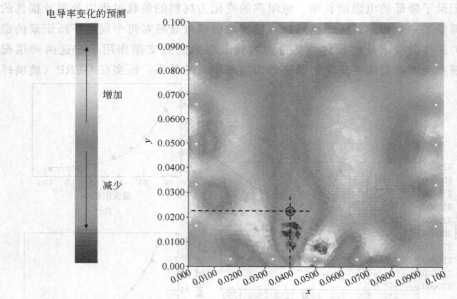

图 1.19　CNT 分散在 GFRP 基体中的电导率变化的估算云图：
由于钻孔所产生的基线损伤[64]（见彩图 1.19）

　　与所述的原理类似，最近报道了这种方法在实际航空部分（一架直升机的垂直尾翼）的应用[8]。这项工作是在复合材料修补中利用碳纳米管增强的基体和黏合剂对铝制航空部分进行完整性监测修补，电极放置在外围和贴片上，径向间的电阻测量被用作监测结构，直升机的垂直尾翼和贴片的装配如图 1.21 所示。检查图中提供了一种基于电阻测量的组合映射方案以及空间损失概率分布。这部分增加疲劳载荷用于模拟实际疲劳载荷。每隔 100000 个周期，进行电气测量记

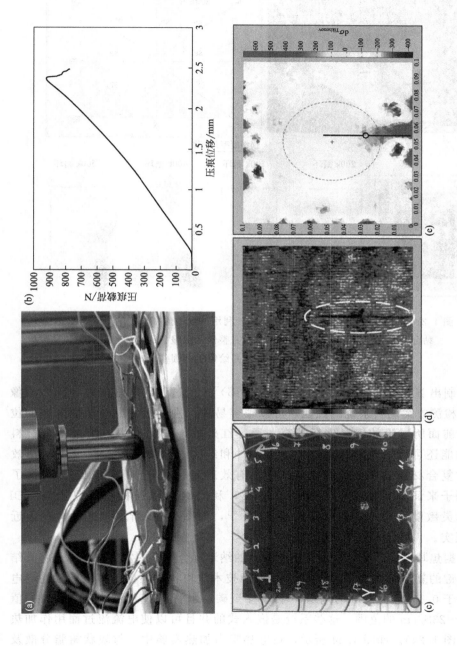

图 1.20　通过压痕损伤检查中的电阻色谱成像，证明了复合材料在开发碳纳米管网络来进行损伤传感和定位方面的潜力（见彩图 1.20）
(a) QSI；(b) QSI 叠荷-挠度曲线；(c) 损坏样品的照片；(d) 超声波检测图；(e) ERT 检测图

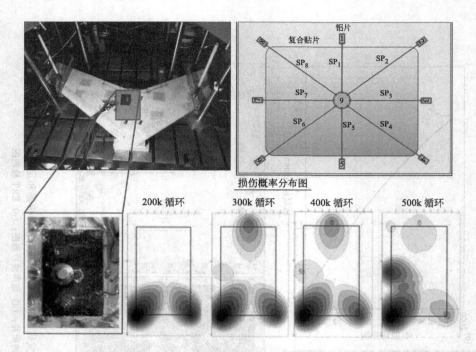

图 1.21 损伤传感在航空部件中的应用，利用纳米增强多功能纳米复合材料
黏合剂和基体，检测航空部件修复的完整性。在服务周期内，对径向
电子对之间进行电阻测量并绘制出的损伤概率

录并绘制出 NDI 损伤概率图 [图 1.21(下部)]。通过使用基准红外（IR）成像
和损伤检测方案说明系统的性能，可以很容易地识别及确定贴片脱黏区域的位
置。对前面所讨论的情况进行补充，通过红外成像检测技术，纳米复合材料
的多功能还可以用于检测航空航天零部件和结构。使用电阻加热（焦耳热效
应）对复合材料的损伤监测已被证明是有效的和有用的[50]，图 1.22 列举了
一个例子来证明。在损伤传感的情况下，利用纳米增强材料可以提高 NDI
技术的灵敏度，同时能够降低功率要求[66]，如图 1.23 所示，这种情况最近
已被证实。

根据焦耳加热原理，研究了用于除冰的纳米复合材料的发展，目标是将其结
合到关键的复合航空航天结构中[67]。纳米技术使块状改性树脂多功能层的导电
性能处于 0.1~0.6S/cm 的范围，环氧/多壁碳纳米管-巴基纸纳米复合材料的值
处于 5~23S/cm 的范围。这些系统是嵌入式的并且可以使电流流过而用作加热
元件（图 1.24）。如图 1.24 所示，在电热阻力加热实验中，与块状树脂分散及
低功耗需求相比，巴基纸纳米复合材料具有良好的温度均匀性。

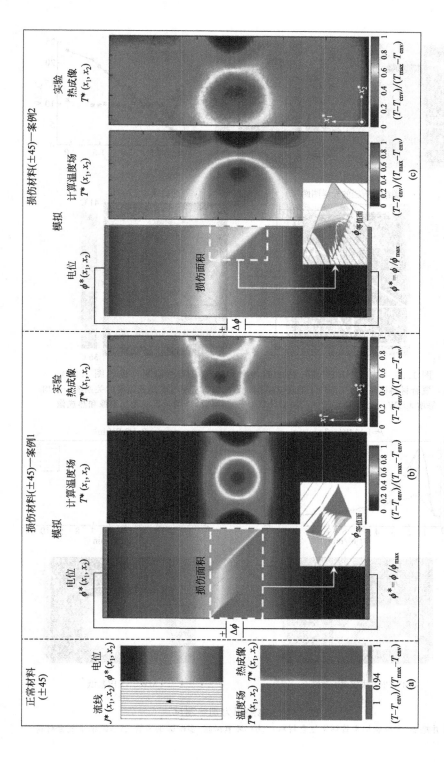

图 1.22　无量纲形式下的模拟和实验结果，以及尺寸（L128mm，W45mm）的堆叠顺序（±45）（见彩图 1.22）
(a) 正常的材料；(b) 在样品中部进行人为的矩形损坏（28m×45mm，白色虚线区域）；(c) 在样品边缘进行人为的矩形损坏（32m×20mm）[50]

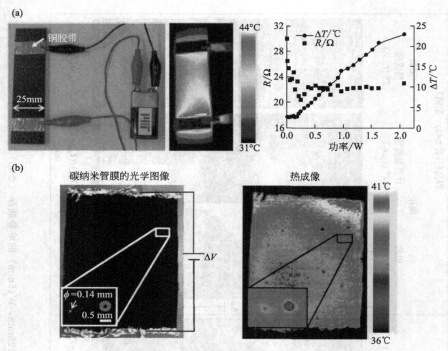

图 1.23　基于 NET-NDE 技术的功率和分辨率特性检测（见彩图 1.23）

（a）复合材料样品在 9V 条件下的光学图像、热成像、功率与电阻及温度的关系图，平均
每增大 1W，上升 15℃；（b）缺陷区域中垂直排列的碳纳米管的光学图像和热成像

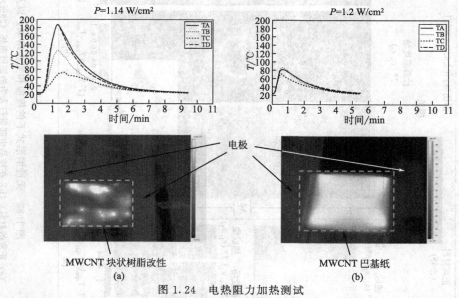

图 1.24　电热阻力加热测试

（a）苯并噁嗪/多壁碳纳米管纳米复合材料；（b）环氧树脂/多壁碳纳米管-巴基纸纳米复合材料[67]

1.6 结论与展望

　　纳米技术的发展对复合材料技术大有裨益，特别是纳米材料，比如碳纳米管等，并且现在仍在进行更多的研究，进一步揭示其他的功能。研究的主要方向是碳纳米管与其他纳米材料特殊的组合属性以及对复合材料性能的后续改善所具有的可能性。为了克服或利用碳纳米管易于成簇的性质，以更好地将其与复合材料相结合，人们已经提出了大量的工艺技术方案。如前所述，每种工艺技术都能在不同层面上的复合结构中引入纳米材料，并对体系的性能产生不同的影响。在纤维增强复合材料层面上，纤维和复合材料的工艺技术（如高压釜、树脂传递）对其最终的性能起着重要的作用，并且目前将纳米材料（纳米增强方法）与常规复合材料结构方法协同使用。

　　目前为止的研究结果可以为某些特性提供结论性的指示，并且仍在进行其他性能的研究。对纤维增强复合材料（FRP）结合碳纳米管的成果进行总结并作出一些假设，可以得出以下结论：

　　• 假设在复合材料中掺入的碳纳米管解缠出一个适当的水平，复合材料的断裂韧性可以极大地提高，能够达到100%的改善。

　　• 在同一个方向上，含有碳纳米管的纤维增强复合材料（FRP）具有改善损伤容限的特性，如冲击性，这直接关系到纳米复合材料断裂韧性的提高。

　　• 无论采用何种融合方法，含有碳纳米管的纤维增强复合材料（FRP）都表现出各向异性的导电性。

　　• 通过任意一种碳纳米管融合法，其面外电导率可提高到可用水平，但仍然低于碳纤维的预期值，在纤维增强复合材料层面上，渗透网络并不一定意味着能直接改善面外方向，我们坚信能够通过界面改性的方式，得出更一致的结果并在实际应用中被采纳。

　　根据不同的研究背景，所陈述的这些结论的有效性可能会受到广泛的讨论，这是能够理解的。尽管如此，我们仍然相信它们大概地以建设性的方式描述了一直到最近的所有成就，对于确立该领域开放性的挑战是有利的。目前成果的非收敛特性及不确定性为这个开放性的挑战及未来的研究方向播下了第一粒种子。基于以上所述，该领域下一步的研究可以按照以下思路进行：

　　• 对于含有碳纳米管的纤维增强复合材料的韧性，尤其是损伤容限的理解以及对实验和理论的量化。

　　• 对复合材料结构的面外特性的实验研究（基于复合材料结构体系的映射）。

　　• 系统层面的研究，如实现碳纳米管增强而得到的组合特性。

●其他纳米材料损伤容限及多功能性的研究（如不同的化学反应、不同的形态）。

●碳纳米管与其他多尺度增强材料协同作用以实现预期的性能。

●使用数字化工具（如，数据库）和数学计算公式（如，神经网络）来组织和描述碳纳米管体系结构所具有的属性。

●基于纳米材料的性能进行设计系统的开发定制。

●建立从纳米尺度到宏观尺度构架的复合材料的纳米设计路线图。

在航空航天等行业的实际应用中采用纳米复合材料，其工艺技术与传统的复合材料制造工艺相互兼容。相信读者读完本章以后，在脑海中会形成一幅与复合材料相关的拼图，其中包含了碳纳米管复合材料在航空航天领域的应用以及未来太空纳米复合材料碎片的优化、复合材料效率的最大化和大型集成体系结构的研究方向。

参考文献

[1] Baur J, Silverman E. Challenges and opportunities in multifunctional nanocomposite structures for aerospace applications. MRS Bull 2007;32(04):328–34.

[2] Chong D. Nanotechnology for aerospace applications: the potential. Boeing Res Technol 2009;1(June).

[3] Thostenson ET, Li C, Chou T-W. Nanocomposites in context. Compos Sci Technol 2005;65:491–516.

[4] Hwang S-H, Park Y-B, Yoon KH, Bang DS. Smart materials and structures based on carbon nanotube composites Yellampalli S, editor. Carbon nanotubes—synthesis, characterization, applications. Rijeka, Croatia: InTech; 2011. ISBN: 978-953-307-497-9, http://dx.doi.org/10.5772/17374.

[5] Bauhofer W, Kovacs JZ. A review and analysis of electrical percolation in carbon nanotube polymer composites. Compos Sci Technol 2009;69(10):1486–98.

[6] Edelman K, Räckers B, Farmer BL. Nanocomposites for future airbus airframes. Wissenschaftstag 2008 "Nanotechnoscience in Faserverbundleichtbau und Adaptronik", Braunschweig, 9. October 2008.

[7] Carbon nanotube enhanced aerospace composite materials: a new generation of multifunctional hybrid structural composites, Paipetis AS, Kostopoulos V, Editors. Dordrecht, The Netherlands: Springer; 2013. ISBN 978-94-007-4245-1.

[8] Baltopoulos A. Multifunctional composite structures with damage sensing capabilities. PhD Thesis, Greece: University of Patras; 2013.

[9] Karapappas P, Vavouliotis A, Tsotra P, Kostopoulos V, Paipetis A. Enhanced fracture properties of carbon reinforced composites by the addition of multi-wall carbon nanotubes. J Compos Mater 2009;43:977–85.

[10] Kostopoulos V, Baltopoulos A, Karapappas P, Vavouliotis A, Paipetis A. Impact and after-impact properties of carbon fibre reinforced composites doped with multi-wall carbon nanotubes. Compos Sci Technol 2010;70(4):553–63.

[11] Tsantzalis S, Karapappas P, Vavouliotis A, Tsotra P, Paipetis A, Kostopoulos V, et al. Enhancement of the mechanical performance of an epoxy resin and fiber reinforced epoxy resin composites by the introduction of CNF and PZT particles at the microscale. Composites Part A 2007;38:1076–81.

[12] Sadeghian R, Gangireddy S, Minaie B, Hsiao KT. Manufacturing carbon nanofibers toughened polyester/glass fiber composites using vacuum assisted resin transfer molding for enhancing the mode-I delamination resistance. Composites Part A Appl Sci Manuf 2006;37:1787–95.

[13] Wichmann MHG, Sumfleth J, Gojny FH, Quaresimin M, Fiedler B, Schulte K. Glass-fibre-reinforced composites with enhanced mechanical and electrical properties—benefits and limitations of a nanoparticle modified matrix. Eng Fract Mech 2006;73: 2346–59.

[14] Tsantzalis S, Karapappas P, Vavouliotis A, Tsotra P, Kostopoulos V, Tanimoto T, et al. On the improvement of toughness of CFRPs with resin doped with CNF and PZT particles. Composites Part A Appl Sci Manuf 2007;38:1159–62.

[15] Yokozeki T, Iwahori Y, Ishiwata S, Enomoto K. Mechanical properties of CFRP laminates manufactured from unidirectional prepregs using CSCNT dispersed epoxy. Composites Part A Appl Sci Manuf 2007;38:2121–30.

[16] Tugrul Seyhan A, Tanoglu M, Schulte K. Mode I and mode II fracture toughness of E-glass non-crimp fabric/carbon nanotube (CNT) modified polymer based composites. Eng Fract Mech 2008;75:5151–62.

[17] Kostopoulos V, Vavouliotis A, Baltopoulos A, Fiamegou E, De Maagt P, Rohr T. Multi-wall carbon nanotubes/cyanate ester composites towards the development of novel materials with tailored mechanical, electrical, thermal and RF properties for space antenna reflector applications. 7th ESA round-table on micro–nano-technologies for space applications. Noordwijk, The Netherlands; 2010.

[18] Quaresimin M, Varley RJ. Understanding the effect of nano-modifier addition upon the properties of fibre reinforced laminates. Compos Sci Technol 2008;68(3–4):718–26.

[19] Vavouliotis A, Soltiriades G, Kostagiannakopoulou C, Kostopoulos V, Cinquin J., Korzenko A, et al. Development of multi-functional aerospace structures using CNT-modified composite pre-preg materials. 8th international technical conference & forum, SAMPE EUROPE SETEC 13, Wuppertal, Germany; 2013.

[20] Godara A, Mezzo L, Luizi F, Warrier A, Lomov SV, van Vuure AW, et al. Influence of carbon nanotube reinforcement on the processing and the mechanical behaviour of carbon fibre/epoxy composites. Carbon 2009;47:2914–23.

[21] Romhany G, Szebenyi G. Interlaminar crack propagation in MWCNT/fiber reinforced hybrid composites. Express Polym Lett 2009;3:145–51.

[22] Warrier A, Godara A, Rochez O, Mezzo L, Luizi F, Gorbatikh L, et al. The effect of adding carbon nanotubes to glass/epoxy composites in the fibre sizing and/or the matrix. Composites Part A 2010;41:532–8.

[23] Inam F, Wong DWY, Kuwata M, Peijs T. Multiscale hybrid micro-nanocomposites based on carbon nanotubes and carbon fibers. J Nanomater 2010; 453420, 12pp. http:// dx.doi.org.10.1155/2010/453420.

[24] Zhang D, Ye L, Wang D, Tang Y, Mustapha S, Chen Y. Assessment of transverse impact damage in GF/EP laminates of conductive nanoparticles using electrical resistivity tomography. Composites Part A 2012;43:1587–98.

[25] Garcia EJ, Wardle BL, John Hart A, Yamamoto N. Fabrication and multifunctional properties of a hybrid laminate with aligned carbon nanotubes grown in situ. Compos Sci Technol 2008;68:2034–41.

[26]   Sager RJ, Klein PJ, Lagoudas DC, Zhang Q, Liu J, Dai L, et al. Effect of carbon nano-tubes on the interfacial shear strength of T650 carbon fibre in an epoxy matrix. Compos Sci Technol 2009;69:898–904.

[27]   Gao LM, Thostenson ET, Zhang ZG, Chou TW. Highly conductive polymer composites based on controlled agglomeration of carbon nanotubes. Carbon 2010;48:2649–51.

[28]   Bekyarova E, Thostenson ET, Yu A, Kim H, Gao J, Tang J, et al. Multiscale carbon nanotube-carbon fiber reinforcement for advanced epoxy composites. Langmuir 2007;23:3970–4.

[29]   Kepple KL, Sanborn GP, Lacasse PA, Gruenberg KM, Ready WJ. Improved fracture toughness of carbon fibre composite functionalized with multi walled carbon nanotubes. Carbon 2008;46:2026–33.

[30]   Wicks SS, de Villoria RG, Wardle BL. Interlaminar and intralaminar reinforcement of composite laminates with aligned carbon nanotubes. Compos Sci Technol 2010;70:20–8.

[31]   Veedu VP, Cao A, Li X, Ma K, Soldano C, Kar S, et al. Multifunctional composites using reinforced laminae with carbon-nanotube forests. Nat Mater 2006;5:457–62.

[32]   Garcia EJ, Wardle BL, John Hart A. Joining prepreg composite interfaces with aligned carbon nanotubes. Composites Part A Appl Sci Manuf 2008;39(6):1065–70. http://dx.doi.org/10.1016/j.compositesa.2008.03.011.

[33]   Arai M, Noro Y, Sugimoto K i, Endo M. Mode I and mode II interlaminar fracture tough-ness of CFRP laminates toughened by carbon nanofiber interlayer. Compos Sci Technol 2008;68:516–25.

[34]   Li J, Kim JK. Percolation threshold of conducting polymer composites containing 3D randomly distributed graphite nanoplatelets. Compos Sci Technol 2007;67:2114–20.

[35]   Hamer S, Leibovich H, Green A, Avrahami R, Zussman E, Siegmann A, et al. Mode I and Mode II fracture energy of MWCNT reinforced nanofibrilmats interleaved carbon/epoxy laminates. Compos Sci Technol 2014;90:48–56.

[36]   Tang Y, Ye L, Zhang Z, Friedrich K. Interlaminar fracture toughness and CAI strength of fibre-reinforced composites with nanoparticles—a review. Compos Sci Technol 2013;86:26–37.

[37]   Khan SU, Kim J-K. Impact and delamination failure of multiscale carbon nanotube-fiber reinforced polymer composites: a review. Int J Aeronaut Space Sci 2011;12(2):115–33.

[38]   Qian H, Greenhalgh ES, Shaffer MSP, Bismarck A. Carbon nanotube-based hierarchical composites: a review. J Mater Chem 2010;20:4751–62.

[39]   Siegfried M, Tola C, Claes M, Lomov SV, Verpoest I, Gorbatikh L. Impact and resid-ual after impact properties of carbon fiber/epoxy composites modified with carbon Nanotubes. Compos Struct 2014;111:488–96.

[40]   Davis DC, Whelan BD. An experimental study of interlaminar shear fracture toughness of a nanotube reinforced composite. Composites Part B Eng 2011;42:105–16.

[41]   Khan SU, Kim JK. Interlaminar shear properties of CFRP composites with CNF–bucky paper interleaves. The 18th international conference on composite materials, Jeju, Korea; 2011.

[42]   Drakonakis V. CNT reinforced epoxy foamed and electrospun nano-fiber interlayer sys-tems for manufacturing lighter and stronger Featherweight™ composites. PhD Thesis. USA: The University of Texas At Arlington; 2012.

[43]   Gojny FH, Wichmann MHG, Fiedler B, Bauhofer W, Schulte K. Influence of nano-mod-ification on the mechanical and electrical properties of conventional fibre-reinforced composites. Composites Part A Appl Sci Manuf 2005;36:1525–35.

[44]   Yamamoto G, Shirasu K, Hashida T, Takagi T, Suk JW, An J, et al. Nanotube fracture during the failure of carbon nanotube/alumina composites. Carbon 2011;49:

3709–16.

[45] Zhang W, Srivastava I, Zhu Y-F, Picu CR, Koratkar NA. Heterogeneity in epoxy nanocomposites initiates crazing: significant improvements in fatigue resistance and toughening. Small 2009;5:1403–7.

[46] Qiu J, Zhang C, Wang B, Liang R. Carbon nanotube integrated multifunctional multiscale composites. Nanotechnology 2007;18 (275708), 11pp. http://dx.doi.org/10.1088/0957-4484/18/27/275708.

[47] Mannov E, Schmutzler H, Chandrasekaran S, Viets C, Buschhorn S, Tölle F, et al. Improvement of compressive strength after impact in fibre reinforced polymer composites by matrix modification with thermally reduced graphene oxide. Compos Sci Technol 2013;87:36–41.

[48] Chatterjee S, Nafezarefi F, Tai NH, Schlagenhauf L, Nuesch FA, Chu BTT. Size and synergy effects of nanofiller hybrids including graphene nanoplatelets and carbon nanotubes in mechanical properties of epoxy composites. Carbon 2012;50:5380–6.

[49] Cinquin J, Gaztelumendi I, Vavouliotis A, Kostopoulos V, Kostagiannakopoulou C. Volume electrical conductivity measurement on organic composite material. 08th international technical conference & forum, SAMPE EUROPE SETEC 13, Wuppertal, Germany; 2013.

[50] Athanasopoulos N. Calculation of electrical conductivity and electrothermal analysis of multilayered carbon reinforced composites: application to damage detection. PhD Thesis. Greece: University of Patras; 2013.

[51] Thostenson E, Ren Z, Chou T-W. Advances in the science and technology of carbon nanotubes and their composites: a review. Compos Sci Technol 2001;61:1899–912.

[52] Vavouliotis A, Fiamegou E, Karapappas P, Psarras GC, Kostopoulos V. DC and AC conductivity in epoxy resin/multiwall carbon nanotubes percolative system. Polym Compos 2010;31(11):1874–80.

[53] Athanasopoulos N, Baltopoulos A, Matzakou M, Vavouliotis A, Kostopoulos V. Electrical conductivity of polyurethane/MWCNT nano-composite foams. Polym Compos 2012;33(8):1302–12.

[54] Thostenson E, Gangloff Jr J, Li C, Byun J-H. Electrical anisotropy in multiscale nanotube/fiber hybrid composites. Appl Phys Lett 2009;95 (073111). http://dx.doi.org/10.1063/1.3202788.

[55] Kostopoulos V, Vavouliotis A, Karapappas P, Tsotra P, Paipetis A. Damage monitoring of carbon fiber reinforced laminates using resistance measurements. Improving sensitivity using carbon nanotube doped epoxy matrix system. J Intell Mater Syst Struct 2009;20(9):1025–34.

[56] Ballocchi P, Parlevliet P, Fogel M, Walsh R. Enhancement of electrical conductivity of aerospace structures by incorporation of CNT doped carrier materials into dry preforms. 08th international technical conference & forum, SAMPE EUROPE SETEC 13, Wuppertal, Germany; 2013.

[57] Latko P, Kozera R, Salinier A, Boczkowska A. Non-woven veils manufactured from polyamides doped with carbon nanotubes. FIBRES & TEXTILES in Eastern Europe 2013;21(6(102)):45–9.

[58] Hepp F, Klebor M, Pfeiffer E, Pambaguian L, Lodereau P. Improvement of CFRP polymer matrix composites by adding nano-materials or creating composites by using infiltrated bucky paper layers. 8th ESA round table on micro and nano technologies for space applications. Noordwijk, The Netherlands; 2012.

[59] Lehmhus D, Brugger J, Muralt P, Pane S, Ergenemann O, Dubois MA, et al. When nothing is constant but change: adaptive and sensorial materials and their impact on product design. J Intell Mater Syst Struct 2013;24(18):2172–82. http://dx.doi.org/

10.1177/1045389X13502855.

[60] Sotiriadis G, Tsotra P, Paipetis A, Kostopoulos V. Stiffness degradation monitoring of carbon nanotube doped glass/vinylester composites via resistance measurements. J Nanostruct Polym Nanocompos 2007;3(3):90–5.

[61] Thostenson ET, Chou T. Real-time in situ sensing of damage evolution in advanced fiber composites using carbon nanotube networks. Nanotechnology 2008;19 (215713), 6pp. http://dx.doi.org/10.1088/0957-4484/19/21/215713.

[62] Vavouliotis A, Paipetis A, Kostopoulos V. On the fatigue life prediction of CFRP laminates using the electrical resistance change method. Compos Sci Technol 2011;71:630–42.

[63] Baltopoulos A, Athanasopoulos N, Fotiou I, Vavouliotis A, Kostopoulos V. Strain and damage in polyurethane nano-composite foams sensed through electrical measurements. Express Polym Lett 2013;7(1):40–54.

[64] Baltopoulos A, Polydorides N, Vavouliotis A, Kostopoulos V, Pambaguian L. Sensing capabilities of multifunctional composite materials using carbon nanotubes. 61st international astronautical congress (IAC10), Prague, Czech Republic, vol. 13; 2010. p. 11004–012.

[65] Baltopoulos A, Polydorides N, Pambaguian L, Vavouliotis A, Kostopoulos V. Damage identification in CFRP using electrical tomography mapping. J Compos Mater 2013; 47(26):3285–301.http://dx.doi.org/10.1177/0021998312464079.

[66] Guzmán de Villoria R, Yamamoto N, Miravete A, Wardle BL. Multi-physics damage sensing in nano-engineered structural composites. Nanotechnology 2011;22 (185502), 7pp. http://dx.doi.org/10.1088/0957-4484/22/18/185502.

[67] Chapartegui M, Iriarte A, Elizetxea C. Multifunctional layers for safer aircraft composites structures. Proceedings of the international conference "trends in nanotechnology" (TNT2011). Tenerife, Spain; 2011.

第2章

多功能多层纳米复合材料
在汽车和航空领域的应用

Mehrdad N. Ghasemi Nejhad
夏威夷大学马诺阿分校，机械工程系，美国，夏威夷

2.1 引言

　　汽车行业面临着很多挑战，其中包括全球竞争加剧、对高性能的车辆的需求、减少质量和成本、对环境和安全的严格要求等。更轻、更强、更硬的材料意味着更轻的车辆、低油耗以及低排放。复合材料由于其优异的质量、比强度（即强度除以密度）和比刚度（即刚度除以密度）[1]，正越来越多地被用于汽车工业中。在文献［1］中对复合材料的先进性做了一个全面的说明，其中包括了纤维增强聚合物（FRP）、增强热塑性塑料、碳基复合材料以及许多其他设计加工用于车辆上的复合材料，包括了复合材料在车辆设计上的技术说明和分析，也包括复合材料的设计、建模、测试与失效分析的所有阶段。它还阐明了现有材料包括碳复合材料在汽车材料技术上未来的发展以及减少车辆结构质量的性能。此外，它提出了复合材料的最新技术及其在汽车工业中的应用，并考虑到能源效率和对环境的影响，因此提供了一个有用的信息来源，即在未来的汽车应用中考虑使用复合材料。在文献中可以发现复合材料的其他汽车应用，如车身、保险杠、传动轴、发动机排气支管和其他组件的应用[1-4]。

　　复合材料在航空航天结构建设中也越来越重要。由复合材料制造的飞机零部件有整流罩、阻力板和飞行控制器等。在20世纪60年代是通过局部采用铝件为其减小质量的，但是新一代大型飞机设计的机身和机翼结构将全部由复合材料制

成，而对于这些先进复合材料的维修则需要深入了解复合材料的结构、材料和工具。复合材料的主要优点是高强度、低质量、耐腐蚀性。在文献［5-8］中全面说明了先进复合材料的设计、加工及其在航空航天上的应用。航空航天工业如汽车工业一般，也面临着许多挑战，包括全球竞争加剧、对高性能的飞机的需求、减少质量和成本、对环境和安全的严格要求等。更轻、更强、更硬的材料意味着飞机更轻、油耗和排放也更低[9,10]。

　　然而，以往传统的复合材料存在两个主要的问题。第一，基体的脆性，第二，容易分层。如果复合材料中的基体可以增韧，复合材料的断裂韧性和损伤容限将增加，脆性问题可以得到解决。因此，可以防止或延缓基体中裂纹的产生和扩展，从而提高复合材料的性能。这种技术被称为"纳米树脂"，在本章中将详细解释。此外，传统的复合材料的层与层之间进行的是基体填充，因此这是复合材料中最薄弱的环节，并且易于分层。如果在复合材料层之间放置"增强材料"，那么最弱的环节也将得到加强，因此可以消除或延迟层间的裂纹的萌生和增长，进而用以消除或改善复合材料的分层敏感性。这种技术被称为"纳米森林"，本章将详细讲解。因此，本章介绍的复合材料的基体/树脂的脆性和复合材料层合板易分层的两个主要问题可以用这里提到的两种技术来解决。树脂的脆性可以通过在树脂体系中正确使用、整合和加工纳米材料来生产高性能纳米树脂。复合材料分层的问题可以通过正确使用、整合和将碳纳米管（CNT）加工到纤维中（或在纤维层之间）产生纳米森林纤维，然后将这些纳米森林纤维和纳米树脂基体组合起来，能产生很好的多功能多层纳米复合材料，为解决复合材料的脆性和分层问题提供了可能性。尽管如此，纳米复合材料的大规模工业化生产还处于研究和发展中。然而，预计的多功能多层纳米复合材料的优点在很大程度上解决了传统复合材料的脆性和分层的问题，并且它们的多功能性改善了纳米复合材料的机械、热力、电力、化工和其他性能，将扩大这种纳米复合材料在汽车和航空航天工业中的应用。

　　纳米技术可以宏观地定义为"材料、器件和系统的创建、加工、表征和利用；由于材料的尺寸范围为 $0.1\sim100nm$ 而表现出新的和显著增强的物理、化学和生物性质、功能、现象和工艺流程"[11]。纳米复合材料在纳米技术迅速发展的领域中具有重要意义。最近，研究人员已经研究出了含有聚合物纳米材料的纳米复合材料以改善其物理、机械和化学性质。嵌入在聚合物基体中的纳米材料由于其显示出的独特性质及其在聚合物中的包含而引起了越来越多的关注。由于纳米粒子的尺寸大小，它们的物理化学特征明显不同于微米粒子和块状物质。当将两个或更多个相混合在一起以制备复合材料时，通常可以在所得复合材料中获得任一独立组分都不具备的性能。

　　纳米复合材料领域涉及多相材料的研究，其中至少有一个组成相的尺寸小于 100nm，这是原子和分子间相互作用强烈的尺寸范围，这会影响到材料的宏观性质。由于复合材料的基石是纳米尺度，所以它们有巨大的表面积，并且在两个相互混合的相之间存在许多界面。纳米复合材料的特殊性质产生于相互作用的界面处和/或界间处区域。相比之下，基于微米级填料如碳纤维的常规复合材料，填料和基体之间的界面构成的块状物料的表面体积分数要小得多，因此对主体属性结构的影响也小得多。纳米复合材料中纳米材料的最佳用量取决于纳米材料的尺寸、形状、分布、均匀性和填料与基体之间的界面结合性能。纳米复合材料的前景在于其多功能性，即实现从传统材料中无法得到的独特性能组合的可能。实现这一前景的挑战是巨大的，其中的挑战包括对纳米级成分的尺寸分布和分散控制，设计和认识结构或化学相异相之间的界面对整体性能的作用。受近期纳米技术热潮的推动，纳米复合材料是复合材料研究和发展领域中最快得到发展的项目之一。

几十年来，从事纤维增强复合材料工作的科学家和工程师们在微米级的制造加工中实践了这种"自下而上"的方法。在设计一个复合材料时，材料性能是指在各种长度尺度下所需的性能。从基体和纤维材料及结构的选择和处理，到层压复合材料中薄层的铺设，以及最终到宏观复合材料零件的网状成形，这些是使用"自下而上"方法加工复合材料的一个显著的成功的例子（尽管这只是微米级例子，但它在纳米复合材料的发展中也是一个显著的例子）。

在本章中介绍了加工、性能和表征以及多层（自下而上）多功能聚合物基复合材料（PMC）和陶瓷基复合材料（CMC）的现状。分散、功能化、剥离和优化在采用自下而上的方法加工纳米复合材料中是极其重要的。接下来将讨论纳米复合材料和多层纳米复合材料的开发，其重点为纳米复合材料的多功能性，图 2.1 是 MHNs 的制备流程。当树脂与纤维相结合时，形成传统的复合材料，各种树脂与各种纳米材料的结合使纳米树脂纳米复合材料具有多功能性。当这些纳米树脂纳米复合材料与纤维结合时会产生多功能分层纳米复合材料。另外，碳纳米管在纤维表面生长，产生纳米森林纤维。树脂结合纳米森林纤维就产生了 MHNs。当纳米树脂复合材料结合纳米森林纤维时，产生多尺度MHNs。在图 2.1 中，纳米材料被放置在圆角正方形和长方形内，以将它们和其他材料区分开，例如树脂、纤维、复合材料和纳米复合材料，它们则被放置在直角矩形内。此外，在图 2.1 中，正如图例中所述，"细线实心箭头"表示将箭头开头的一种或多种材料"混合"到箭头末端的进料系统。"细虚线箭头"是指"结合/制造"细线实心箭头端方框里的材料与细线虚线箭头方框里的材料体系。一个"粗/实线实心箭头"是指来自该箭头开头的材料组合最终位于箭头的末端给出的材料体系中。本章的其余部分解释的机制如图 2.1 所示，并解释了各种纳米复合材料产生的多功能特性。

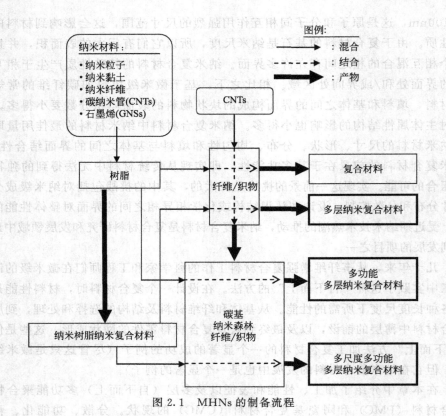

图2.1   MHNs的制备流程

2.2   纳米树脂纳米复合材料

　　未来的复合材料和纳米复合材料将在今天的复合材料上取得很大的进步。各种纳米粒子的生产和表征取得了新进展，为开发不同用途的纳米复合材料创造了许多新的机会。在过去的几年中，生产和纯化纳米管的进展已经使得使用纳米管增强聚合物复合材料[12-14]成为现实。碳纳米管的发展潜力，在增强复合材料应用方面有着广泛的前景，包括高机械阻尼、强度、断裂韧性和导电导热聚合物基纳米复合材料[15-19]。然而，碳纳米管作为结构增强的应用依赖于它们将载荷从基体转移到纳米管的能力[15]。

2.2.1   纳米树脂纳米复合材料的挑战

　　纳米复合材料是对传统复合材料的重新定义，它具有潜在的性能和应用领域。毫无疑问，聚合物纳米复合材料具有巨大的市场潜力，不仅可以作为当前复合材料的替代品，还可以通过其优异的性能创造新的市场。但是，在扩大规模和商业化价值方面的开发加工制造技术将是最大的挑战之一。例如，纳米材料在树脂体系中的分散性是重要的问题。由于纳米材料有团聚[20,21]的强烈倾向，通过使用现有的/传统的复合工艺，纳米材料在聚合物中很难均匀分散。同时，纳米复合材料加工零件的排气也是另一个关键问题。当高黏性材料浇注进模具中时（例如，对于基质中质量分数为 5%～10% 的纳米黏土或其他纳米材料），空气被困在其中而引发裂纹，因此试件在低应变下容易被破坏[21]。所以低浓度的纳米材料是更可取的，可以避免结块并防止黏度的增加。如前所述，提高纳米材料在聚合物基体中的分散性和相容性，纳米材料将实现功能化。此外，有针对性地对复合材料的性能进行改进是更可取的，与原始树脂相比，该纳米复合材料的其他属性不会面临退化。

2.2.2　纳米树脂纳米复合材料用纳米材料

常用于复合材料的纳米材料是纳米粒子，如纳米黏土、纳米纤维、碳纳米管和纳米片。而纳米粒子、纳米黏土、纳米纤维在一定程度上可以提高复合材料的性能，碳纳米管和石墨烯（GNSs）在很大程度上也可以改善这些性能。碳纳米管和石墨烯的拉伸模量和强度值范围分别为 270GPa～1TPa、11～200GPa[22]。此外，人们普遍关注的是，纳米材料可能对健康和环境有负面影响[23,24]，但是迄今为止，对吸入纳米材料影响的研究很少。研究发现，与纳米材料的吸入有关的毒性可深入肺部深处组织中。这些纳米材料，尤其是单壁碳纳米管（SWCNT）[25,26]和纳米碳纤维（CNFs），由于其非常高的长宽比（>1000），类似于石棉，其对人体的危害已经非常惊人。

原有的石墨薄片的厚度为 0.4～60mm，在长度上可能扩大到 2～20000mm[27]。这些片/层可以分离到 1nm 的厚度，形成高长宽比（200～1500）、高模量（约 1TPa）纳米石墨薄片（如石墨）。此外，当纳米片分散在基体中时，暴露出巨大的界面面积（2630m^2/g），在改善所得纳米复合材料的物理和力学性能上起着关键的作用[28]。

2.2.2.1　纳米粒子-纳米树脂纳米复合材料

纳米复合材料正越来越多地用于增强结构、热、电学和光学性质。研究人员[29-32]开发了基于一种新型纳米碳酸钙（NPCC）填料和聚乙烯辛烷弹性体（POE）的聚丙烯（PP）纳米复合材料。滑石粉和碳酸钙由于其实用性和低成本性而成为最常见的用于 PP 的矿物填料。将质量分数为 60% 的硬脂酸处理的直径

为 $0.7\mu m$ 的碳酸钙颗粒添加到 PP 基质中显著提高了其冲击强度和模量[33]。在 PP 基体中[34] 利用直径 0.7pm 的硬脂酸包覆体积分数为 30% 的碳酸钙颗粒,其冲击性能可以得到很大的改善。此外,Chan 等[35] 成功制备了聚丙烯/碳酸钙纳米复合材料,据报道,其冲击强度比纯 PP 基体增强两倍。Zhang 等[36] 进行了进一步的研究,通过添加非离子改性剂提高碳酸钙粒子在 PP 基体中的分散性。Premphet 和 Horanont 对三元聚丙烯/弹性体/碳酸钙复合材料的相结构进行了研究[37]。在这项研究中使用 NPCC 测量得到的平均粒径为 50nm。众所周知,碳酸钙填料是长宽比接近 1 的球状体。不加入任何 POE,加入质量分数为 15% 的 NPCC 时可以改善 PP 的弯曲模量约 30%,冲击强度增加 1.5 倍。在质量分数为 10% 和 15% NPCC 水平下进行研究,随着 POE 含量的增加,纯 PP 的冲击强度将大幅度提高。然而,当与含相同 POE 含量的复合材料相比较时,较低的质量分数为 10% 的 NPCC 负荷比更高的质量分数为 15% 的 NPCC 负荷的纳米复合材料表现出更好的冲击强度(表明在更高负荷时容易产生结块)。因此,虽然 PP 冲击强度的主要影响因素似乎是 POE 相,但 NPCC 还为 PP 提供了进一步的协同增韧作用。

NPCC 和 POE 的加入改善了三元的 PP/POE/碳酸钙纳米复合材料的力学性能。虽然拉伸强度和弯曲模量降低,但冲击强度得到了极大的改善。虽然 PP 的冲击增强主要贡献来自 POE,但加入的 NPCC 提供了进一步的协同增韧作用。在 POE 存在下随着 NPCC 含量的增加观察到刚度降低,可能是由于 POE 相包覆了 NPCC 颗粒。在连续 PP 基体中分散的 POE 相域的大小会影响纳米复合材料的冲击强度,并且发现约 $0.6\mu m$ 的平均尺寸对于增强冲击是最佳的。Ghasemi 等[38,39] 采用 45~55nm 尺寸范围内的 SiC 纳米粒子与高温环氧树脂开发纳米树脂纳米复合材料,它们在断裂韧性方面取得了显著的改善。

2.2.2.2 纳米黏土-纳米树脂纳米复合材料

在过去的十年中,纳米黏土/环氧树脂纳米复合材料的力学和热性能已被广泛研究。已经报道了用相对少量的典型层状硅酸盐(质量分数通常在 3%~5% 的范围内)可以使常规聚合物基复合材料的力学和热性能增强[40,41]。来自丰田的研究人员[42-47] 开拓了纳米黏土在热塑性塑料中的应用。

仅当黏土层插入或剥离到聚合物基体[41-43] 上时,才可以使性能得到改进。例如,Alexandre 和 Dubois[48] 表明力学性能和阻隔性能、透明度和韧性与剥离程度成正比。纳米黏土分散到环氧树脂中也能显著增强力学性能。例如 Advani 和 Shonaike[49] 观察到,在环氧黏合剂中加入质量分数为 5% 的黏土后,拉伸模量和强度增加的幅度分别超过 100% 和 120%。此外,Shah 等[50] 报道了将 Closite® 10A 纳米黏土引入模制环氧乙烯基酯树脂中后其吸湿扩散系数减小。质量分数低至 0.5％的纳米黏土负载使水分扩散率降低超过 50％，而质量分数为 5％的黏土负载导致水分扩散率降低 86.4％。还报道了玻璃化转变温度（T_g）、拉伸模量随纳米黏土含量增加而增加[50]。Kinloch 和 Taylor[51] 研究介绍了质量分数为 10％的纳米黏土对环氧树脂 T_g 的改善，研究表明，脱落的 Nanomer® I30E 的 T_g 略有改善，从 78℃增加到 79℃，但是夹层的 Closite® 25A 的 T_g 高达 85℃。

Akkapeddi[52] 研究了通过熔融混炼工艺生产短状和连续玻璃纤维（GF）来增强黏土聚酰胺 6 纳米复合材料。其报道了在载荷作用下改善的弯曲模量、强度和热变形温度以及在质量分数为 2％和 5％的纳米黏土含量下改进的耐湿性。Haque 等[53] 报道了通过真空辅助树脂灌注成型（VARIM）制造的具有低纳米黏土含量的 S2 玻璃纤维/环氧树脂复合材料的力学和热性能得到显著改善。他们观察到分散质量分数 1％的黏土，导致 T_g 增加 26℃以及层间剪切强度、弯曲强度和断裂韧性分别提高 44％、24％和 23％。Hussain 和 Dean[54] 利用真空辅助成型工艺制备了一系列含有 0.5％、1％、2％、5％与 10％黏土的 S2 玻璃纤维/乙烯基酯纳米复合材料。结果表明，T_g、层间剪切强度、弯曲强度、弯曲模量、断裂韧性[54] 得到显著改善。Becker 等[55] 研究了 49％单向碳纤维增强的插层黏土环氧复合材料。对于含有质量分数为 2.5％、5％和 7.5％纳米黏土的复合材料，向预浸料中添加层状硅酸盐会形成更坚韧的复合材料，断裂韧性提高 50％以上。

制造业也开始研究这种类型的纳米复合材料的发展，以制造具有高强度和热稳定性的材料[44,47,56]。

然而，研究发现聚合物基体中纳米黏土片晶的完全剥离的晶面结构可以实现复合材料所需的性能[57-59]。对以下六种类型的样品进行了研究，即含质量分数 0％纳米黏土的纯环氧树脂与质量分数为 2％、4％、6％、10％和 15％的纳米黏土的环氧树脂纳米复合材料。结果发现，从纯环氧树脂到含有 4％纳米黏土的环氧树脂纳米复合材料硬度逐渐增加，但随着纳米黏土含量的进一步增加，环氧树脂纳米复合材料的硬度降低。在不同的位置测量的纳米团簇的平均直径约为 125nm，而 15％纳米黏土负载团簇的尺寸约为 400nm。表明含高质量分数的纳米黏土的聚合物纳米复合材料，趋向于形成团聚体[60]，因此黏土很容易形成团簇。

2.2.2.3　碳纳米纤维-纳米树脂纳米复合材料

Zhu 等[61] 通过硅烷化使用胺端基官能团来使纳米碳纤维的表面功能化，其与环氧单体原位反应，从而降低树脂的黏度并提高碳纤维在环氧树脂体系中的分散性。Zhu 等[61] 表明了拉伸性能的增强并提出了控制所生产的纳米复合材料电性能的建议。Ma 等[62] 进行了碳纳米纤维（质量分数为5％）与聚对苯二甲酸乙二醇酯（PET）树脂的复合。复合方法包括球磨、在熔体中高剪切混合及最后挤出。因此在 PET 基体中的分散性好的纳米碳纤维比常规涤纶纤维具有更高的抗压强度。

2.2.2.4　碳纳米管纳米树脂纳米复合材料

据报道，增强纳米复合材料与未增强纳米复合材料相比，碳纳米管增强的纳米复合材料的平面内力学性能显著改善[63,64]。例如，Qian 等[65] 通过简单的溶液蒸发法将多壁碳纳米管均匀分散在整个聚苯乙烯基质中。复合薄膜的拉伸试验表明，加入质量分数为1％的纳米管将导致弹性模量和断裂应力分别增加36％～42％和25％。Yeh 等[66] 发现相比于纯酚醛，多壁碳纳米管/酚醛复合材料的拉伸强度得到改善（25％）。同样，Schadler 等[67] 研究了拉伸和压缩的多壁碳纳米管/环氧树脂纳米复合材料的力学性能，发现它的抗压模量高于拉伸模量，表明复合材料中碳纳米管的载荷传递在压缩时高得多。Ghasemi Nejhad 等[38,39] 在高温环氧树脂中采用单壁碳纳米管来进行纳米树脂纳米复合材料的研究开发，复合材料在断裂韧性方面得到了显著的改善。

以前的工作大部分是在腈取代聚合物领域进行的，包括聚丙烯腈（PAN）[68,69]、聚偏二氯乙烯/醋酸乙烯酯（PVDCN/VAC）[70,71]、聚芳醚腈（PPEN）[72] 和聚（1-二环丁腈）[73]。Ounaies 及其同事的工作较好地证明了可以使用单壁碳纳米管聚合物来发展多功能材料[74-76]。研究发现将钛酸盐（PZT）粉末和单壁碳纳米管混合可以得到聚酰亚胺基体，开发了含有极性官能团的无定形聚酰亚胺并研究了其作为高温压电传感器的潜能。在这些研究中，将小体积分数的单壁碳纳米管添加到聚酰亚胺中产生的单壁碳纳米管聚酰亚胺复合材料的热、电、力学和压电性能得到明显改善。之后，加工制备并评估三相单壁碳纳米管-PZT-聚酰亚胺纳米复合材料的力学、介电、压电性能。单壁碳纳米管和 PZT 在聚酰亚胺基体中具有良好的分散性，没有任何阻碍或渗漏。单壁碳纳米管的加入使单壁碳纳米管聚酰亚胺纳米复合材料的力学性能和热性能得到改善。介电测量的单壁碳纳米管体积分数显示为 0.06％低渗透阈值。整体介电常数随加入量的增加而增加。在相同的极化条件下，碳纳米管的存在可以更好地极化聚酰亚胺并产生更高的 P_r 值[66-68]。此外，少量的单壁碳纳米管能促进聚酰亚胺和 PZT 夹杂物的同步极化，导致 P_r 值比纯聚酰亚胺增加一个数量级。P_r 的这种增加是在相对低的 PZT 颗粒负载量（体积分数为20％）下实现的。通过动态力学分析法测量两相和三相复合材料的力学性能（DMA）以评估单壁碳纳米管和 PZT 夹杂物对聚酰亚胺弹性模量的影响。在体积分数为 2.0％单壁碳纳米管负载下，模量和强度都随着相同的断裂伸长率而增加。体积分数为 5.0% 单壁碳纳米管负载时，弹性模量提高 44%。PZT 负载不影响力学性能。这些特性说明了纳米树脂纳米复合材料的多功能性。

2.2.2.5　碳纳米管/纳米粒纳米黏合剂纳米复合材料

Meguid 和 Sun[77] 对由碳纤维/环氧树脂层压板和铝合金 6061-T6 制成的复合材料黏附体进行了研究，该研究很好地确定了纳米填料、碳纳米管和氧化铝纳米粉末增强分层纳米复合材料拉伸剥离和剪切性能时的最佳用量。碳纤维增强聚合物（CFRP）由于其在航空航天、汽车和通信领域的重要性和实用性，目前正被广泛研究，这是因为这一类材料具有优良的性能，低质量、高断裂韧性和较高强度。为了连接两种不同的复合材料而在环氧树脂黏合剂中加入纳米颗粒的影响还没有被彻底调查研究。这可能是由于功能的巨大差异、几何形状的复杂性、不兼容的材料和操作条件等导致的。结构黏结接头可以在不同的位置产生各种失效形式。取决于几何构型、被黏物的材料、黏合剂以及制造工艺，失效的发生可能会从黏合剂或被黏物发起。黏结接头的所有可能的失效形式是很难描述和定义的。他们[77] 将胶黏剂黏结接头的失效模式分为以下四类：拉力导致黏附体破坏；剪切导致剪切界面失效；脱黏性失效；复合黏物分层导致平面外失效。然而，黏结接头中界面的存在决定了接头强度。因此，一个具有高韧性的强大界面是非常必要的。

通过高压釜在规定的压力和温度下制备碳纤维增强复合材料。碳纳米管和氧化铝纳米粉体分散到环氧树脂黏合剂中，在 50℃下搅拌混合物 30min，之后再和胶黏剂的其余部分混合搅拌进行分散，这种技术保证纳米填料可以均匀分散到黏合剂中，得到了在环氧胶黏剂中均匀分散的碳纳米管和纳米氧化铝粉体。这两种物料的质量分数为 2.5%。另外，还制备了含 1.5%、5%、7.5%、10%、12.5% 和 15% 的标称质量分数的纳米填料的纳米混合物。然后将基材黏合在一起并在受控的室温下小心地固化 7 天。Meguid 等利用测试设备进行了新接口的拉伸脱黏和剪切测试，采用拉伸-脱黏法测定了纳米增强界面的拉伸应力应变特性、弹性模量和极限拉伸强度，采用剪切试验测定纳米增强界面的剪切模量和剪切强度。考虑了有纳米氧化铝纳米粉末的环氧胶黏剂（ENAP）、具有碳纳米管的环氧胶黏剂（ENAT）和环氧树脂胶黏剂（EA）这三种不同的情况。结果表明，均匀分散的碳纳米管和氧化铝纳米颗粒使得黏合强度增加。此外，在拉伸试验中，EANT 和 EANP 的临界载荷分别为 EA 的 1.2 倍和 1.4 倍，EANT 和 EANP 的刚度分别比 EA 的样品高 50% 和 100%。在这些试验中，有三种样品，试验发现使用不同质量分数的均匀分散的纳米填料，杨氏模量和极限抗拉强度会显著提高，在不超过一定的质量分数时，随着纳米填料质量分数的增加而不断增加。然而，百分比在10%以上时，可能是由于结块，性能降低到EA水平以下。同样的三种不同的情况，即也对EANP、EANT和EA进行多次剪切搭接试验，EANP和EANT的填料的质量分数为2.5%。Meguid等又一次证明了分散的碳纳米管和氧化铝纳米颗粒可以导致复合材料的抗剪切强度增强。EANT和EANP负载的临界剪切载荷分别为EA的1.1和1.3倍。同时，研究发现不同浓度的氧化铝纳米粉体和碳纳米管可以显著提高剪切模量以及抗剪切强度。类似的拉伸试验的结果也显示纳米填料的剪切性能对浓度具有敏感性。当纳米填料的质量分数增加超过7%～8%时，会导致胶黏剂的剪切性能降低。Meguid等[77]认为纳米增强接口胶黏剂的拉伸和剪切性能依赖于存在的纳米颗粒，纳米颗粒在给定质量（体积分数）下界面强度的确定中充当了重要的角色。实验结果表明，分散的纳米填料超过一定的数量限制时，可以观察到性能下降。也有人认为，纳米颗粒的聚集可以作为失效起始位点，这可能会导致黏结剂的强度和刚度的降低。结果表明，在给定的质量（体积分数）下，纳米粒子的存在是确定界面强度的重要因素，通常在试验中，此量应优化。

2.2.2.6　GNS——纳米树脂纳米复合材料

具有剥离（良好分散）性质（例如GNS）的纳米材料可以增强纳米复合材料的性能[78]。在热固性聚合物纳米复合材料片状剥落过程中需要考虑一些因素，如长度和改性链数、纳米材料结构、固化剂、固化条件（即温度和时间）、黏度、功能化过程及树脂基体等。由于片层的尺寸大，树脂的黏度高（特别是当大部分用纳米材料的时候）、纳米材料强烈地倾向于凝聚成团[79]等，实现纳米材料（如GNS）的全剥离是一项技术挑战。固化剂的扩散速度和固化温度的提高也影响剥离的程度[78-82]，Messermith和Giannelis[83]用酸酐类固化剂制备剥离型纳米复合材料，而胺类固化剂的使用只能制备插层纳米复合材料。理论上每个GNS间隔3.354Å(1Å=10^{-10}m)。Vaia等[84]提到通过使用常规的剪切设备如挤出机、搅拌机和近距离声波定位器可以改善剥离的程度，采用球磨可以改进剥离型环氧树脂纳米复合材料的冲击、弯曲和拉伸性能[85]，在固化过程中使用较高的剪切力和提高固化温度或使用溶胀剂[60]是剥离的有效工具，此外，通过在聚苯乙烯或环氧聚合物中加入GNSs可以改善导电性。一个典型的例子是当加入具有相当低的渗滤阈值（即质量分数为1.8%）的纳米石墨薄片（或GNSs）后，该聚合物从绝缘体急剧转变为电子半导体[86]。Fukushima和Drazal[87]发现在环氧树脂基体中加入化学官能化的石墨纳米片（或GNSs）后会有更好的弯曲和拉伸性能。此外，相比其他碳材料如碳纤维和炭黑，它们实现了较低的热膨胀系数（CTE）和电阻率。GNSs这些特性与其低成本结合，使其广泛应用在电磁干扰（EMI）屏蔽、热导体、导电体等中，证明了纳米树脂纳米复合材料的多功能性。

2.2.2.7　纳米树脂纳米复合材料的加工制造

正如前面所提到的那样，由范德华力及纳米材料之间的相互作用导致纳米材料的聚集成团，因此纳米材料的分散性成为聚合物基体中的主要挑战之一[13]。加强纳米材料在树脂中的分散，导致连续载荷从树脂到纳米材料的转移，反之亦然。此外，良好的分散性对实现电能和热能传导网络有一定的帮助。由于其尺寸的差异，单壁碳纳米管和薄的 GNSs 比相同的多壁或多层材料更容易结块（即较薄的材料有更大的表面积）。另外已证实，使用良好分散的几层单壁碳纳米管和GNSs 可使其具有较高的力学、电气和热性能。研究人员使用了许多不同的技术，试图将碳纳米管（如 CNT）和石墨纳米片（如 GNS）分散在聚合物基质中，包括使用化学溶液以使纳米材料表面功能化[88-92]、使用聚合物用于涂覆纳米材料[93]、使用超声波分散液[65,94] 与表面活性剂[95,96]。功能化纳米材料可以更好地克服树脂和纳米材料[92]之间的范德华力，产生更好的接口和界面。当然，已经证明了这些改善能够增加到最佳负荷水平，然后降低到该最佳浓度以上[38,39,67,97-107]。虽然早期研究的大多数聚合物/碳纳米管纳米树脂纳米复合材料都使用了热塑性基质，但近年来许多研究工作已经转向热固性材料[38,39,67,98,106]。对于热固性材料来说，其交联作用下黏度的变化对于优化分散和取向的可能是不确定的。有文献报道，在各种热固性聚合物中，环氧树脂是最常用的。

2.3　多层纳米复合材料

通过纳米技术，设想纳米结构材料将使用自下而上的方法开发，其中材料和产品均由自下而上方法制成，即通过原子、分子、纳米材料和微材料构建它们以产生宏观材料。"分层复合材料"是其组分的尺寸分层增加的复合材料，即首先制造纳米结构材料，例如纳米颗粒、纳米黏土、纳米纤维、纳米管和/或纳米片。接下来将这种纳米材料与树脂相混合形成"纳米树脂纳米复合材料"。最后，将微米尺寸的纤维与这种"纳米树脂纳米复合材料"混合作为一个传统的 FRP 分层复合材料（见图 2.1）。在这里，我们将提供一个分层纳米复合材料研究进展的简要概述，并讨论分层纳米复合材料研究的关键问题。

Subramaniyan 和 Sun[108] 用真空辅助湿法（VAWL）将分散的纳米黏土包含在树脂中作为常规纤维增强复合材料中的增强材料。添加 5% 的纳米黏土使GF 增强的复合材料的纵向抗压强度大幅度提高（33.9%）。研究了用于制造纤维增强复合材料的环氧树脂中 CNF（质量分数为 5％和 10％，纵横比为 10 和 50）的增强效果。在环氧树脂中加入碳纳米纤维，增强纤维复合材料使碳纳米管的弯曲和压缩性能大大提高[109,110]。Miyagawa[111] 报道了用有机蒙脱土（MMT）黏土和聚丙烯腈基碳纤维增强的生物基环氧树脂纳米复合材料的力学和热物理性质。30℃下对加入质量分数为 5％的黏土纳米片的生物基环氧树脂进行 DMA 分析，发现生物储能模量增加了 0.9GPa。据观察，加入质量分数为 5％的黏土纳米片[111] 可以提高 CFRP 的层间剪切强度。

2.3.1 纳米粒子-纳米树脂多层纳米复合材料

CMCS 正在研究要求质量小、具备抗氧化和耐高温能力的结构材料的应用，包括为汽车和航天/航空发动机零件和结构的应用程序提供高强度和高模量[112-114]。目前正在研究的一种重要的 CMC 类型是采用聚合物浸渍裂解（PIP）技术[115-117] 的连续纤维增强陶瓷复合材料（CFCC）。在脉冲技术中，首先将陶瓷前驱体聚合物（具有陶瓷骨架）与陶瓷纤维两者结合，然后在相对低的温度（例如，100～150℃）下固化（B 阶段/C 阶段）得到复合材料，采用传统的聚合物复合材料加工设备，使复合材料具有模具的形状。然后将固化的部件从模具中取出并置于惰性环境下的高温炉中以在相对高的温度（例如，1000℃）下热解陶瓷前驱体聚合物，此时大多数陶瓷前驱体聚合物转化为陶瓷但是它的一部分作为燃烧产物从炉中排出，在部件中留下一些空隙和裂缝。因为并不是所有的前驱体都可以转化为陶瓷，所以将部件从高温炉中取出并在真空下用陶瓷前驱体聚合物进行渗透并再次固化（B 阶段/C 阶段），然后在高温下热解。在每次叠代中，进行增重率的计算和记录。这个热解周期会重复多次叠代直到实现质量增加收敛（例如，增量或累计质量分数增加＜1％）。这种技术通常可以提供优质的 CF-CCs，其孔隙度小于 1[115-117]。由于 CFCC 系统的基体是一个前驱体聚合物（在室温下是液态），这样就使得在里面包含纳米材料，并由此让生产纳米树脂和纳米复合材料成为可能。然而，一个令人重点关注的领域是最好的加工陶瓷材料也会有许多未解决的问题，比如，断裂韧性和强度相对较低，高温下力学性能下降，抗蠕变性、疲劳性和热冲击性差。要解决这些问题可能会涉及在基质晶界处加入微米级和纳米级范围内的第二相，例如颗粒、薄片、晶须和纤维。然而，当使用微米尺寸的填料来实现这些目标时，所获得的结果通常令人失望[115]。现在已被证明通过将粒度缩放至纳米级可以得到新颖的特性材料。

Gudapati 等在 CFCC 的工作中较好地证明了纳米颗粒包含物在层状纳米复合材料中增强力学性能的最佳量[116,117]。这些作者最初报道了具有纳米粒子包裹体的 CFCC 的弯曲强度有相当大（高达 25％）的改善。据报道，通过在聚合物基复合材料中添加最优数量的纳米粒子可以改善复合材料的力学性能。有人对在平纹碳化硅织物的 CFCC 中加入质量分数 5％的各种纳米颗粒（如碳化硅，SiC；碳，C；二氧化钛，TiO_2；氧化钇，Y_2O_3；氧化锌，ZnO）的影响进行了研究[116]。在这项工作中，Ni/CE 指的是没有纳米粒子增强的基础/控制材料，其中 Ni 为碳化硅^{TM}碳化硅纤维的前驱体聚合物[116]。使用 PIP 技术研究各种纳米颗粒增强的加工和弯曲力学性能。油酸甘油酯作为表面活性剂使纳米粒子得以良好地分散。Ni/CE-n 是指在聚合物中用 n 纳米粒子（指纳米粒子类型）增强以及通过陶瓷聚合物再过滤/热解途径制造基础/对照复合材料，其中初始基质具有纳米粒子但是用于再过滤的基质不含纳米粒子（即简单的再过滤）。Ni/CE-n-R-n 即为 Ni/CE 复合，其将被 n 纳米颗粒增强的基质用于制造和随后的再过滤（即纳米颗粒再过滤）。在这项研究中，所有纳米材料的质量分数为 5％，n 代表纳米材料的类型。在 Gudapati 等[116] 的工作报道中可以找到所使用的各种材料和材料制造的详细描述。结果显示，在这项研究中，与没有任何纳米颗粒的基础/对照 CFCC 相比，氧化钇（Y_2O_3）表现最佳并且使弯曲强度增加 25％。此外，研究显示使用具有质量分数 5％纳米颗粒内含物的预陶瓷聚合物的再过滤比使用没有纳米颗粒内含物的预陶瓷聚合物的再过滤表现更好。

　　Gudapati 等[117] 在后续工作中继续进行试验，试验研究了不同质量分数的氧化钇纳米颗粒夹杂物对 CFCC 的加工和弯曲性能的影响。CFCC 使用 SiC 织物和 KiON CERASET 预陶瓷聚合物制造，其中纳米颗粒的质量分数增加，以达到这些纳米包含物的最佳量。共制造了五种不同类型的 CFCC，具有不同质量分数的纳米颗粒，分别为 0％、5％、10％、15％和 20％。所使用的纳米氧化钇平均尺寸大小为 29nm。使用 PIP 技术研究不同质量分数的纳米颗粒增强材料对 CFCC 加工和弯曲力学性能的影响。使用甘油单油酸酯作为表面活性剂以使得纳米颗粒在 KiON CERASET 中良好分散。Ni/CE-n 是氧化钇纳米粒子增强基复合材料，n 指纳米粒子在聚合物中的百分比，采用陶瓷前驱体聚合物再过滤/热解制造，其中初始基体具有纳米颗粒，但这些不存在于再过滤之后的基体中。Ni/CE-n-R-n 简称 Ni/CE 复合材料，使用百分比为 n 的氧化钇纳米颗粒作为基体增强用于制造和相应的再过滤。在 Gudapati 等[117] 的工作报道中找到所使用的各种纳米复合材料和材料制造的详细描述。结果表明，每次再过滤/热解步骤后，Ni/CE-n 和 Ni/CE-n-R-n 型 CFCC 的累积增重率均低于基础/对照 Ni/CE CFCC。此外，随着纳米颗粒质量分数的增加，观察到累积质量分数持续降低。他们认为在 B 阶段/固化时，由纳米颗粒增强的复合材料具有更好的基质密度，接近质量分数＜1％的收敛性[117]。他们将含有不断增加质量分数的纳米粒子的 Ni/CE-n-R-n 样品的累积质量分数增加的减少归因于随着纳米粒子的质量分数增加而在再次过滤中的困难。很明显，纳米粒子的质量分数随纳米粒子填充聚合物的黏度的增加而增加，然而，这种增加是微不足道的[117]。

分散性是影响纳米颗粒增强复合材料性能的重要因素，不适当的分散会导致纳米粒子的聚合，同时团聚体由于高应力集中会形成缺陷。Ghasemi-Nejhad 和同事[117] 使用质量分数为 5％的甘油单油酸酯作为表面活性剂将纳米粒子分散在前驱体聚合物中然后使用机械搅拌系统，在这项研究中，纳米材料的类型固定（即 Y_2O_3），但其质量分数变化，且 n 表示 Y_2O_3 的百分比。扫描电子显微镜（SEM）研究显示，均匀分散至质量分数为 15％而没有任何团聚 ［例如，参见图 2.2(a) 和(b)］。如图 2.2 所示，粒子开始聚集在一个阈值为 20％的质量分数内，表明用于分散纳米颗粒的表面活性剂不可行。从图 2.3 中可以看出，通过向其中添加纳米尺寸的颗粒，基础/对照材料的表面强度增加了约 5％～34％。还应当指出的是，当再结晶聚合物含有质量分数为 5％的纳米颗粒时，随着纳米颗粒增强，预陶瓷聚合物的再过滤途径、CFCC 表面抗拉强度显著改善。与 Ni/CE-5-R-5 相比，再结晶聚合物中纳米颗粒的质量分数的进一步增加引起再过滤阶段中的问题，导致纤维性质的降低。图 2.3 显示，在一般情况下，纳米粒子的加入使得 CFCC 强度增强，而最好的结果是获得了 15％的 NiCE-n 样品。图 2.3 的结果与图 2.2 所示聚合的阈值为 15％。

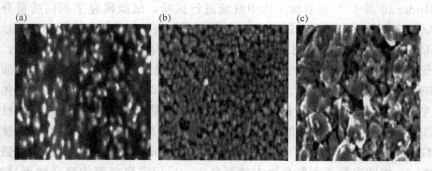

图 2.2　纳米颗粒显微增强 CERASET 陶瓷聚合物基质的 SEM 显微照片

(a) 用 10％纳米颗粒增强的 CERASET；(b) 用 15％纳米颗粒增强的 CERASET；(c) 用 20％纳米颗粒增强的 CERASET ［所有图都是相同的放大率，(c) 中单个颗粒的尺寸约为 1μm］

2.3.2　纳米黏土-纳米树脂多层复合材料

在纳米尺寸范围内使用无机填料增强聚合物基质（例如剥离的 MMT 黏土片），除了使基质力学性能改善以外，还拓宽了其功能范围，包括改良的阻燃性和输运性能[118,119]。因此研究所得的"纳米复合材料"作为常规纤维增强热塑性复合材料的基质具有重要意义。在将纳米复合材料基体纳入常规复合材料的可

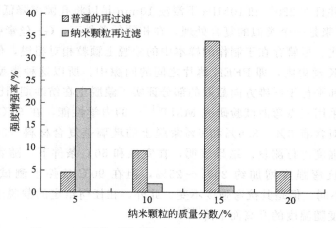

图 2.3 不同类型纳米复合材料的 CFCC 强度的提高

行性研究中，考虑了等规聚丙烯（IPP）/蒙脱土纳米复合材料的纤维增强复合材料的加工路线：基于纺织纱线的长玻纤增强复合材料，制造基于纳米复合材料的混纺纱[120]和玻璃纤维增强热塑性（GMT）复合材料[121]。

等规聚丙烯/蒙脱土纳米复合材料的颗粒由聚丙烯均聚物和商业用等规聚丙烯/质量分数为 40%～50% 有机改良的蒙脱土浓缩物制备而成，其中还含有 PP 基增容剂。在双螺杆挤出机中用 200℃ 的温度机电工程进行熔融共混，制备出熔纺聚丙烯/蒙脱土纤维系纳米复合材料。通过将玻璃纤维纱线或聚醚酮（PEEK）纱线与等规聚丙烯短纤/蒙脱土纱线共纺来制备前导纤维织物。等规聚丙烯和蒙脱土的前身玻璃纤维毡的厚度约为 1mm，在 180℃ 下通过平面模挤压产生颗粒，产生如上所述的低黏度聚丙烯均聚物等级，专门为 GMT 使用。纳米复合材料与质量分数为 3.4% 蒙脱土含量的透射电子显微镜下的图像表明，MMT 很好地分散在聚合物中。然而，由于个体是由许多的蒙脱土颗粒组成的，而不是孤立的蒙脱土片层堆叠层，所以剥离可能无法实现。蒙脱土和等规聚丙烯片晶的未拉伸纤维的取向远少于拉伸纤维。在取向薄膜的情况下，蒙脱土颗粒的取向和长径比与未拉伸的纤维的取向和长径比相似。从静态拉伸试验推断蒙脱土对轴向刚度的增强作用在拉伸纤维中通常比在未拉伸纤维中更大，其中蒙脱土层显示出较少的取向。采用模压成型的前驱体织物，制备单向混杂纤维增强复合材料。在最初的测试中，玻璃纤维纱线和聚丙烯纱线的含量分别为 0%、3.6%。采用简单的编织聚丙烯/蒙脱土和玻璃纤维纱线被认为是在前驱体中获得更可控的玻璃纤维分布的手段。使用台式织机将等规聚丙烯/质量分数为 3.6% 的蒙脱土纤维用玻璃纤维纱线熔纺，以生产含有约 50% 玻璃纤维的简单织造织物。经向由等规聚丙烯/蒙脱土组成，纬向由等规聚丙烯/蒙脱土和增强纤维构成。相对于共绕纱的浸渍显著改善，并且在 220℃ 和 10MPa 下浸渍 10min 足以将孔隙率降低至 1%（体积分数）。接下来是一个类似的复合处理，在相同的条件下，GF 丝牵引将被 PEEK 长丝丝束取代。尽管存在于制作的样本中的蒙脱土颗粒相对粗糙，但蒙脱土明显存在于 PEEK 丝束内，即 PEEK 薄片之间的间隙中，所以这种类型的处理是有效的。垂直和平行于纤维方向截取的部分证实了蒙脱土在纺纱期间已经无法进行任何取向。采用三点弯曲试验研究 MMT[121] 的力学性能，在 50℃ 和 90℃ 的室温下，分别对含有 0%、3.6% 和 6% 蒙脱土的玻璃基复合材料（30% 玻璃纤维毡）的抗弯强度进行测量。结果表明，在室温和 50℃ 条件下，随着 MMT 百分比的增加，抗弯强度增加约 20%～25%，但在 90℃ 条件下测试的样品虽然 MMT 的量不同，但是其抗弯强度不变。此外，在任何给定的蒙脱土的质量分数下，弯曲强度随温度的升高而下降[121]。

2.3.3　纳米管/纳米片-纳米树脂多层纳米复合材料

在过去十多年中，CNT 纳米复合材料的力学、热学、电子和光学性质已被广泛研究，这证明了它们的多功能性。在新领域内，纳米管的纳米复合材料对损伤检测和健康监测的纤维增强复合材料有重要的影响。现已证明通过将纳米管网络分散在主基质中可以有很多突破性的进展。Thostenson 和 Chou[122] 的研究表明，利用电导率可以测量检测复合材料损伤的能力。这表明碳纳米管增强分层复合材料已经进入多功能领域。

电气技术在过去已经用来检测增强碳纤维复合材料在静态和动态载荷下的损伤[123-126]。然而这种技术并不适用于非导电纤维增强的复合材料。文献 [58] 中不导电的 GFs 用作纤维增强材料。碳纳米管分散在环氧树脂中用于检测损伤机制。已知碳纳米管在低浓度的聚合物中可以形成一个类似于人类神经系统的导电网络。研究表明，碳纳米管比其对应的单壁碳纳米管[127] 在增强电导率上显示出的潜力要高很多。

在文献 [58] 中，作者制造并测试了双向和单向复合材料，同时将拉伸和断裂测试都记录在机电数据中。在拉力试验中初始变形时试样的电阻呈线性增加，当分层开始时观察到电阻急剧增加，观察到电阻率和力学参数之间存在类似关系且单向和双向复合材料都有类似的趋势。总之，原位监测碳纳米管为损坏传感提供了巨大的潜力，这种纳米复合材料的自我修复和原位健康监测技术体现了纳米复合材料的多功能性。

如 2.2.2.6 中的说明，对各种基质中使用 GNSs 来生产纳米树脂纳米复合材料进行了大量研究。然而，由于在近几年才刚刚开始了这样的研究，很少有基于纳米树脂分层复合材料的系统的研究开发。

2.4　多功能多层纳米复合材料

在前面的章节中，讨论了包含纳米材料（如纳米颗粒、纳米黏土、纳米管和纳米片）作为增强材料的纳米复合材料。在这一部分中，采用自下而上的方法，通过原位制造纳米级材料（如 MWCNT）到微尺度材料（如碳、玻璃、纤维、光谱或 SiC 纤维），并最终将这些与树脂结合对 MHNs 进行了讨论。在这一部分中，对"自下而上"MHNs 研究进展进行了概述。讨论了处理宏观纳米复合材料研究的关键问题，以及有前途的技术。

2.4.1　MHNs 与毛绒纤维

Thostenson 等[128] 使用碳纤维很好地说明了碳纳米管的可控表面生长。碳纤维合成的进展使得它们能够通过化学气相沉积（CVD）在碳纤维上生长[129,130]。对于碳纳米管来说，它相对于碳纤维，增强尺度的变化提供了将纳米级增强的潜在益处与成熟的纤维复合材料相结合以创建混合的、多尺度的、分级的微/纳米复合材料的机会。通过改变加固规模，可以调整复合材料的力学和物理性能。在这项工作中[128]，碳纤维上生长的碳纳米管可能被用于制造分层碳纤维复合材料，其中直径为几微米的单个碳纤维被纳米管包围。此外，他们[128] 通过 CVD 将碳纤维生长前后单个碳纤维的表面显示出来并命名为"模糊纤维"，将这个方法作为微纤维创建 MHNs 的典型分层制造技术。周围的纤维管地区/长度厚度范围在 250～500nm[128]。在碳纤维表面上合成碳纳米管时，采用磁控溅射法在碳纤维束的碳纤维上施加了一层薄薄的碳纤维。在施加催化剂之前，将碳纤维束在 700℃下的真空中进行热处理以除去施加到纤维上的任何聚合物施胶剂。碳纳米管的生长中，氟化氢被乙炔（C_2H_2）取代。纳米管的生长时间为 0.5h，在 CVD 之后，用 SEM 检测纤维以验证纳米管的生长。对合成过程中每一步的纤维表面（热处理、催化剂的应用、接触到生长条件）用电镜进行扫描检测，并没有观察到纤维表面点蚀的现象。Thostenson 等[128] 采用单纤维断裂试验方法评估纤维/基体界面的性能。进行了四种不同纤维试样的纤维断裂试验（即催化剂、化学气相沉积/无催化剂、未分层和碳纳米管）。结果表明，临界纵横比（l_c/d）与界面的剪切强度是成反比的。碳纳米管在纤维表面的生长形成的界面最强，并且应用不锈钢催化剂和暴露于无纳米管生长的 CVD 条件导致纤维/基体界面的显著降解并增加了散射。相比于未分层的纤维，碳纳米管改性纤维的界面强度提高了 15%，催化剂和化学气相沉积（无催化剂）纤维在界面强度分别降解 37% 和 32%。在制备光纤断裂试样与碳纳米管涂层的纤维时，Thostenson 等[128] 在光学显微镜下观察单个细丝，很明显，纤维表面有变化。在催化剂应用中，催化剂层不一定均匀地沉积在单个纤维的表面上。其结果是，有无定形碳沉积的是局部区域上的纤维而不是碳纳米管。由于纳米管的交错结构，单壁碳纳米管改性的纤维也很难从纤维束中提取。因此，提取一些碳纳米管剥离的纤维束，在光学显微镜下观察时，可以清楚地看到这一表面的变化[128]。碳纤维表面比较光滑，可以反射光。而在碳纳米管的存在下，纤维表面上不存在光散射。在显微镜下，暗区对应于纤维碳纳米管表面附着的区域，明亮的区域对应于裸光纤区域。应注意的是纤维上浆去除条件、涂层材料、纤维涂层的均匀程度、碳纳米管纤维的长度、完整性的保持等可能是影响 MHNs 性能的重要因素。

2.4.2　MHNs 与纳米刷

Ghasemi-Nejhad 和同事[131,132] 关于碳纳米管在碳化硅纤维上的可控表面生长的研究，很好地展示了纳米刷纳米复合材料的多功能应用。这里，Ghasemi-Nejhad 等[131] 展示了一种构建多功能导电刷的创新方法。碳纳米管的刷毛接枝到纤维上，并进行一些特别的处理。如从微/纳米电子学微沟槽中清洗纳米颗粒、涂覆毛细管内部、使用选择性化学吸附方法对环境进行清洁，作为移动机电刷的接触和微动开关等等。碳纳米管刷由碳化硅纤维（碳化硅，直径 $16\mu m$）和接枝在纤维端部的对齐的多壁碳纳米管共同组成。碳纳米管（平均直径为 30nm）通过选择性化学气相沉积法合成，用二甲苯和二茂铁作为前驱体。图 2.4(a) 显示 SiC 纤维上部分掩蔽和碳纳米管生长发展的原理步骤。图 2.4(b) 显示的是由碳纳米管合成的一组纤维顶部形态的扫描电镜图像。与此相同，纳米管在三个方向上生长，对称地分布在中心纤维周围（如尘扫）并且沿着纤维轴具有均匀的长度（30min 的生长后约 $60\mu m$）。图 2.4(c) 显示的是图 2.4(b) 中单个纳米刷的图像。Ghasemi-Nejhad 及其同事[131] 展示了具有 $60\mu m$ 长的纳米管刷毛的单独刷子，该刷毛超越了 $75\mu m$ 的微纤维。他们还表明，根据生长时间，刷毛修剪长度可从几百微米到几微米不等。他们获得的刷毛跨度可以从几微米到几毫米不等[131]。例如，他们发现了一种具有 $200\mu m$ 跨度和 $70\mu m$ 修剪长度的刷子，该刷子由纳米管形成，所用时间相当短，约 35min。刷毛的几何形状也可以是不同的，例如三个叉子如除尘器（图 2.4），两个类似于手持式风扇的叉子，一个单叉牙刷和纵向交替的刷毛[131]。

Ghasemi-Nejhad 等[131] 也进行了拉伸试验，通过机械抽离纳米管来测量多壁碳纳米管与 SiC 微纤维的黏附性，其中纳米管在纳米管/SiC 界面处经受剪切应力，最终剥离其末端远离碳化硅纤维。在刷毛从末端脱落之前，生长的应力-

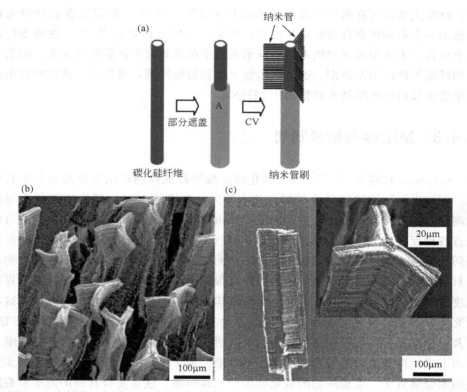

图 2.4　在纤维上部分未显示的 SiC 纤维生长碳纳米管的插图（a）、在生长的碳纳米管
上创建多个纳米刷 SiC 纤维（b）和不同的单个纳米刷的图像（c）

应变曲线显示最大应力为 0.28MPa（10 次测试，应力范围 0.2～0.3MPa）。研究证明，随后在 950℃下将电刷置于氩气中退火数小时可以提高黏合强度，其中失效剪切应力几乎翻倍，从 0.28MPa 到 0.50MPa[131]。因此，退火强化了碳和硅之间的相互作用（SiC 键），从而大大提高了刷毛-毛柄粘连强度。他们广泛接触了各种纳米刷，对刷的寿命进行了评估，例如，旋转刷在每次旋转时接触金属表面，经过 10 万次循环后仍保持强劲无脱落的纳米管毛黏附[131]。因为刷触及固体表面的每一个周期，都可以依靠碳纳米管的弹性缓解接触应力。此外，将碳纳米管黏在微电机的轴上，然后浸入装在毛细管中的溶液内并在 2000r/min 的条件下搅拌 5min，没有观察到脱落的纳米管[131]。所开发的碳纳米管刷具有许多有用的功能，其中包括纳米材料和纳米颗粒表面微沟槽的清洁（例如 10μm 宽和100nm 深），油漆刷涂和清洗毛细管内部，使用多壁碳纳米管刷毛吸附化工和金属离子。他们[131] 认为，这些碳纳米管刷还可以用于工业和生活中的许多方面，如抗静电、耐高温工具等等。

　　应该指出的是，如果纤维是一种非 SiC 纤维，如碳、玻璃、聚芳酰胺和光谱，纤维上浆需要在惰性环境的炉内加热至 $650\sim700℃$，然后需要在纤维表面上施加一个前驱体聚合物涂层并固化，用化学气相沉积炉法[133,134] 在非 SiC 纤维上生长。本节中描述的纳米冲刷技术可用于制造具有不同数量的尖头、尖头长度和纤维长度的纳米冲刷。这些纳米管上生长的短纤维，可以加入树脂中以生产纳米管生长的短纤维纳米树脂用作 MHNs。

2.4.3　MHNs 与纳米制剂

Ghasemi 和同事[133,134] 利用碳化硅纤维很好地控制碳纳米管的表面生长纤维，制造出了三维纳米复合材料。几十年来，先进的 FRP：纤维增强复合材料和陶瓷基复合材料已被用作可行的主要承重结构。虽然平面内载荷应力问题可以通过各种配置的纤维结构来处理，如 1 维（即单向带）和 2 维（即织物），但是层间和板应力仍然是导致韧性相对弱的中间层断裂的主要问题。尽管在聚合物复合材料中使用碳纳米管增强材料的研究有很大的前景，但由于分散、排列和界面强度等问题，纳米管在复合材料中用于结构实际应用往往令人相当失望。在这项研究中[133,134]，研究者展示了一种在复合材料中使用碳纳米管的创新的方法，以及对三维复合材料层间性能的影响及改善，采用独特的使 3D 复合材料纤维自下而上多尺度分层制造的方法增强了其性能。为了优化界面效应，使对齐的多壁碳纳米管垂直于二维编织物的碳化硅生产三维织物。这类复合材料的简单制造路线示意图如图 2.5 所示。

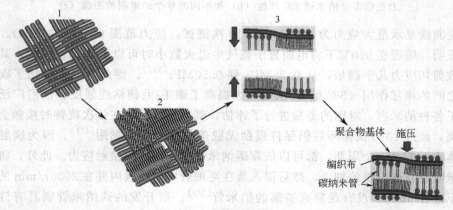

图 2.5　多功能 3D 纳米复合材料的分层纳米制造涉及的步骤示意图
1—在纤维布上生长的对齐的多壁碳纳米管；2—基质渗透的 MWCNT 生长的纤维布的堆叠；
3—3D MHN 层压板制作技术

图 2.6(a) 显示了一块 SiC 纤维布的扫描电子显微照片，该纤维布由 $16\mu m$ 的纤维（见插图）组成，编织成 2D 平纹织物。通过化学气相沉积的方法，在多

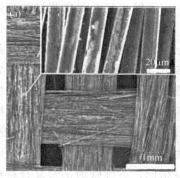

图 2.6　碳化硅织物上的 MWCNT 的生长

(a) 平纹 SiC 纤维布（嵌入：织布的单独裸露纤维）；(b) 具有 MWCNT 的布在其表面上垂直生长；

(c) 在 SiC 织布上生长的 MWCNT 的特写视图

壁碳纳米管的表面上生长了碳化硅纤维布，如图 2.6(b) 所示，其特写视图如图 2.6(c) 所示。在纤维布的表面上均匀地生长多壁碳纳米管，碳纳米管生长的纤维长约 40~80pm。多壁碳纳米管均匀地生长出碳化硅纤维布，面积达 120mm× 40mm。碳纳米管生长的织物被高温环氧树脂渗透，然后堆叠产生一个"三明治"结构，并在高压釜中形成固化的层叠结构。通常，该织物增强材料可以用具有适当黏度的聚合物或陶瓷前驱体聚合物填充，以分别生产聚合物或陶瓷基质复合材料。

　　进行了多个试验如双悬臂梁（DCB[133]）和最终缺口弯曲（ENF[133]）来证明横向力学性能的改善，以及碳纳米管纳米桥接层的影响[133]。为了表征三维复合材料的局部特征，使用了纳米压痕仪测定硬度和压痕模量。在压痕深度近似为 2.5nm 处，与那些基础/对照的二维复合样品相比，三维纳米复合材料的压痕模量和硬度提高的百分比分别为 30% 和 37%。Ghasemi 等[133] 将此归因于在制造 3D 纳米复合材料期间的部分多壁碳纳米管未对准。

　　表 2.1 将三维多功能纳米复合材料的多功能特性与二维机织复合材料进行了比较。从断裂韧性值看，该 3D 模式 I 显示 G_{IC} 为 4.26kJ/m^2，即与 G_{IC} 为 0.95kJ/m^2 的基础/对照 2D 复合材料相比改善 348%。层间剪切模式 II 下 3D 纳米复合材料的层间剪切断裂韧性 G_{IIC} 为 140J/m^2，与基础 2D 复合材料相比，在 91J/m^2 下显示出约 54% 的改善。对基础 2D 复合材料和 3D 复合材料断裂表面的扫描电子显微照片的研究表明，3D 纳米复合材料的优异断裂性能是通过纳米管在纤维和基体之间的机械互锁产生的[133,134]。由于 MWCNT 纳米颗粒的存在，使得打开层很困难进而导致相邻层之间的互锁效应，最终导致 3D 纳米复合材料高的层间断裂韧性即 G_{IC}。在三点弯曲载荷的条件下测量这些复合材料试样以

测量面内力学性能。与基础二维复合材料相比，三维纳米复合材料测量的面内弹性模量、强度、韧性显示增强了 5％、140％ 和 424％（见表 2.1），表明复合材料层间力学性能的提高与面内性能无关，事实上，它增强了这些特性，可能是由于一些碳纳米管在平面方向上的排列［见图 2.6(c)］。三维复合材料除了在力学性能上有较大改进外，其阻尼系数、热膨胀系数、热导率和导电性能也显示出优异的多功能性能。测量 3D 纳米复合材料的固有频率和阻尼比，并使用悬臂样品试验与其 2D 对应物的固有频率和阻尼比进行比较。表 2.1 中的数据是比较 3D 纳米复合材料与基础 2D 复合材料结构动力学性质的结果，其中 f_n 和 ζ 分别是固有频率和阻尼比。结果表明，与二维复合材料相比，三维碳纳米管复合材料的阻尼比提高了 669％（见表 2.1）。此外，三维纳米复合材料阻尼特性 $f_n\zeta$ 增强超过 5 倍（即 514％）。这些多功能性能的改善是非常引人注意的，三维碳纳米管分层纳米复合材料这样的性能使其可以非常理想地在许多结构区域中使用。

表 2.1　三维纳米复合材料与基础二维纳米复合材料动力学性质的比较

	材质属性类型	二维纳米复合材料	三维纳米复合材料
断裂测试结果	G_{Ic}(DCB)/(kJ/m^2)	0.95	4.26(增强 348％)
	G_{IIc}(ENF)/(J/m^2)	91	140(增强 54％)
弯曲测试结果	弯曲模量/GPa	23.1±0.3	24.3±0.2(增强 5％)
	弯曲强度/MPa	62.1±2.1	150.1±1.4(增强 140％)
	弯曲韧性/N·mm	5.8	30.4(增强 424％)
结构性能	ζ(阻尼比)	0.0095	0.0731(增强 669％)
	f_n/Hz(自然弯曲)	753.9	601.4
	$f_n\zeta$(阻尼特性)	7.162	43.963(增强 514％)
平均热膨胀系数(a)(0～150℃)/(10^{-6}℃$^{-1}$)		123.9±0.4	47.3±0.3(增强 62％)
通过厚度的热导率(125℃)/[W/(m·K)]		0.33	0.50(增强 51％)
通过厚度电导率/(S/cm)		0.075×10^{-6}(绝缘)	0.408(导电)

此外，在 0～150℃ 范围通过厚度测量热膨胀系数，由于碳纳米管热膨胀系数的负值[133]，三维纳米复合材料下降（即增强）62％（见表 2.1）。热膨胀系数较低和尺寸稳定性较好是在温度变化大的情况下非常重要的两个要素。此外，在 0～150℃ 范围下对同一厚度基础上的二维和三维纳米复合材料的热导率进行了测量比较。沿厚度方向生长的多壁碳纳米管的高热导率将基础二维复合材料的横向热导率提高约 51％（见表 2.1）[133]，还测量了三维和二维复合材料的电导率。同厚度的三维纳米复合材料（0.408S/cm）显著高于其对应的二维复合材料（0.075×10^{-6}S/cm）。测量平均面内电导率发现三维纳米复合材料和基础的二维

复合材料分别为 $3.44S/m$ 和 $0.75\times10^{-6}S/cm$，表明界面纳米氧化物纳米管在 3D 纳米复合材料结构中提供沿所有方向的导电路径[133]。在 3D 纳米复合材料中观察到的大大改善的贯穿厚度的电导率可能赋予这些结构电气感测能力，用于在汽车和航空航天应用的分层（即裂纹萌生和/或传播）期间进行结构健康监测，以及作为航空航天结构的潜在雷击保护。

对于用纳米管纳米制剂制造的 3D 纳米复合材料，Ghasemi 等[133,134] 在层间断裂韧性、硬度、抗分层性、面内力学性能、阻尼、热弹性行为以及导热和导电性方面获得了突破性的进展，使得它们更加具有多功能性。多功能分层 3D 纳米复合纤维的推出是他们[133,134] 的第一个实例，其中的碳纳米管用于增值的研究，以有效改善传统复合材料的性能。在复合材料厚度方向的垂直阵列，在不改变飞机面内的力学性能的同时减轻团聚问题。这种三维的纳米复合材料可成为碳纳米管新结构的应用方式。

应该指出的是，如果纤维（可能是单向的、二维编织或三维纺织）是一种非 SiC 纤维，如碳、玻璃、聚芳酰胺和光谱，纤维上浆需要在惰性气体环境的炉内加热至约 $650\sim700℃$，然后需要在纤维表面固化之前将前驱体聚合物涂层处理完成，之后用化学气相沉积法在非 SiC 纤维上生长碳纳米管[133,134]。

还应当指出的是，碳纳米管应在一个适当的衬底如氧化硅衬底[135] 上生长，而不是让纳米纤维直接生长，然后层间交织，复合材料层合板[136] 再次提供多功能分层纳米纤维，这是非常相似的功能特性的改进，正如在本节中讨论的那样[133,134]。这些替代多功能纳米纤维的三维复合材料[136] 的一个优势是它们可用于预浸料的复合材料以及湿法叠层（更适合生长的基于纳米纤维的多功能分层三维纳米复合材料[133,134]）。

2.5 多尺度 MHNs

当纳米树脂被纳米粒子、纳米黏土、纳米纤维、碳纳米管或者由纳米纤维/织物与黏结材料组合而成的纳米片所增强时，就会产生多尺度多功能多层纳米复合材料（见图 2.1），这种材料是性能超强的多功能分层纳米复合材料。这种类型的纳米复合材料被称为多尺度 MHNs，因为复合成分即树脂和纤维都是由纳米材料增强的。这类性能超强的多功能多层纳米复合材料可以解决使用纳米树脂增强韧性的复合材料基质的脆性问题以及用纳米森林纤维/织物系统增强的复合材料层的分层敏感性两个问题。预计纳米树脂（相比于基础树脂）和纳米森林纤维/织物（相比于基础纤维/织物）性能的提高是性能超强的多功能多层纳米复合材料累积的结果，但是，材料的性能增强也可能不是线性的，结合纳米树脂和纳米材料从材料性能增强的角度来说大部分表现为非线性。如本章所说，这种技术可以用来生产 PMC 和 CMC 多功能多层纳米复合材料。由于该领域的新颖性以及纳米树脂和纳米森林技术的多学科技能、专业知识和设施的需求，到目前为止在这方面还没有有所成就的报道。然而，由于这是一个与已有的 MHNs 生产流程图（见图 2.1）完全不同的类型，它开启了一个新的性能超强 MHNs 的研究领域。单独列出来是为强调它作为一个单独的 MHNs 类型的重要性。

2.6　结论

汽车和航空航天工业面临着许多挑战，包括全球竞争加剧、对更高性能的车辆的需求、降低质量和成本，以及对环境和安全的严格要求。最终更轻更强/更硬的材料意味着更轻的车辆（飞机）、低油耗和低排放。目前，先进的复合材料包括玻璃纤维、增强热塑性塑料和碳基复合材料均已在车辆中进行设计、加工和使用[1]。此外，复合材料在航空航天结构中的建设也越来越重要。新一代大型飞机的设计与所有复合材料的机身和机翼结构，以及这些先进复合材料的维修均需要深入了解复合材料的结构、材料和工具。复合材料的主要优点是其强度高、质量低、耐腐蚀性强[5]。

但传统的复合材料在研究过程中面临两个主要难题：①基体的脆性；②容易分层。如果这两个主要的问题可以解决那么未来复合材料的研究将会取得巨大的进展，复合材料在汽车和航空航天工业中的应用将会增加。本章叙述了两种技术，一方面复合材料体系的纳米树脂技术未来会在很大程度上改善树脂的韧性。如果复合材料中的基体可以增韧，复合材料的断裂韧性和损伤容限将增加，解决了脆性问题，因此可以防止或延迟基体中的裂纹引发和生长，从而产生更高性能的复合材料。另一方面，纳米多层技术在很大程度上可以解决复合材料的分层问题。在传统的复合材料中，层与层之间通过基质填充，因此是复合材料中最薄弱的环节。如果在复合材料层之间放置一个"补给品"，然后最弱的连接也将被加强，因而消除或延迟层间的裂纹萌生和增长，用以消除或改善复合材料的分层敏感性。

因此，对于本章介绍的复合材料的两个主要问题即基体/树脂的脆性和复合材料层压制品易分层可以采用这两种技术进行解决。树脂的脆性可以通过在树脂体系中正确使用、整合、处理纳米材料，来生产高性能纳米树脂。复合材料分层的问题可以通过在纤维上（或在纤维层之间）适当使用、整合和加工以产生纳米纤维来解决，然后这些纳米纤维与纳米树脂基质的组合可以产生性能极佳的MHN，由此解决复合材料的脆性和分层问题。当然，纳米复合材料的大规模工业化生产还处于研究和发展中，但是多功能多层纳米复合材料具有在很大程度上解决常规复合材料的脆性和分层问题以及在改善所得纳米复合材料的力学、热、电、化学和其他性能方面多功能性的优势，预计将扩大这种纳米复合材料在汽车和航空航天工业的应用。

图 2.1 总结了 MHNs 的发展过程。本章首先阐述了纳米复合材料的发展，其中基体材料（纳米树脂）由多种纳米材料如纳米颗粒、纳米黏土、纳米纤维、碳纳米管和/或薄片所增强。其次，说明了多层纳米复合材料的发展，用纳米树脂代替纯树脂，用于制造复合材料。再次，阐述了 MHNs 的发展，其中通过碳纳米管（纳米颗粒）在其表面上的原位生长来强化纤维结构，并且所得的碳纳米管生长的纤维与树脂系统一起用于生产 MHNs。在这种情况下，碳纳米管纳米分层也可以在基板上分别生长，从衬底去除，并交织在复合层之间的层压板上。最后，解释了多尺度 MHNs 其中的复合材料组成，即通过纳米材料增强的纤维和基体，来生产超强性能纳米复合材料。

参考文献

[1] Elmarakbi A. Advanced composite materials for automotive applications: structural integrity and crashworthiness. Hoboken, NJ: Wiley; 2013.

[2] Mahajan GV, Aher VS. Composite material: a review over current development and automotive application. Int J Sci Res Publ 2012;2(11):1–5.

[3] Das S. The cost of automotive polymer composites: a review and assessment of DOE's lightweight materials composites research. Energy Division. Oak Ridge, TN: Oak Ridge National Laboratory (ORNL/TM-2000/283); 2001. p. 1–36.

[4] www.americanchemistry.com. Plastics and polymer composites—technology roadmap for automotive markets. Washington, DC: American Chemistry Council, Plastics Division; 2014. p. 1–60.

[5] Zagainov GI, Lozino-Lozinski GE. Composite materials in aerospace design. Heidelberg, Germany: Springer-Verlag GmbH; 2014.

[6] Baker A, Dutton S, Kelly D. Composite materials for aircraft structures (2nd ed) In: Schetz JA, editor. AIAA Education Series. Reston, VA: AIAA, Inc.; 2004.

[7] Edwards T. Composite materials revolutionise aerospace engineering. INGENIA 2008;36:24–8.

[8] www.faa.gov. Aviation maintenance technician handbook—airframe. vol. 1 [Chapter 7]. Advanced composite materials, US DOT & FAA; 2012. p. 7.1–7.58.

[9] www.boeing.com/boeing/commercial/787family. The Boeing 787 Dreamliner; 2014.

[10] www.airbusgroup.com/A350. Airbus Group, A350; 2014.

[11] Goddard III WA, Brenner DW, Lyshevski SE, Iafrate GJ. Handbook of nanoscience, engineering, and technology. New York, NY: CRC Press; 2003.

[12] Ajayan PM, Schadler LS, Braun PV. Nanocomposite science and technology. Weinheim, Germany: Wiley VCH; 2003.

[13] Haggenmueller R, Gommans HH, Rinzler AG, Fischer JE, Winkey KI. Aligned single-wall carbon nanotubes in composites by melt processing methods. Chem Phys Lett 2000;330(3–4):219–25.

[14] Thostenson ET, Ren ZF, Chou TW. Advances in the science and technology of carbon nanotubes and their composites: a review. Compos Sci Technol 2001;61(13):1899–912.

[15] Calvert P. Nanotube composites: a recipe for strength. Nature 1999;399(6733):210–11.

[16] Beiruck MJ, Llaguno MC, Radosavljevic M, Hyun JK, Johnson AT, Fischer JE. Carbon nanotube composites for thermal management. Appl Phys Lett 2002;80(15):2767–9.

[17] Huang H, Liu C, Wu Y, Fan S. Aligned carbon nanotube composite films for thermal management. Adv Mater 2005;17(13):1652–6.

[18] Koratkar N, Wei B, Ajayan PM. Carbon nanotube films for damping applications. Adv Mater 2002;14(13–14):997–1000.

[19] Suhr J, Koratkar N, Keblinski P, Ajayan PM. Viscoelasticity in carbon nanotube composites. Nat Mater 2005;4(2):134–7.

[20] Ericson LM. Strength characterization of suspended single-wall carbon nanotube ropes. Masters Thesis, Rice University; 2000.

[21] Jana SC, Jain S. Dispersion of nanofillers in high performance polymers using reactive solvents as processing aids. Polymer 2001;42(16):6897–905.

[22] Lau KT, Hui D. The revolutionary creation of new advanced materials—carbon nanotube composites. Compos Part B 2002;33(4):263–77.

[23] Muller J, Huaux F, Lison D. Respiratory toxicity of carbon nanotubes: how worried should we be. Carbon 2006;44(6):1048–56.

[24] Warheit DB. What is currently known about the health risks related to carbon nanotube exposures. Carbon 2006;44(6):1064–9.

[25] Iijima S. Helical microtubules of graphitic carbon. Nature 1991;354(6348):56–8.

[26] Iijima S, Ichihashi T. Single-shell carbon nanotubes of 1-nm diameter. Nature 1993;363(6430):603–5.

[27] Findeissen B, Thomasius M. East Germany Patent Number: DD 150739; 1981.

[28] Yasmin A, Luo J, Daniel IM. Processing of expanded graphite reinforced polymer nanocomposites. Compos Sci Technol 2006;66(9):1182–9.

[29] Pukanszky B. Particulate filled polypropylene: structure and properties, in polypropylene: structure, blends and composites. UK: Chapman & Hall; 1995. p. 52.

[30] Di Lorenzo ML, Errico ME, Avella M. Thermal and morphological characterization of poly(ethylene terephthalate)/calcium carbonate nanocomposites. J Mater Sci 2002;37(11):2351–8.

[31] Li Y, Fang QF, Yi ZG, Zheng K. A study of internal friction in polypropylene (PP) filled with nanometer-scale $CaCO_3$ particles. J Mater Sci Eng A 2004;370(1):268–72.

[32] Xie XL, Liu QX, Li RKY, Zhou XP, Zhang QX, Yu ZZ, Mai YW. Rheological and mechanical properties of $PVC/CaCO_3$ nanocomposites prepared by in situ polymerization. Polymer 2004;45(19):6665–73.

[33] Zuiderduin WCJ, Westzaan C, Huetink J, Gaymans RJ. Toughening of polypropylene with calcium carbonate particles. Polymer 2003;44(1):261–75.

[34] Thio YS, Argon AS, Cohen RE, Weinberg M. Toughening of isotatic polypropylene with $CaCO_3$ particles. Polymer 2002;43(13):3661–74.

[35] Chan CM, Wu J, Li JX, Cheung YK. Polypropylene/calcium carbonate nanocomposites. Polymer 2002;43(10):2981–92.

[36] Zhang QX, Yu ZZ, Xie XL, Ma YW. Crystallization and impact energy of polypropylene/$CaCO_3$ nanocomposites with nonionic modifier. Polymer 2004;45(17):5985–94.

[37] Premphet K, Horanont P. Phase structure of ternary polypropylene/elastomer/filler composites: effect of elastomer polarity. Polymer 2000;41(26):9283–90.

[38] Ghasemi Nejhad MN, Veedu VP, Yuen A, Askari D. Polymer matrix composites with nanoscale reinforcements. US Patent Number: 7,658,870 (Composition of Matter); 2010.

[39] Ghasemi Nejhad MN, Veedu VP, Yuen A, Askari D. Polymer matrix composites with nanoscale reinforcements. US Patent Number: 7,875,212 (Method of Manufacturing); 2011.

[40] Ke Y, Long C, Qi Z. Crystallization, properties, and crystal and nanoscale morphology of PET–clay nanocomposites. J Appl Polym Sci 1999;71(7):1139–46.

[41] Song M, Hourston DJ, Yao KJ, Tay JKH, Ansarifar MA. High performance nanocomposites of polyurethane elastomer and organically modified layered silicate. J Appl Polym Sci 2003;90(12):3239–43.

[42] Usuki A, Kawasumi M, Kojima Y, Okada A, Kurauchi T, Kamigaito O. Swelling behavior of montmorillonite cation exchanged for ω-amino acids by ε-caprolactam. J Mater Res 1993;8(5):1174–8.

[43] Usuki A, Kojima Y, Kawasumi M, Okada A, Fukushima Y, Kurauchi T, Kamigaito O. Synthesis of nylon 6-clay hybrid. J Mater Res 1993;8(5):1179–84.

[44] Yano K, Usuki A, Okada A, Kurauchi T, Kamigaito O. Synthesis and properties of polyimide-clay hybrid. J Polym Sci Part A Polym Chem 1993;31(10):2493–8.

[45] Kojima Y, Usuki A, Kawasumi M, Okada A, Kurauchi T, Kamigaito O. One-pot synthesis of nylon 6-clay hybrid. J Polym Sci Part A Polym Chem 1993;31(7):1755–8.

[46] Kojima Y, Fukumori K, Usuki A, Okada A, Kurauchi T. Gas permeabilities in rubber-clay hybrid. J Mater Sci Lett 1993;12(12):889–90.

[47] Kojima Y, Usuki A, Kawasumi M, Okada A, Fukushima Y, Kurauchi T, Kamigaito O. Mechanical properties of nylon 6-clay hybrid. J Mater Res 1993;8(5):1185–9.

[48] Alexandre M, Dubois P. Polymer-layered silicate nanocomposites: preparation, properties and uses of a new class of materials. Mater Sci Eng Rep 2000;28(1–2):1–63.

[49] Advani SG, Shonaike GO. Advanced polymeric materials: structure property relationships. Boca Raton, FL: CRC Press; 2003. pp. 349–96.

[50] Shah AP, Gupta RK, Gangarao HVS, Powell CE. Moisture diffusion through vinyl ester nanocomposites made with montmorillonite clay. J Polym Eng Sci 2002;42(9):1852–63.

[51] Kinloch AJ, Taylor AC. Mechanical and fracture properties of epoxy/inorganic micro- and nano-composites. J Mater Sci Lett 2003;22(20):1439–41.

[52] Akkapeddi MK. Glass fiber reinforced polyamide-6 nanocomposites. Polym Compos 2000;21(4):576–85.

[53] Haque A, Shamsuzzoha M, Hussain F, Dean D. S2-glass/epoxy polymer nanocomposites: manufacturing, structures, thermal and mechanical properties. J Compos Mater 2003;37(20):1821–37.

[54] Hussain F, Dean D. Thermal and mechanical properties of vinylester based layered silicate nanocomposites. International SAMPE technical conference (M&P-Ideas to Reality), vol. 34; 2002. p. 692–704.

[55] Becker O, Vareley RJ, Simon GP. Use of layered silicates to supplementarily toughen high performance epoxy-carbon fiber composites. J Mater Sci Lett 2003;22(20):1411–14.

[56] Duquesne S, Jama C, Le Bras M, Delobel R, Recourt P, Gloaguen JM. Elaboration of EVA-nanoclay systems-characterization, thermal behaviour and fire performance. Compos Sci Technol 2003;63(8):1141–48.

[57] Wetzel B, Haupert F, Zhang MQ. Epoxy nanocomposites with high mechanical and tribological performance. Compos Sci Technol 2003;63(14):2055–67.

[58] Wetzel B, Haupert F, Friedrich K, Zhang MQ, Rong MZ. Impact and wear resistance of polymer nanocomposites at low filler content. J Polym Eng Sci 2002;42(9):1919–27.

[59] Ng CB, Schadler LS, Siegel RW. Synthesis and mechanical properties of TiO$_2$–epoxy nanocomposites. Nanostructured Mater 1999;12(1–4):507–10.

[60] Salahuddin N, Moet A, Hiltner A, Baer E. Nanoscale highly filled epoxy nanocomposite. Eur Polym J 2002;38(7):1477–82.

[61] Zhu J, Wei S, Ryu J, Budhathoki M, Liang G, Guo Z. In situ stabilized carbon nanofiber (CNF) reinforced epoxy nanocomposites. J Mater Chem 2010;20(23):4937–48.

[62] Ma H, Zeng J, Realff ML, Kumar S, Schiraldi DA. Processing, structure, and properties of fibers from polyester/carbon nanofiber composites. Compos Sci Technol 2003;63(11):1617–28.

[63] Thostenson ET, Li C, Chou TW. Nanocomposites in context. Compos Sci Technol 2005;65(3):491–516.

[64] Tai NH, Yeh MK, Liu JH. Enhancement of the mechanical properties of carbon nanotube/phenolic composites using a carbon nanotube network as the reinforcement. Carbon 2004;42(12–13):2774–7.

[65] Qian D, Dickey EC, Andrews R, Rantell T. Load transfer and deformation mechanisms in carbon nanotube–polystyrene composites. Appl Phys Lett 2000;76(20):2868–70.

[66] Yeh M-K, Tai N-H, Liu J-H. Mechanical behavior of phenolic-based composites reinforced with multi-walled carbon nanotubes. Carbon 2006;44(1):1–9.

[67] Schadler LS, Giannaris SC, Ajayan PM. Load transfer in carbon nanotube epoxy composites. Appl Phys Lett 1998;73(26):3842–4.

[68] Ueda H, Carr SH. Piezoelectricity in polyacrylonitrile. Polymer 1984;16(9):661–7.

[69] von Berlepsch H, Kunstler W, Wedel A, Danz R, Geib D. Piezoelectric activity in a copolymer of acrylonitrile and methylacrylate. IEEE Trans Electr Insulation 1989;24:357–62.

[70] Seo I. Piezoelectricity of vinylidene cyanide copolymers and their applications. Ferroelectrics 1995;171(1):45–55.

[71] Mirau PA, Heffner SA. Chain conformation in poly(vinylidene cyanide-vinyl acetate): solid state and solution 2D and 3D n.m.r. studies. Polymer 1992;33(6):1156–61.

[72] Tasaka S, Toyama T, Inagaki N. Ferro- and pyroelectricity in amorphous poly-phenylethernitrile. Jpn J Appl Phys 1994;33:5838–44.

[73] Hall HK, Chan RJH, Oku J, Hughes OR, Scheinbeim J, Newman B. Piezoelectric activity in films of poly(1-bicyclobutanecarbonitrile). Polym Bull 1987;17:135–6.

[74] Ounaies Z, Park C, Harrison J, Lillehei P. Evidence of piezoelectricity in SWNT-polyimide and SWNT–PZT–polyimide composites. J Thermoplastic Compos Mater 2008;21(5):393–409.

[75] Harrison J, Ounaies Z. Biderman A, editor. Encyclopedia of smart materials. New York, NY: John Wiley & Sons; 2002. p. 162–73.

[76] Park C, Ounaies Z, Wise K, Harrison J. In situ poling and imidization of amorphous piezoelectric polyimides. Polymer 2004;45(16):5417–25.

[77] Meguid SA, Sun Y. On the tensile and shear strength of nano-reinforced composite interfaces. J Mater Des 2004;25(4):289–96.

[78] Chin IJ, Thurn AT, Kim HC, Russel TP, Wang J. On exfoliation of montmorillonite in epoxy. Polymer 2001;42(13):5947–52.

[79] Wu CL, Zhang MQ, Rong MZ, Friedrich K. Tensile performance improvement of low nanoparticles filled-polypropylene composites. Compos Sci Technol 2002;62(10–11):1327–40.

[80] Kornmann X, Linderberg H, Bergund LA. Synthesis of epoxy–clay nanocomposites: influence of the nature of the clay on structure. Polymer 2001;42(4):1303–10.

[81] Tolle TB, Anderson DP. Morphology development in layered silicate thermoset nanocomposites. Compos Sci Technol 2002;62(7–8):1033–41.

[82] Brown JM, Curliss D, Vaia RA. Thermoset-layered silicate nanocomposites: quaternary ammonium montmorillonite with primary diamine cured epoxies. Chem Mater 2000;12(11):3376–84.

[83] Messermith PB, Giannelis EP. Synthesis and characterization of layered silicate epoxy nanocomposites. Chem Mater 1994;6(10):1719–25.

[84] Vaia RA, Jant KD, Kramer EJ, Giannelis EP. Microstructural evaluation of melt-intercalated polymer-organically modified layered silicate nanocomposites. Chem Mater 1996;8(11):2628–35.

[85] Jun H, Liang G, Ma XY, Zhang BY. Epoxy/clay nanocomposites: further exfoliation of newly modified clay induced by shearing force of ball milling. Polym Int 2004;53(10):1545–53.

[86] Chen GH, Wu DJ, Weng WG. Preparation of polymer/graphite conducting nanocomposite by intercalation polymerization. J Appl Polym Sci 2001;82(10):2506–13.

[87] Fukushima H, Drazal LT. Graphite nanocomposites: structural & electrical properties. Proceedings of the 14th international conference on composite materials (ICCM-14), San Diego, CA; 2003.

[88] Chen J, Hamon MA, Hu H, Chen Y, Rao AM, Eklund PC, Haddon RC. Solution properties of single-walled carbon nanotubes. Science 1998;282(5386):95–8.

[89] Mitchell CA, Bahr JL, Arepalli S, Tour JM, Krishnamoorti R. Dispersion of functionalized carbon nanotubes in polystyrene. Macromolecules 2002;35(23):8825–30.

[90] Bubert H, Haiber S, Brandl W, Marginean G, Heintze M, Brüser V. Characterization of the uppermost layer of plasma-treated carbon nanotubes. Diamond Related Materials 2003;12(3–7):811–15.

[91] Eitan A, Jiang K, Dukes D, Andrews R, Schadler LS. Surface modification of multi-walled carbon nanotubes: toward the tailoring of the interface in polymer composites. Chem Mater 2003;15(16):3198–201.

[92] Jang J, Bae J, Yoon SH. A study on the effect of surface treatment of carbon nanotubes for liquid crystalline epoxide–carbon nanotube composites. J Mater Chem 2003;13(4):676–81.

[93] Star A, Stoddart JF, Steuerman D, Diehl M, Boukai A, Wong EW, et al. Preparation and properties of polymer-wrapped single-walled carbon nanotubes. Angew Chem Int Ed 2001;40(9):1721–5.

[94] Safadi B, Andrews R, Grulke EA. Multiwalled carbon nanotube polymer composites: synthesis and characterization of thin films. J Appl Polym Sci 2002;84(14):2660–9.

[95] Gong X, Liu J, Baskaran S, Voise RD, Young S. Surfactant-assisted processing of carbon nanotube/polymer composites. Chem Mater 2000;12(4):1049–52.

[96] Shaffer MSP, Fan X, Windle AH. Dispersion and packing of carbon nanotubes. Carbon 1998;36(11):1603–12.

[97] Wilbrink MWL, Argon AS, Cohen RE, Weinberg M. Toughen ability of nylon-6 with CaCO$_3$ filler particles: new findings and general principles. Polymer 2001;42(26):10155–80.

[98] Xiao KQ, Zhang LC. The stress transfer efficiency of a single-walled carbon nanotube in epoxy matrix. J Mater Sci 2004;39(14):4481–6.

[99] Valentini L, Puglia D, Frulloni E, Armentano I, Kenny JM, Santucci S. Dielectric behavior of epoxy matrix/single-walled carbon nanotube composites. Compos Sci Technol 2004;64(1):23–33.

[100] Sandler J, Shaffer MSP, Prasse T, Bauhofer W, Schulte K, Windle AH. Development of a dispersion process for carbon nanotubes in an epoxy matrix and the resulting electrical properties. Polymer 1999;40(21):5967–71.

[101] Martin CA, Sandler JKW, Windle AH, Schwarz MK, Bauhofer W, Schulte K, Shaffer MSP. Electric field-induced aligned multi-wall carbon nanotube networks in epoxy composites. Polymer 2005;46(3):877–86.

[102] Martin CA, Sandler JKW, Shaffer MSP, Schwarz MK, Bauhofer W, Schulte K, Windle AH. Formation of percolating networks in multi-wall carbon-nanotube epoxy composites. Compos Sci Technol 2004;64(15):2309–16.

[103] Liao YH, Tondin OM, Liang Z, Zhang C, Wang B. Investigation of the dispersion process of SWNTS/SC-15 epoxy resin nanocomposites. Mater Sci Eng A 2004;385(1–2):175–81.

[104] Lau KT, Lu M, Lam CK, Cheung HY, Sheng FL, Li HL. Thermal and mechanical properties of single-walled carbon nanotube bundle-reinforced epoxy nanocomposites: the role of solvent for nanotube dispersion. Compos Sci Technol 2005;65(5):719–25.

[105] Gojny FH, Wichmann MHG, Köpke U, Fiedler B, Schulte K. Carbon nanotube-reinforced epoxy-composites: enhanced stiffness and fracture toughness at low nanotube content. Compos Sci Technol 2004;64(15):2363–71.

[106] Allaoui A, Bai S, Cheng HM, Bai JB. Mechanical and electrical properties of a MWNT/epoxy composite. Compos Sci Technol 2002;62(15):1993–8.

[107] Gorga RE, Cohen RE. Toughness enhancements in poly(methyl methacrylate) by addition of oriented multiwall carbon nanotube. J Polym Sci Part B Polym Phys 2004;42(14):2690–702.

[108] Subramaniyan AK, Sun CT. Enhancing compressive strength of unidirectional polymeric composites using nanoclay. Compos Part A Appl Sci Manuf 2006;37(12):2257–68.

[109] Iwahori Y, Ishiwata S, Sumizawa T, Ishikawa T. Mechanical properties improvements in two-phase and three-phase composites using carbon nano-fiber dispersed resin. Compos Part A Appl Sci Manuf 2005;36(10):1430–9.

[110] Thostenson ET, Chou T-W. Nanotube buckling in aligned multi-wall carbon nanotube reinforced composites. Carbon 2004;42(14):3015–18.

[111] Miyagawa H, Jurek RJ, Mohanty AK, Misra M, Drzal LT. Biobased epoxy/clay nanocomposites as a new matrix for CFRP. Compos Part A Appl Sci Manuf 2006;37(1):54–62.

[112] Mecholsky Jr. JJ. Engineering research needs of advanced ceramics and ceramic–matrix composites. Am Ceram Soc Bull 1989;68(2):367–75.

[113] Prewo KM, Brennan JJ, Layden GK. Fiber-reinforced glasses and glass-ceramics for high performance applications. Am Ceram Soc Bull 1986;65(2):305–22.

[114] Prewo KM. Fiber-reinforced ceramics: new opportunities for composite materials. Am Ceram Soc Bull 1989;48(2):395–400.

[115] Yousefpour A, Ghasemi-Nejhad MN. Processing and performance of Nicalon/Blackglas and Nextel/Blackglas using cure-on-the-fly filament winding and preceramic polymer pyrolysis with inactive fillers. Compos Sci Technol 2001;61(13):1813–20.

[116] Gudapati VM, Veedu VP, Ghasemi-Nejhad MN. Preceramic precursor pyrolysis for flexural property evaluation of continuous fiber ceramic nanocomposites with nanoparticles. Compos Sci Technol 2006;66(16):3230–40.

[117] Gudapati VM, Veedu VP, Cao A, Ghasemi-Nejhad MN. Experimental investigation of optimal nanoparticle inclusion for enhanced flexural performance in continuous fiber ceramic nanocomposites. J Thermoplastic Compos Mater 2009;22(4):421–38.

[118] Schmidt D, Shah D, Giannelis EP. New advances in polymer/layered silicate nanocomposites. Curr Opin Solid State Mater Sci 2002;6(3):205–12.

[119] Ray SS, Okamoto M. Polymer/layered silicate nanocomposites: a review from preparation to processing. Prog Polym Sci 2003;28(11):1539–641.

[120] Svensson N, Shishoo R. Manufacturing of thermoplastic composites from commingled yarns—a review. J Thermoplastic Compos Mater 1998;11(1):22–56.

[121] Wakeman MD, Cain TA, Rudd CD, Long AC. Compression moulding of glass and polypropylene composites for optimised macro- and micro- mechanical properties. Compos Sci Technol 1999;59(8):1153–67.

[122] Thostenson ET, Chou T-W. Carbon nanotube networks: sensing of distributed strain

and damage for life prediction and self-healing. Adv Mater 2006;18(22):2837–41.

[123]   Schulte K, Baron C. Load and failure analyses of CFRP laminates by means of electrical resistivity measurements. Compos Sci Technol 1989;36(1):63–76.

[124]   Weber I, Schwartz P. Monitoring bending fatigue in carbon-fibre/epoxy composite strands: a comparison between mechanical and resistance techniques. Compos Sci Technol 2001;61(6):849–53.

[125]   Kupke M, Schulte K, Schuler R. Non-destructive testing of FRP by d.c. and a.c. electrical methods. Compos Sci Technol 2001;61(6):837–47.

[126]   Schueler R, Joshi SP, Schulte K. Damage detection in CFRP by electrical conductivity mapping. Compos Sci Technol 2001;61(6):921–30.

[127]   Gojny FH, Wichmann MHG, Fiedler B, Kinloch I, Bauhofer A, Windle AH, Schulte K. Evaluation and identification of electrical and thermal conduction mechanisms in carbon nanotube/epoxy composites. Polymer 2006;47(6):2036–45.

[128]   Thostenson ET, Li WZ, Wang DZ, Ren ZF, Chou TW. Carbon nanotube/carbon fiber hybrid multiscale composites. J Appl Phys 1998;91(9):6034–7.

[129]   Li WZ, Wang DZ, Yang SX, Wen JG, Ren ZF. Controlled growth of carbon nanotubes on graphite foil by chemical vapor deposition. Chem Phys Lett 2001;335(3):141–9.

[130]   Li WZ, Wang DZ, Yang SX, Wen JG, Ren ZF. Growth of carbon nanotubes on carbon fibers and carbon cloth. Proceedings of 16th annual technical conference of the American society for composite, Virginia Polytechnic Institute and State University, Blacksburg, Virginia, USA, 2001. p. 172–7.

[131]   Cao A, Veedu VP, Li X, Yao Z, Ghasemi-Nejhad MN, Ajayan PM. Multifunctional brushes made from carbon nanotubes. Nat Mater 2005;4(7):540–5.

[132]   P.M. Ajayan, A. Cao, V.P. Veedu, X. Li and M.N. Ghasemi-Nejhad Multifunctional carbon nanotube based nanobrushes/nanofibers, International Patent Pending; 2014.

[133]   Veedu VP, Cao A, Li X, Ma K, Soldano C, Kar S, Ajayan PM, Ghasemi-Nejhad MN. Multifunctional composites using reinforced laminae with carbon-nanotube forests. Nat Mater 2006;5(6):457–62.

[134]   Ghasemi-Nejhad MN, Veedu VP, Cao A, Ajayan PM, Askari D International Patent; European & Hong Kong Patent; 2009; EP 1 966 286 B1; Mexican Patent; 2010, MX 279045; Malaysian Patent; 2011, MY 143396-A; Russian Patent; 2011, RU 2423394; US Patent; 2012, US 8,148,276 B2; Chinese Patent Issued; 2012, CN ZL200680051863; Japanese Patent; 2012, JP 5037518 South Korean Patent; 2013, SK 10-2008-7015810, Canadian Patent; 2014, CA 2,632,202; Australia (2006350255/2006); India (5493/DELNP/2008).

[135]   Cao A, Dickrell PL, Sawyer WG, Ghasemi-Nejhad MN, Ajayan PM. Supercompressible foam-like carbon nanotube films. Science 2005;310(5752):1307–10.

[136]   Ghasemi-Nejhad MN, Gudapati V. Nanotape and nanocarpet materials. International Patent Pending; 2014.

第 3 章

碳纳米管和石墨烯对聚合物复合材料多功能性的协同作用

Yuanqing Li，Rehan Umer 和 Kin Liao
哈利法科技大学，航空航天工程系，阿联酋，阿布扎比

3.1 前言

  过去的十多年，在各种纳米材料中，碳纳米管（CNT）以良好的热学、电学和力学性能吸引了极大的关注[1-3]。基于碳纳米管和聚合物的多功能复合材料，集成了这两类物质独特的特征与功能，并在某些潜在的应用方面展现出了可提升的性能[4-6]。然而，由于碳纳米管高表面积的管间相互作用，它在加工过程中具有强烈的团聚倾向。它们的化学性质非常稳定且表面上缺乏功能位点，因此它们在聚合基体中的分散过程会很困难[7-9]。碳纳米管可以作为高性能复合材料的有效功能填料，为了将这一优点最大化，应该防止碳纳米管聚集并且碳纳米管必须分散良好，以避免管间滑移。一种方法是用共价键键合的官能团官能化来提高其界面交互作用和整体分散及剥离能力[10]。但是这样一来，碳纳米管的分子结构以及碳纳米管形成复合物的性能都会受损[9,11]。非共价官能化是碳纳米管在聚合物基质中分散的另一种方案，通常使用聚合物或表面活性剂将碳纳米管分散在溶剂中，随后将混合物与聚合物基质充分混合形成复合物[12,13]。这种方法特别有吸引力，因为它可以显著提高纳米管的剥落性能及功能复合材料的力学性能，并且不会影响碳纳米管的化学结构。

  最近，由于石墨烯氧化物（简称 GO）独特的结构、性能以及它具有的可使复合材料多功能化的预期应用性，石墨烯氧化物吸引了极大的关注[14-24]。石墨

烯氧化物由一个在基底平面和边缘上承载着各种含氧官能团（如羟基、环氧和羧基化合物）的二维（2D）的共价键碳原子组成。因此，石墨烯氧化物具有亲水性，并且作为独特的物质很容易分散在水中并形成稳定胶状的悬浮液[14,15]。更有趣的是，最近的研究显示，通过非共价的相互作用，石墨烯氧化物能够用于将多壁碳纳米管分散在水介质中[16]。理论和实验结果表明：与表面活性剂或聚合物分散剂不同，石墨烯氧化物的力学强度高，破坏应力约为60GPa，杨氏模量约为250GPa[17,18]。石墨烯氧化物还被加入各种聚合物的基质中，如作为多功能填料的聚乙烯醇（PVA）和环氧树脂，并且它们中的很多材料在力学和其他功能性方面有了显著的改善[19-24]。

考虑到这些因素，由于石墨烯氧化物的亲水性，它可以将碳纳米管分散在聚合物基体中，并且石墨烯氧化物和碳纳米管材料的复合材料可以改善碳纳米管聚合物复合材料的力学性能和其他性能。聚乙烯醇是一种典型的热塑性聚合物，具有许多优良特性，如良好的水溶性、成型性能、抗冲击性、生物相容性、无毒性和低成本性。环氧树脂是一种应用广泛的热固性高分子材料，具有优越的刚度、比强度、尺寸稳定性和耐化学性等性能。但是其脆性和易于疲劳损伤的缺点会导致其性能、成本、安全、结构组成和可靠性出现缺陷。在这一章，石墨烯氧化物被引入碳纳米管聚合物（热塑性聚乙烯醇和热固性环氧树脂）复合材料中，以此来改善碳纳米管的分散性和聚合物复合材料的力学性能[25,26]。此外，在承重结构材料中动态疲劳和静态疲劳（蠕变）是两种主要失效模式，因此在碳纳米管-石墨烯氧化物/环氧复合材料中对它们也进行了研究。

3.2 通过石墨烯氧化物片材来分散碳纳米管氧化物

为了研究石墨烯氧化物在水中的分散程度，我们观察了其沉积在硅片上的分散体的原子力显微图片（AFM）。具有代表性的石墨烯氧化物材料的AFM图像如图3.1(a)所示，从中可以观察到具有均匀厚度和横向尺寸范围从几微米到几十微米的不规则形状的薄片。对于被线性标示的部分这种片材的典型厚度通常在 $1.0 \sim 1.2$ nm［图3.1(b)］，这和以前报道的单层的石墨烯氧化片材一致[27]。通过观测可以得出这样的结论，一个完整的石墨烯氧化物是由单独石墨片材组成的。

图3.1(c)是原始多壁碳纳米管的极具代表性的场发射扫描电镜（FESEM）图像，1h的超声破碎之后它们分散在水溶液中。很明显，碳纳米管是以大约几十微米长的管束的形式存在的。另外，也能观察到一些聚集的粒子。石墨烯分散在碳纳米管中（质量比2:1）的场发射电子扫描显微镜的图片如图3.1(d)所

示。由于石墨烯片材的加入，碳纳米管束和大的团聚的粒子消失了，只可以看到有小颗粒存在。另外在 GO-CNT 混合物中，没有观测到单个的氧化石墨烯片材的存在，这意味着氧化石墨烯片材与碳纳米管束已混合均匀。这些结果表明，氧化石墨烯棒能够将碳纳米管均匀分散在水溶液中。

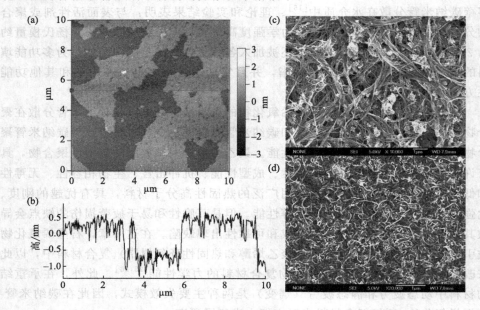

图 3.1　单独的氧化石墨烯片材、原始的多壁碳纳米管和
氧化石墨烯分散在碳纳米管中的复合物的特征

（a）氧化石墨烯片材的典型敲击模式的 AFM 图像；（b）通过图像（a）中的线标示的片材的谱线轮廓；
（c）原始多壁碳纳米管电镜图像；（d）氧化石墨烯分散在碳纳米管中典型的扫描电镜图像

碳纳米管在高性能复合物中可以作为有效的多功能填料，为了将这一优势最大化，至关重要的一步是将碳纳米管均匀分散在聚合物基质中。如图 3.2（a）和图 3.3（a）所示，制备了含质量分数为 0.5％碳纳米管的 CNT/PVA 和含质量分数为 0.04％碳纳米管的碳纳米管/环氧树脂复合材料，通过观测可以发现其中有碳纳米管大团聚体，这说明碳纳米管没有很好地均匀分散在 CNT/PVA 和 CNT/环氧树脂复合材料中。另外，由于大量的碳纳米管发生了聚集，所以复合材料是半透明的。CNT/PVA 复合材料的光学显微镜图像表明，CNT 团聚体的粒径尺寸可达 100μm。在聚合物中纳米填充物的良好分散是决定复合材料的力学性能及功能性的关键因素之一，因此这些团聚体会成为材料特性的缺陷并对其产生不利影响。

为了提高碳纳米管在聚合物基质中的分散性，将石墨烯氧化物引入 CNT/PVA 复合物中并制备 GO-CNT/PVA 三元复合材料。GO/PVA、GO-CNT/环

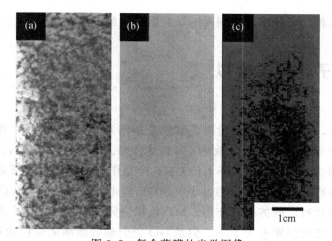

1cm

图 3.2 复合薄膜的光学图像

（a）CNT/PVA（质量分数为 0.5％碳纳米管）；（b）GO/PVA（质量分数为 1％GO）；
（c）GO-CNT/PVA（质量分数为 0.5％碳纳米管和 1％GO）

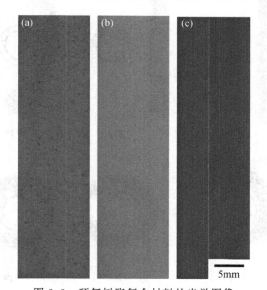

5mm

图 3.3 环氧树脂复合材料的光学图像

（a）CNT/环氧树脂（质量分数为 0.04％碳纳米管）；（b）GO/环氧树脂（质量分数为 0.2％GO）；
（c）GO-CNT/环氧树脂（质量分数为 0.04％碳纳米管和 0.2％GO）

氧树脂、GO/环氧树脂和 GO-CNT/环氧树脂的光学图像分别如图 3.2（b）和
（c）、图 3.3（b）和（c）所示，通过比较发现纯 GO/PVA 和 GO/环氧树脂表现
出均匀的棕色，这表明 GO 很容易地以分子水平分散在聚合物基质中[20]。随着
GO 含量的增加，碳纳米管在 PVA 和环氧基体中的分散性得到了显著提高。
GO-CNT/PVA 和 GO-CNT/环氧树脂呈现出统一的黑色，并且与仅添加碳纳米

管制成的样品相比，没有观察到大的颗粒或聚集的碳纳米管。

3.3 分子动力学模拟

如上所述，将 GO 添加到含有碳纳米管的溶液中可以使 CNT 的团聚现象明显减少，进而形成更加均匀分散的 CNT 复合物。由于在 GO-CNT 结构实验时直接成像很困难，所以为了了解 GO-CNT 相互作用的机理可以采取一种模拟计算的方法，特别是采用了分子动力学（MD）模拟方法来探索 SWCNT（10，10）和氧化石墨烯片材之间的相互作用。MD 模拟快照如图 3.4 所示。虽然在初始状态下两个分子之间的距离为 10Å，但是 GO 仍会朝着碳纳米管移动并且黏附在纳

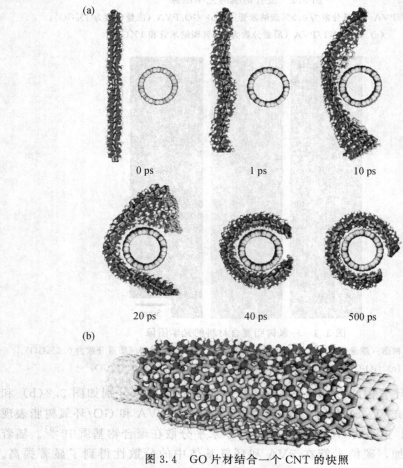

图 3.4 GO 片材结合一个 CNT 的快照

(a) 快照时间间隔从 0ps 到 500ps；(b) 在 500ps 侧面的构象

米管束的表面。黏附之后，随着 GO 和 CNT 之间的距离变得更近，以及它们之间的分子间力变得更强，GO 分子开始蜷缩并环绕在 CNT 周围，形成一个滚轴。在 40ps 后，GO-CNT 复杂结构达到平衡，这表现为纳米滚动构象［图 3.4(b)］。由图 3.5 的插图中显示的能量波动曲线可以确认，结构的构象在 500ps 时保持相对稳定（当模拟终止时）。为进一步探索 CNT 与 GO 之间的黏着力有多强，可根据以下方程来计算 GO-CNT 复合物的结合能：

$$E_{结合} = E_{复合物} - (E_{GO} + E_{CNT}) \tag{3.1}$$

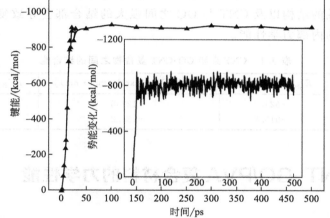

图 3.5   GO 和 CNT 之间的进化的结合能（插图作为时间函数模拟系统的总势能的变化）

式中，$E_{复合物}$、E_{GO} 和 E_{CNT} 分别代表的是复合物、GO 和 CNT 的势能。从图 3.5 中可以看到，当 GO 接近 CNT 时（0～10ps），在初始阶段结合能迅速增加。当 GO 已黏附到 CNT 上并开始环绕到管束之上时（超过 10ps），结合能会增加得更快，这意味着两个分子之间存在一个强大的吸引力。当 CNT 的整个表面都被 GO 大分子环绕时，结合能可持续增加到 $t = 40ps$，每 5nm 长度的 GO 包裹到 SWCNT(10,10) 周围的饱和结合能为 −916kcal/mol(1kcal=4.184kJ)。在 CNT 和 GO 之间存在这么高的结合能，表明它们之间的黏着力很强，形成的这种纳米束条的结构非常稳定。

此外，还计算了 SWCNT 在 SWCNT 束内的结合能来研究团聚效应，然后将该结合能与 GO 和 CNT 之间的结合能进行比较，以确定哪个过程在热力学上更有利于模拟动态。众所周知，CNT 自组装成束或者成簇，形成密集六角形阵列[28]。对于这种结合，新 SWCNT 成束很可能会与其他三个碳纳米管进行结合。构建一个包含七个单独的管（六个管以六角形形式排列，第七个管在中间）的 SWCNT 分子模型（10，10）。这些 SWCNT 的长度和计算 GO-CNT 结合管道时的长度是一样的。表 3.1 总结了结合能的计算结果，将这一结果和 CNT 与 GO 之间的进行对比，对比后发现 CNT 和 GO 之间的结合在热力学上更有利，因为 CNT 束的形成结合能比 CNT-GO 复合物低 291.1kcal/mol。从规范化的结合能看，对 1μm 长度的 CNT 其能差可高达 5.6×10^4 kcal/mol。因此在溶液中，碳纳米管往往被 GO 缠绕形成纳米滚轴结构，而不是自组装成束，因为 GO 在水中具有良好的水分散性[29]，一旦 GO 被缠绕在 CNT 上，CNT 亲水性的表面就被 GO 覆盖，并且 CNT-水的结合被亲水的 GO 表面所替代，这能够使其在水中更好地分散，提高了 CNT 在水中的分散性，形成了一个更加均匀的复合物结构（表 3.1）。另外，相对于单独的碳纳米管和 GO，GO 的分散作用、纳米滚轴的结构以及 CNT 与 GO 之间强大的结合都会导致复合纳米填充物形成强化的内部力学性能。

表 3.1　CNT 束和 GO-CNT 复合物之间的结合能

项目	$E_{结合}$/(kcal/mol)	规范化 $E_{结合}$/[kcal/(mol·nm)]	$\Delta E_{结合}$/(kcal/mol)
CNT 束	−624.7	−127.5	291.1
GO-CNT	−915.8	−183.2	0

3.4　CNT-GO/PVA 复合材料的力学性能

纯 PVA、CNT/PVA、GO/PVA 和 GO-CNT/PVA 复合薄膜的典型的应力-应变曲线如图 3.6(a) 所示。与纯 PVA 薄膜相比，CNT/PVA 和 GO/PVA 复合膜的力学性能得到了改善。如图 3.6(b) 所示，含质量分数为 1%GO 的 PVA 的屈服强度和杨氏模量已经分别增长了 29% 和 13%，然而由于 CNT 的大量团聚，含质量分数为 0.5%CNT 的 PVA 的屈服强度和杨氏模量只分别增加了 6% 和 3%。对含有 GO 的 CNT 分散剂而言，预计 GO-CNT/PVA 三元复合材料的力学性能会大大优于 CNT/PVA 和 GO/PVA 复合材料。如图 3.6 所示，含质量分数为 1%GO 和 0.5%CNT 的 GO-CNT/PVA 复合膜的屈服强度和杨氏模量分别为 88.5MPa 和 4.1GPa，以纯 PVA 的结果作为参考，其屈服强度和杨氏模量分别增加了 48% 和 31%，也远高于改进的 CNT/PVA 和 GO/PVA 组合的值（屈服强度：6%＋29%；杨氏模量：3%＋13%）。

从混合定律[4]看，非排列短纤维增强复合材料的杨氏模量为：

$$Y_C = (\eta_0 \eta_1 Y_f - Y_m) V_f + Y_m \tag{3.2}$$

式中，η_0 是取向效率因子；$\eta_0 = 1/5$；η_1 是长度效率因子，对于长径比高于 10 时，其值接近于 1；Y_C、Y_f 和 Y_m 分别代表 GO-CNT/PVA、GO/PVA 和

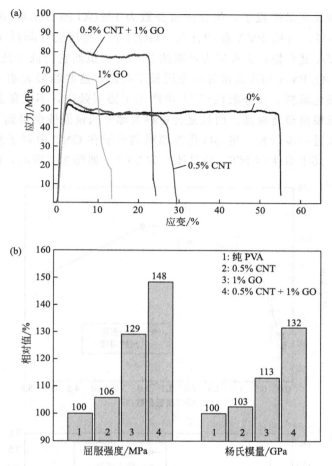

图 3.6　纯 PVA、CNT/PVA、GO/PVA 和 GO-CNT/PVA 复合薄膜的典型的应力-应变曲线（a）和纯 PVA、CNT/PVA、GO/PVA、GO-CNT/PVA 复合薄膜的屈服强度和杨氏模量的比较（b）

CNT/PVA 复合材料的杨氏模量；V_f 和 V_m 分别表示 CNT 和基体的体积分数。从实验结果可以得出含质量分数为 1%GO 强化的 PVA 复合材料膜的杨氏模量是 3.5GPa。这里的多壁 CNT 的杨氏模量为 1TPa，GO/PVA 的密度基体和 CNT 填料分别是 1.3g/cm² 和 2.1g/cm²。这样一来，含质量分数为 0.5% 碳纳米管复合薄膜的 V_f 值约为 0.31%。将这些参数代入式（3.2），Y_C 值确定为 4.11GPa，与 4.10GPa 的实验结果一致。对 GO-CNT/PVA 实验测定的杨氏模量和通过混合方程的简单预测的结果表明碳纳米管已完全分散在聚合物基质中，并且外部拉伸载荷有效地将 GO-CNT 填料转移到聚合物基体中。

　　从这些结果可以看出，GO 和 CNT 的增强效果均可在 GO-CNT/PVA 复合材料中得到充分利用。另外对于 GO/PVA 复合物来说，虽然 GO 片材的加入使得其强度和杨氏模量增强了，但含质量分数为1％GO的GO/PVA复合物的失效应力仅为8％，与纯PVA膜相比较，GO/PVA的延展性降低了。然而对于GO-CNT/PVA复合物，失效应力可高达24.7％。虽然它仍低于纯PVA的失效应力，但与GO/PVA相比其破坏应变增长了两倍。这些结果表明GO作为一种新型的混合强化填料，其分散在CNT中产生了协同效应，不仅使复合材料的拉伸强度和杨氏模量显著提高，而且复合材料大部分的延展性也得到了保留。

　　我们正在进一步研究，将GO作为填料剂分散在CNT中对于复合薄膜拉伸性能的影响，其中GO：CNT（质量比）为2∶1。如图3.7所示，很明显可以发

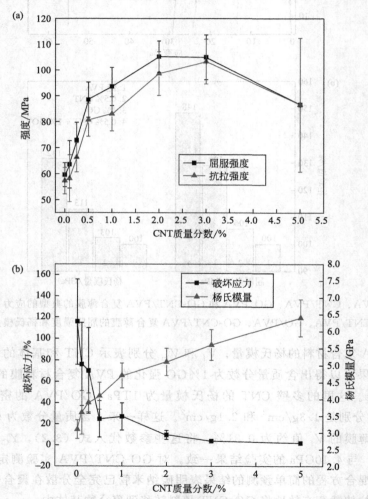

图3.7　PVA和GO-CNT/PVA复合薄膜的拉伸性能误差线表示标准偏差（SD）；
线连接数据点只显示数据的趋势

（a）屈服强度和抗拉强度；（b）杨氏模量和破坏应变

现在聚合物基体中额外加入的 GO-CNT 分散剂对于其力学性能有着显著的影响。GO-CNT/PVA 复合薄膜的屈服应力和拉伸应力随着 GO-CNT 分散剂含量的增加而增加，直到其含量达到 2%～3%，最佳的屈服应力和拉伸应力为 105.2MPa 和 103.3MPa。相对于纯的 PVA 样品，GO-CNT/PVA 复合薄膜的屈服应力和拉伸应力（分别为 59.6MPa 和 57.3MPa），这些力学性能分别激增了 76.5% 和 80.3%。

以相对较低含量的 GO 分散在 CNT 复合物中，将 GO-CNT 加入聚合物中后其抗拉强度将会明显增加。另外，当进一步将 GO-CNT 质量分数从 3% 提高到 5% 时，其屈服强度和抗拉强度都下降到 86.6MPa。事实上，我们无法测得含质量分数为 5%GO-CNT 的 GO-CNT/PVA 复合薄膜的屈服强度，因为所有样片会以脆裂的方式失效。这些结果表明：当纳米填料质量分数为 2%～3% 时，可以获得力学性能良好的 GO-CNT/PVA 复合薄膜。纳米填料质量分数低于 2% 或 3% 时，GO-CNT 可以良好地分散在聚合物基质中，这会使它的力学性能增强。然而进一步增加纳米添加剂的含量会导致 CNT 和 GO 片材的团聚，阻碍强化效率的提升。GO-CNT/PVA 复合薄膜的杨氏模量和失效应力如图 3.7(b) 所示，随着 GO-CNT 含量的增加，复合薄膜的杨氏模量呈现出单调的递增趋势。与杨氏模量为 3.1GPa 的纯 PVA 薄膜相比，质量分数为 5% GO-CNT 的复合材料薄膜的杨氏模量是 6.4GPa，增加了 106%。这主要归因于 GO 片材和 CNT 的杨氏模量远高于 PVA 基质。然而复合薄膜的屈服应力随着 GO-CNT 含量的增加而逐渐减小，这与前面报道的 CNT 或者 GO 强化薄膜的结果相类似[19-23]。

3.5 碳纳米管 GO/环氧复合材料的力学性能

纯环氧树脂、CNT/环氧树脂、GO/环氧树脂、CNT-GO/环氧树脂复合物在准静态拉伸试验中典型的应力-应变曲线如图 3.8 所示。尽管与纯环氧树脂相比，CNT/环氧树脂复合材料的刚度增加了 9.8%，但是由于 CNT 在环氧树脂内分散不均匀，其极限应力和破坏应变也都减少了。同时 CNT/环氧树脂复合材料的韧性也下降超过 50%。另外再多添加质量分数为 0.2% 的 GO 到环氧树脂基体中时，GO/环氧树脂的失效应力也会有一个巨大的增长（20.5%），另外其韧性也会增加超过 100%。然而 GO/环氧树脂复合物最终的应力和杨氏模量并没有明显的改变。正如已经表露出的那样，GO 片材的含量会影响环氧树脂分类，并且很容易与胺固化剂发生反应。表面化学反应会导致与环氧树脂的界面更强的作用，同时固化剂的一部分会被 GO 消耗掉，这也会导致环氧树脂交联的密度降

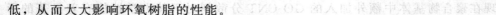

低，从而大大影响环氧树脂的性能。

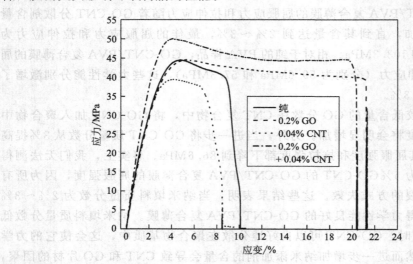

图 3.8　纯环氧树脂、CNT/环氧树脂、GO/环氧树脂和 CNT-GO/环
氧树脂复合物的典型拉伸应力-应变曲线

对于增强增韧的 GO/环氧树脂样品，想要进一步提升它的极限应力和杨氏模量需要通过结合 GO 和 CNT 作为添加剂来实现。之前已经证实了环氧基质的力学性能的协同增强作用是可能的，现在复合材料的整体拉伸性能显著提高。与纯环氧树脂相比，复合后的材料的极限应力、杨氏模量、破坏应变和韧性已经分别增加了 13.2%、13.4%、79.3%和 97.3%，CNT-GO/环氧树脂的破坏应变和韧性类似于 GO/环氧树脂。值得指出的是，与 GO/环氧树脂相比，CNT-GO/环氧树脂在添加质量分数为 0.04%的碳纳米管后，其极限应力和杨氏模量分别增加了 12.7%和 6.9%。CNT-GO/环氧树脂改进后的拉伸性能证明了碳纳米管和 GO 的协同作用。

为了观察填料在环氧基体中的分散，可以使用 FESEM 检查环氧树脂复合材料的断裂表面。图 3.9(a) 中环氧树脂样品的断裂表面是一个平滑的表面，这是典型的脆性断裂。类似于纯环氧树脂，CNT/环氧树脂的断裂表面除了几个地方不均匀外，也显示为一个光滑的表面 [图 3.9(b)]。根据图 3.9(b) 中的插图显示的结果来看，这些不平衡 CNT 团聚体的大小与光学显微镜观察的结果一致。然而如图 3.9(c) 和 (d) 所示，环氧树脂和 CNT-GO/环氧树脂的断裂表面不同于非常整洁的环氧树脂断裂面，在断口表面可以观测到许多微型脊，表面从光滑到粗糙的这种变化显示出 GO/环氧树脂和 CNT-GO/环氧树脂的断裂模式已经从脆性断裂转变为韧性断裂，这与应力测试结果相一致。

与 GO/环氧树脂相比，CNT-GO/环氧树脂的断裂表面粗糙并有更大的"凸

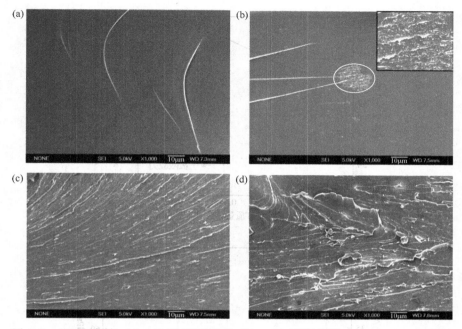

图 3.9 纯环氧树脂（a）、CNT/环氧树脂（b）、GO/环氧树脂（c）、CNT-GO/环氧
树脂（b）中插图的圆圈部分放大的断裂表面（d）

起"，同时在 CNT-GO/环氧树脂的表面没有观察到碳纳米管团聚体，这意味着
通过添加 GO 进入 CNT/环氧树脂，导致了 CNT 团聚显著减少，并最终导致填
充物分散均匀，力学性能得到改善。

在 GO 质量分数为 0.2％时，研究了 CNT/GO 的质量比对于 CNT-GO/环氧
树脂复合材料拉伸性能的影响。从图 3.10 中可以很明显地看出，CNT/GO 质量
比对力学性能有着重要影响。CNT-GO/环氧树脂的极限应力和杨氏模量随着
CNT 质量分数（高达 0.04％～0.06％）的增加而增加。随着 CNT 含量的进一
步增加，复合材料极限应力、杨氏模量、疲劳应力和韧性都下降了。然而正如图
3.10(b) 所示，含质量分数为 0.04％CNT 的 CNT-GO/环氧树脂的断裂应力和
韧性下降都很微小，因此当 CNT/GO 的值为 1/5 时被确定为最优比。CNT/GO
在值较高时会导致 CNT-GO/环氧树脂的力学性能下降，原因有两个：一个是因
为较高的 CNT/GO 会导致 CNT 的分散较低；另一个是含量较高的填充料会导
致环氧树脂保持较高的黏度，最终导致固化复合材料中的气泡和/或填料的不均
匀分布等缺陷。

在 CNT：GO（质量比）为 1：5 时，进一步研究了 CNT-GO 填充物料的含
量对于 CNT-GO/环氧树脂拉伸性能的作用。正如图 3.11 所示，性能的合成加

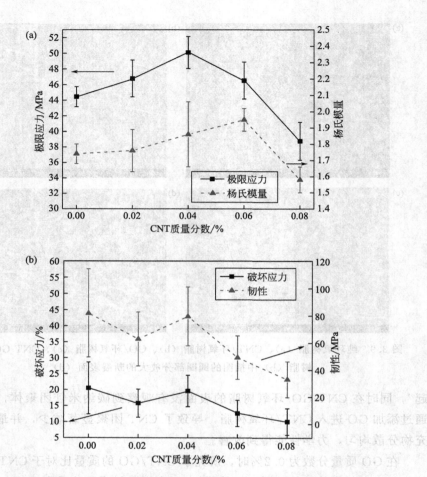

图 3.10　CNT/GO 的质量比对 CNT-GO/环氧树脂复合材料
的拉伸性能作用（GO 质量分数固定在 0.2%）
（a）极限应力和杨氏模量；（b）破坏应变和韧性（应力-应变曲线下的面积）

强对于 CNT-GO 的含量非常敏感。在 GO 质量分数为 0.2% 之前，CNT-GO/环
氧树脂的极限应力和杨氏模量、失效应力和韧性展现了一个递增趋势，在质量分
数为 0.2% 之后为一个下降的趋势。如图 3.11 所示，可以很明显地看到 CNT-
GO/环氧树脂在含有质量分数为 0.04% 的 CNT 和质量分数为 0.2% 的 GO 时具
有最好的拉伸性能，强度和拉伸性能同时得到了提升，这对延长材料的长期性能
是至关重要的。整体拉伸性能下降的主要原因是在填料含量高时环氧树脂的黏度
较高，最终导致产品产生缺陷。同样的道理，当填料质量分数达到 0.08%CNT
和 0.4% GO 时，加工变得困难。

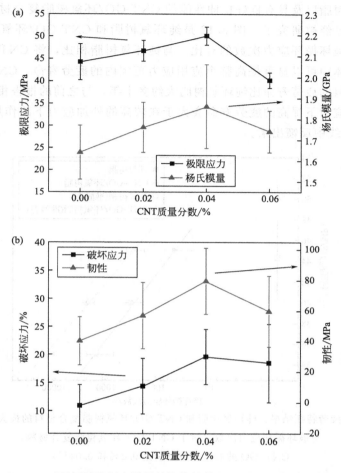

图 3.11 CNT-GO/环氧树脂复合材料的拉伸性能（CNT/GO 的质量比固定在 1/5）
（a）极限应力和杨氏模量；（b）破坏应变和韧性（应力-应变曲线下的面积）

3.6 多功能性的 CNT-GO/环氧复合材料

    在实际应用的结构材料中，可以抵抗突变失效的材料是至关重要的，比如核反应安全壳、空气-工艺喷气发动机、天然气管道等。同时保证强度和韧性要求[30,31] 也是至关重要的，但是强度和韧性通常是互斥的[32,33]，所以在微观结构中需要进行必要的取舍，但人们还是希望能够实现现代多功能结构材料的两种性能的最佳结合。然而许多研究似乎都集中在最大限度地提高材料强度，同时降低韧性，而对材料的长期行为关注较少。

　　纯环氧树脂以及具有良好拉伸性能的 CNT-GO/环氧树脂复合材料的疲劳和蠕变行为都已经被研究了。图 3.12 是纯环氧树脂和 CNT-GO/环氧树脂的最大循环应力与破坏循环应力次数的对比。与纯环氧树脂相比，将 CNT-GO 结合到环氧树脂基体中可以显著提高整个应用应力范围内的疲劳寿命。CNT-GO/环氧树脂复合材料的疲劳寿命比纯环氧树脂大约多十年，与之前的报告相符合的是在较低的外加应力下提高的疲劳寿命会大于在较高的外加应力下的作用[34]，这可以从 *S-N* 曲线中反馈出来。

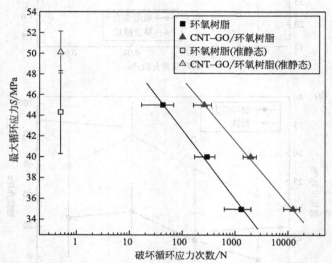

图 3.12　疲劳特征结果：纯环氧树脂和 CNT-GO/环氧树脂复合材料的最大循环应力
与破坏循环应力次数（对于 CNT-GO/环氧树脂复合材料，
CNT/GO 的质量分数分别是 0.2% 和 0.04%）

　　S-N 曲线通常用一个简单的线性关系来表示：$\sigma_a/\sigma_{ult} = 1 - m\lg N$。$\sigma_a$ 和 σ_{ult} 分别是外加应力和极限应力，N 是破坏循环应力次数，m 是标准 *S-N* 曲线的斜率。对于大多数工程材料来说，斜率 m 的范围是 $0.07 \sim 0.14$[35]。*S-N* 数据线性回归计算得到的 m 是 0.119 和 0.10，这在典型的工程材料的范围内。相对于纯的环氧树脂，CNT-GO/环氧树脂复合材料的斜率是相对平坦的，因为复合材料不易疲劳。

　　此外，还对纯的环氧树脂和 CNT-GO/环氧树脂复合材料的蠕变断裂行为进行了研究。如图 3.13(a) 所示，纯的环氧树脂和复合材料都显示一个典型的三阶段应变-时间曲线。可以看出在第二阶段时，在同一外加应力下，纯的环氧树脂的应变率明显高于 CNT-GO/环氧树脂，而且更短。此外 CNT-GO/环氧树脂纳米复合材料的蠕变压力低于纯的环氧树脂。这些结果表明纳米复合材料更能抵抗蠕变。如图 3.13(b) 所示，CNT-GO/环氧树脂在静态疲劳应力下的寿命长于纯环氧树脂的寿命，在第三个应力阶段可以看出几乎长出了五年。值得指出的是CNT-GO/环氧树脂与纯的环氧树脂相比在二级到三级过渡阶段其过渡更加顺畅，这意味着 CNT-GO 填料可用于控制灾难性破裂。

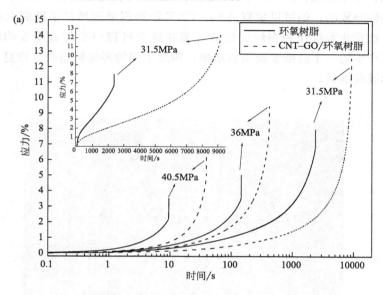

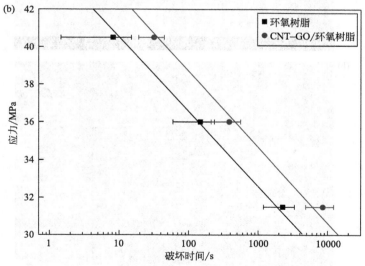

图 3.13 蠕变特性结果

(a) 应变与时间的对比；(b) 压力与环氧树脂材料特性以及与 CNT-GO/环氧树脂复合材料特性的对比 [(a) 插图显示是的环氧树脂的应变曲线与在 31.5MPa 时整齐的环氧树脂和 CNT-GO/环氧树脂复合材料的线性时间对比；CNT-GO/环氧树脂复合材料中GO 和 CNT 的质量分数分别是 0.2％和 0.04％]

如图 3.14 所示，使用扫描电镜观察失效断裂和蠕变样品的断裂表面。在颗粒强化的热固性聚合物中的断裂能量耗散包括裂纹钉、拉伸、空洞成核、裂纹变形[36]。虽然从放大的图 3.14 中没有直接证据证明裂缝是由 GO-CNT 添加剂或裂纹桥接性导致的，但可以观察到 GO-CNT 添加剂显著增加了断裂表面的表面粗糙度，这意味着拉伸和裂纹变形或许都在这个过程中扮演着重要的角色[24]，这些结果产生的一个总断裂面面积增加，相对于纯的环氧树脂会导致更大的疲劳和蠕变的吸收能量。

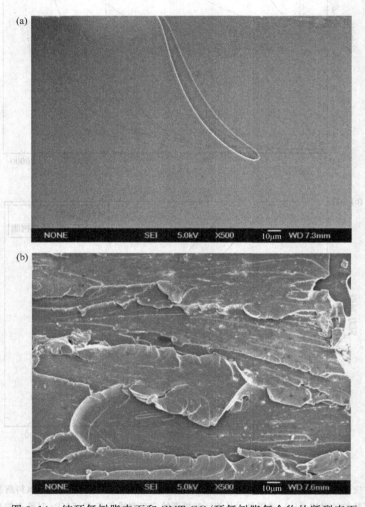

图 3.14　纯环氧树脂表面和 CNT-GO/环氧树脂复合物的断裂表面

3.7　结论

在这项工作中，我们进行了一个简单而有效的方法来制备 PVA 和包含碳纳米管的环氧树脂多功能复合材料。通过 GO 材料和碳纳米管的结合，碳纳米管在 PVA 和环氧树脂基体中可以有较好的分散状况。MD 模拟表明，GO 和 CNT 之间的相互作用是强烈的，其热力学作用比聚集的碳纳米管更有利。由 GO 亲水表面接触到水形成的滚轴结构可良好分散，包含 GO-分散碳纳米管的复合材料与单一的 GO 或者 CNT-强化的 PVA 复合材料相比显示出更强的协同效应和优越的力学性能。相比于纯环氧树脂，CNT-GO/环氧树脂的拉伸强度和韧性得到了极大提高。延长结构材料的使用寿命是至关重要的。此外，由于添加 GO 分散在碳纳米管材料中纯环氧树脂的疲劳和蠕变断裂的寿命得到显著提高。考虑到 GO 和 CNT 添加剂的相对较低的质量分数和良好的抗拉、抗疲劳性能，复合材料在大规模的工业应用如在航空航天、汽车、体育和可再生能源方面有很大的潜力。

致谢

作者非常感谢新加坡科学技术研究局（A＊STAR）和哈利法科技研究所提供的资金支持。

参考文献

[1] Terrones M. Science and technology of the twenty-first century: synthesis, properties and applications of carbon nanotubes. Annu Rev Mater Res 2003;33:419–501.

[2] Popov VN. Carbon nanotubes: properties and application. Mater Sci Eng R—Rep 2004;43(3):61–102.

[3] Zhou WY, Bai XD, Wang EG, Xie SS. Synthesis, structure, and properties of single-walled carbon nanotubes. Adv Mater 2009;21(45):4565–83.

[4] Coleman JN, Khan U, Blau WJ, Gun'ko YK. Small but strong: a review of the mechanical properties of carbon nanotube–polymer composites. Carbon 2006;44(9):1624–52.

[5] Martinez-Hernandez AL, Velasco-Santos C, Castano VM. Carbon nanotubes composites: processing, grafting and mechanical and thermal properties. Curr Nanosci 2010;6(1):12–39.

[6] Moniruzzaman M, Winey KI. Polymer nanocomposites containing carbon nanotubes. Macromolecules 2006;39(16):5194–205.

[7] Grady BP. Recent developments concerning the dispersion of carbon nanotubes in polymers. Macromol Rapid Commun 2010;31(3):247–57.

[8] Xie XL, Mai YW, Zhou XP. Dispersion and alignment of carbon nanotubes in polymer matrix: a review. Mater Sci Eng R-Rep 2005;49(4):89–112.

[9] Sahoo NG, Rana S, Cho JW, Li L, Chan SH. Polymer nanocomposites based on functionalized carbon nanotubes. Prog Polym Sci 2010;35(7):837–67.

[10] Liu JQ, Xiao T, Liao K, Wu P. Interfacial design of carbon nanotube polymer composites: a hybrid system of noncovalent and covalent functionalizations. Nanotechnology 2007;18(165701), 6 pp. http://dx.doi.org/10.1088/0957-4484/18/16/165701.

[11] Peng XH, Wong SS. Functional covalent chemistry of carbon nanotube surfaces. Adv Mater 2009;21(6):625–42.

[12] Wang H. Dispersing carbon nanotubes using surfactants. Curr Opin Colloid Interface Sci 2009;14(5):364–71.

[13] Hu CY, Xu YJ, Duo SW, Zhang RF, Li MS. Non-covalent functionalization of carbon nanotubes with surfactants and polymers. J Chin Chem Soc 2009;56(2):234–9.

[14] Compton OC, Nguyen ST. Graphene oxide, highly reduced graphene oxide, and graphene: versatile building blocks for carbon-based materials. Small 2010;6(6):711–23.

[15] Dreyer DR, Park S, Bielawski CW, Ruoff RS. The chemistry of graphene oxide. Chem Soc Rev 2010;39(1):228–40.

[16] Zhang CRL, Wang XY, Liu TX. Graphene oxide-assisted dispersion of pristine multi-walled carbon nanotubes in aqueous media. J Phys Chem C 2010;114(26):11435–40.

[17] Paci JT, Belytschko T, Schatz GC. Computational studies of the structure, behavior upon heating, and mechanical properties of graphite oxide. J Phys Chem C 2007;111(49):18099–111.

[18] Gomez-Navarro C, Burghard M, Kern K. Elastic properties of chemically derived single graphene sheets. Nano Lett 2008;8(7):2045–9.

[19] Zhao X, Zhang QH, Chen DJ, Lu P. Enhanced mechanical properties of graphene-based poly(vinyl alcohol) composites. Macromolecules 2010;43(5):2357–63.

[20] Liang JJ, Huang Y, Zhang L, Wang Y, Ma YF, Guo TY, et al. Molecular-level dispersion of graphene into poly(vinyl alcohol) and effective reinforcement of their nanocomposites. Adv Funct Mater 2009;19(14):2297–302.

[21] Xu YX, Hong WJ, Bai H, Li C, Shi GQ. Strong and ductile poly(vinyl alcohol)/graphene oxide composite films with a layered structure. Carbon 2009;47(15):3538–43.

[22] Yang XM, Li LA, Shang SM, Tao XM. Synthesis and characterization of layer-aligned poly(vinyl alcohol)/graphene nanocomposites. Polymer 2010;51(15):3431–5.

[23] Rafiee MA, Rafiee J, Wang Z, Song H, Yu Z, Koratkar N. Enhanced mechanical properties of nanocomposites at low graphene content. ACS Nano 2009;3(12):3884–90.

[24] Rafiee MA, Rafiee J, Srivastava I, Wang Z, Song H, Yu Z-Z, et al. Fracture and fatigue in graphene nanocomposites. Small 2010;6:179–83.

[25] Li YQ, Umer R, Isakovic A, Samad YA, Zheng LX, Liao K. Synergistic toughening of epoxy with carbon nanotubes and graphene oxide for improved long-term performance. Rsc Adv 2013;3(23):8849–56.

[26] Li YQ, Yang TY, Yu T, Zheng LX, Liao K. Synergistic effect of hybrid carbon nanotube–graphene oxide as a nanofiller in enhancing the mechanical properties of PVA composites. J Mater Chem 2011;21(29):10844–51.

[27] Stankovich S, Dikin DA, Piner RD, Kohlhaas KA, Kleinhammes A, Jia Y, et al. Synthesis of graphene-based nanosheets via chemical reduction of exfoliated graphite oxide. Carbon 2007;45(7):1558–65.

[28] Yang TY, Zhou ZR, Fan H, Liao K. Experimental estimation of friction energy within a bundle of single-walled carbon nanotubes. Appl Phys Lett 2008;93:4.

[29] Kim J, Cote LJ, Kim F, Yuan W, Shull KR, Huang JX. Graphene oxide sheets at interfaces. J Am Chem Soc 2010;132(23):8180–6.

[30] Ritchie RO. The conflicts between strength and toughness. Nat Mater 2011;10:817–22.

[31] Launey ME, Ritchie RO. On the fracture toughness of advanced materials. Adv Mater 2009;21:2103–10.

[32] Munch E, Launey ME, Alsem DH, Saiz E, Tomsia AP, Ritchie RO. Tough, bio-inspired hybrid materials. Science 2008;322:1516–20.

[33] Fang M, Zhang Z, Li J, Zhang H, Lu H, Yang Y. Constructing hierarchically structured inter phases for strong and tough epoxy nanocomposites by amine-rich graphene surfaces. J Mater Chem 2010;20:9635–43.

[34] Bortz DR, Heras EG, Martin-Gullon I. Impressive fatigue life and fracture toughness improvements in graphene oxide/epoxy composites. Macromolecules 2012;45(1):238–45.

[35] Liu YM, Mahadevan S. Probabilistic fatigue life prediction of multidirectional composite laminates. Compos Struct 2005;69(1):11–19.

[36] Bortz DR, Merino C, Martin-Gullon I. Carbon nanofibers enhance the fracture toughness and fatigue performance of a structural epoxy system. Compos Sci Technol 2011;71(1):31–8.

第 4 章

耐磨损的透明多功能聚合物纳米涂料

Hui Zhang，Ling-yun Zhou 和 Zhong Zhang
国家纳米科学中心，中国，北京

4.1 介绍

透明的硬聚合物涂料已经用于光学塑料镜片、触摸面板、电脑显示器、键盘、飞机的挡风玻璃等的透明保护膜[1-5]。透明聚合物涂料的关键性能，例如抗划伤[2,3]、耐磨性[1,6]、耐腐蚀[7]、防潮性[8]、热稳定性[9]、紫外线屏蔽[5] 以及其他属性[10] 可以通过在聚合物树脂中引入无机纳米粒子得到进一步增强。因此，纳米粒子/聚合物涂料（也称为"纳米涂料"）在过去的几年里引起了极大的研究风潮。

有关纳米涂层应用的一个主要问题是如何均匀地将纳米颗粒溶进聚合物基体中并形成稳定的分散体系而不会团聚。溶胶-凝胶法作为一种化学法通常用于在水溶液中原位合成纳米粒子，然后将纳米粒子转移到聚合物基质或溶液中[11]。溶胶-凝胶过程的好处是它能够产生几乎无团聚体的较窄粒度分布的纳米粒子[5,12]。通过溶胶-凝胶法形成的混合涂层具有良好的光学透明度、高光泽、低雾度、高硬度和耐磨性[1,10,12]。然而溶胶-凝胶技术也有一些缺点，包括复杂的水解和缩聚反应、纳米颗粒从水相转移到有机相非常困难以及在粒子表面会吸收不理想的化学残留物，这些也限制了它的广泛应用。另外，通过机械混合将纳米颗粒溶入聚合物树脂中是一个更方便的方法，通过这种方法纳米颗粒可以直接与单体、低聚物或溶剂混合获得混合涂层而不需要复杂的化学反应。预成型的具有各种特征的纳米粒子很容易从市场购买获得。它们通常用有机分子基团（如有机硅烷）来改善表面，以此来提高粒子与树脂的兼容性和分散体系的稳定性。常用的机械分散方法包括高速剪切混合[13]、超声振动[14]、球磨[15]、三辊研磨[16]、揉捏法[13]和高压力均质化[17]等。

本章展示了最近的研究结果：耐磨损的透明多功能聚合物纳米涂层。纳米涂层的样本尤其是高热的纳米硅填充物，与纯聚合物涂层相比表现出卓越的硬度和耐磨性，纳米涂层显示出良好的光学特性。为深入理解磨损机制，讨论了纳米颗粒形态、分散程度和粒子-基体的界面黏结。

4.2　实验

Cytec Industries Inc. 提供了商标为"Ebecryl 1290"的三羟甲基丙烷三丙烯酸酯（TMPTA）反应性稀释剂和六官能团脂肪族氨基甲酸酯-丙烯酸酯（UA）低聚物。加热法制备的热解二氧化硅纳米粒子（R7200）的初级粒度分布在 13~50nm 范围内，由 Evonik Degussa GmbH 提供。具有商标"C150"的胶体纳米二氧化硅溶胶由 Nanoreins AG 公司提供，其含有质量分数约 50% 的胶体二氧化硅纳米粒子和质量分数约 50% 的 TMPTA。自由基光引发剂（1-羟基环己基苯基酮，Irgacure 184）由 Ciba Specialty Chemicals 提供。

由于它们的相互作用，热解纳米颗粒倾向于彼此黏附并形成微米尺寸的团聚体，这显著降低了纳米涂层的力学和光学性能。为了解决这个问题，首先用高速溶解器（DISPERMAT AE）以高达 5000r/min 的速度搅拌 TMPTA 和热解纳米二氧化硅（R7200）2h，然后用三辊轧机（EXAKT 80 E）进一步处理混合物。经过几次处理后，获得含质量分数为 30% 热解二氧化硅纳米粒子（即母料）的合成共混物。通过适量的 UA、TMPTA 和光引发剂使色母粒（或原样的胶体纳米二氧化硅溶胶）稀释，以获得具有不同纳米颗粒含量的分散体；将分散体旋涂在聚碳酸酯基材上，并在 1.5mW/cm^2 的光强度和 365nm 的波长下 UV 固化 180s。在 4mbar（1mbar＝100Pa）压力下进行这一过程，以此来减小空气压力避免氧化。最终的涂层厚度可控制在 20~30μm 的范围内。

4.3　结果与讨论

4.3.1　纳米颗粒在涂料样品中的分散度

胶体和热解二氧化硅纳米粒子在聚氨酯-丙烯酸酯树脂中的分散水平可通过

透射电子显微镜（TEM）观察（图 4.1）。胶体二氧化硅纳米粒子的直径分布大约在 20nm 并且分布较窄，而观察热解二氧化硅纳米粒子发现众多尺寸范围为 30～200nm 的团簇。更大的热解二氧化硅纳米颗粒的团聚体将会干扰光传播，引起光散射，降低纳米涂层的光学特性。

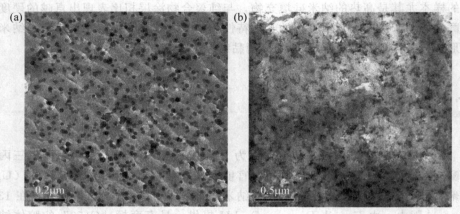

图 4.1　含质量分数为 10％胶体（a）和质量分数为 10％热解
二氧化硅胶体粒子（b）的纳米涂层样品的 TEM 图片

4.3.2　纳米涂料样本的光学性质

纳米涂层的光学性质用可见光透射率、雾度和光泽度来表征。图 4.2(a) 显示了制备的涂层在可见光波长范围内具有不同纳米颗粒含量的光学透射率的三维（3D）图。至于胶体纳米粒子，由于粒子良好的分散性，其光学透射率对于粒子含量不敏感。在整个可见光波长范围内可获得近 100％的透射率，不依赖于纳米颗粒含量。相比之下，对于用热解二氧化硅纳米粒子的涂层来说，透射率在一定程度上衰减，最大衰减（即透射率≈85％）发生在热解纳米颗粒质量分数为 20％时。

雾度可以用来评估透明涂层的透明度。纳米涂层的雾度值和纳米颗粒含量的关系如图 4.2(b) 所示。同样，纳米胶体样品的雾度值对纳米颗粒的含量是不敏感的，而热解样本的雾度值随着纳米颗粒含量的增加而显著增加。对于一个给定的粒子质量分数为 10％的胶体样品的雾度值大约是 0.18％，对于热解的样品大约为 2.42％。纳米涂层的透射率和雾度值变化可归因于在聚合物基质中纳米粒子的分散程度，如图 4.1 所示。

光泽度基于光与表面物理特性的相互作用，它实际上是表面按照一定角度发射光线的能力。在这项工作中，测量 20°的涂层光泽度作为纳米颗粒含量的函

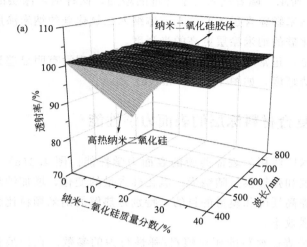

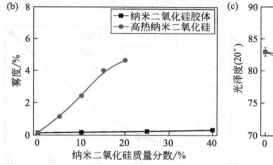
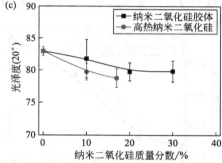

图 4.2 纳米涂层样品的光学性质（厚度约为 30μm）

（a）可见光范围内的透射率；（b）阴霾值；（c）光泽度；（d）、（e）在
聚碳酸酯基体上的涂层样品的照片

数，如图 4.2(c) 所示。随着纳米粒子含量的增加，两种纳米涂层的光泽度略有减少。在给定的纳米颗粒含量下，填充胶体纳米二氧化硅的纳米涂层显示出比填充热解纳米二氧化硅的纳米涂层更高的光泽度。

值得注意的是，正常厚度的两个纳米涂层样品外观没有明显差异，它们都具有高透明度和高清晰度，如图 4.2(d) 和 (e) 所示。

4.3.3 纳米复合材料涂层的表面力学性能

纳米压痕技术广泛用于表征薄膜的表面力学性能。图 4.3(a) 和 (b) 显示了混合涂层的硬度和弹性模量随纳米二氧化硅含量的变化，增加纳米二氧化硅含量可以达到明显提高硬度和模量的目的，特别是热解的纳米颗粒比胶体纳米颗粒显示出更高的增强效率。

塑性指数 ψ 是表征材料的相对塑料/弹性行为的参数。在压痕试验中，ψ 可以通过不可逆的能量（W_{ir}）与总变形能的比值来评估 $[W_{ir} + W_r$，参见图 4.3

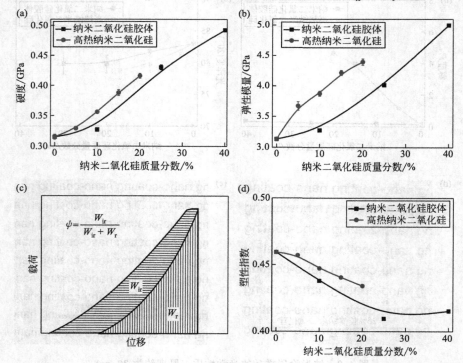

图 4.3   涂层样品的表面力学性能与硅纳米粒子含量的函数

（a）硬度；（b）弹性模量；（c）材料塑性指数的系统的计算 [阴影部分对应可逆的
工作（W_r）和不可逆的工作（W_{ir}）]；（d）塑性指数

(c)]，也就是说，$\psi = W_{ir}/(W_{ir} + W_r)$，在这里 W_r 是缩进过程中材料的可逆的能量。材料的塑性指数可以从 $\psi = 0$ 的理想弹性响应变化到 $\psi = 1$ 的理想塑性响应。对于现在的涂料样品，它们塑性指数的计算如图 4.3(d) 所示。胶体和热解的二氧化硅纳米颗粒随着纳米颗粒含量的增加，塑性指数会轻微地减少，这揭示了纳米涂料样本抗永久变形性的提高。

　　铅笔硬度是一种工业上测量和评估涂层短期耐刮擦性的方式。如图 4.4 所示，不管纳米硅类型如何，纳米涂层的铅笔硬度随着硅纳米粒子含量增加可以大大提高。纯涂层的铅笔硬度仅 1H，随着涂层的胶态二氧化硅纳米粒子质量分数增加到 40%，它的硬度显著地提高到了 5H，当热解的二氧化硅纳米颗粒质量分数为 20% 时，其硬度进一步提高到了 6H。显然，热解的纳米粒子相对于胶体表现出更好的耐刮擦性。

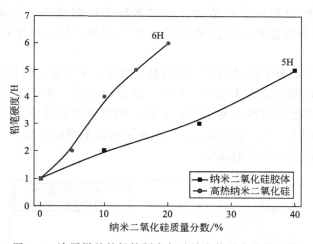

图 4.4　涂层样品的铅笔硬度与硅纳米粒子含量的函数

　　理解为什么两种硅纳米颗粒在相同的聚合物树脂中会显示出不同的增强效率是很有趣的。纳米粒子的力学性能是首要考虑的因素，然而我们很难衡量单个纳米粒子或它们直接聚合的力学性能。如文献［18］中所报道的，硅纳米粒子更高的密度对应更高的硬度和模量。因此在这项工作中，需要测量真正的纳米粒子的密度。热解二氧化硅纳米颗粒的实际密度类似于胶体的密度（$1.84 g/m^3$ 和 $1.90 g/m^3$）。X 射线衍射（XRD）和高分辨率透射电镜的结果证明，这可能是因为两种硅纳米粒子有相似的非晶态结构，因此通过增加粒子密度来增强的效应会变得越来越弱，并且可能大打折扣，这种想法是合理的。

　　排除密度效应，人们猜测纳米粒子不同的增强效率主要是由于不同粒子-基体的相互作用，包括物理方面和化学方面。实际上，从物理方面来看，两种硅纳米粒子有不同的比表面积值（SSA），主要通过 Brunauer、Emmett 和 Teller 方法测量。热解的纳米颗粒的 SSA 平均值是 $140.5m^2/g$，高于胶粒的 SSA 值 $(108.5m^2/g)$。更高的 SSA 表明粒子与聚合物基体之间的物理吸附会更多。换句话说，二氧化硅纳米颗粒比胶体形成更多的界面区域。从化学方面来看，据报道，热解的二氧化硅纳米粒子通过用 γ-（甲基丙烯酰氧基）丙基三甲氧基硅烷偶联剂进行表面改性。硅烷的双键可能与以丙烯酸盐为基础的聚合物基体反应[10,19]，并会在纳米粒子和聚合物基体之间形成强烈的共价连接。由于物理和化学粒子基体的交互作用，硅烷纳米粒子填充涂料比胶体纳米填料表现出更优越的表面力学性能。

4.3.4 纳米复合涂料的耐磨性

用微型摩擦检测器来评估胶体和纳米粒子的耐磨性。直径 4mm 的钢球（GCr15）在制备的涂料上往复滚动 1h，在以前的工作中详细报告了这一耐磨测试[20]。

样品涂层的磨损量通过白光干涉测量。如图 4.5 所示，随着硅纳米粒子含量的增加，涂层的磨损量大大减少。与单一的涂料相比，含质量分数为 40％纳米粒子涂料的胶体磨损量减少为原来的 1/68，同时含质量分数为 20％纳米粒子涂层减少为原来的 1/102。很明显的是，在相同的纳米颗粒含量下，高热纳米涂层具有比胶体的涂层更少的磨损量。

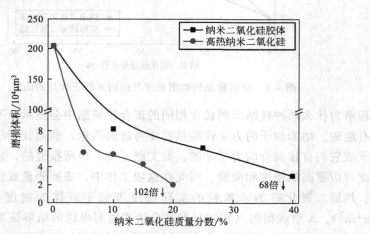

图 4.5 涂层样品的磨损量与硅纳米粒子含量的函数

在磨损测试之后，将已经制备好的涂料的 3D 磨损表面用白光干涉仪观察。发现沿着整齐的涂层的厚度方向有着大量的撕裂和开裂 [图 4.6(a)]，裂缝的长度大约为 $15\mu m$，如箭头所示。然而，胶体和高热纳米涂层的裂缝长度和数量都明显减少了［图4.6（b）和（c）］。含质量分数为40％的胶体纳米硅填充涂料和含质量分数为20％高热纳米硅填充涂料裂缝的长度分别约为0.8μm和0.5μm，这进一步证明了在接触过程中纳米颗粒能抑制裂纹的形成和传播，从而提高纯涂层的抗微动磨损。通过扫描电子显微镜（SEM）观察磨损表面，可以在微观尺度上进一步证明这一点[20]。

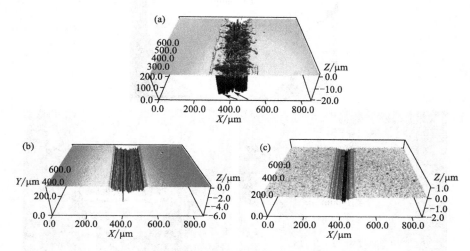

图4.6　在磨损测试之后涂层样品的3D磨损表面
［（a）中的箭头指示在摩擦磨损测试过程中形成的裂缝］
（a）纯涂层；（b）含质量分数为25％的胶体硅纳米粒子；（c）含质量分数为20％的热解硅纳米粒子

这里也讨论了相关的磨损机理。首先，优越的纳米涂料耐磨性可以解释为改善了涂层表面的力学性质（图4.3）。由于这种改进，纳米涂料的表面耐磨性比纯涂层表面表现得更弱。这可以通过钢球相应位置裂缝尺寸的大小来证明。如图4.7所示，纯涂料的裂缝大小、含质量分数为25％胶体纳米硅粒子的涂料和含质量分数为20％热解纳米硅填料的裂缝大小分别约为310μm、140μm和130μm。裂缝尺寸的减小说明，随着纳米颗粒含量的增加，钢球和涂层之间的实际接触减少了；其次，由于磨损测试时制备的涂层受到长期载荷，涂料的疲劳断裂不应该被忽略。据报道，实际上纳米颗粒在静态和动态载荷下都能有效地增韧脆性热固性材料。在纯涂层表面上的大量裂纹［图4.6（a）］表明，纯涂层比纳米涂层抗裂性更差。此外对于纯涂层来说，摩擦副之间可能存在大量的碎片作为垫片，这将使磨损模式从滑动磨损转为摩擦磨损，对于纯涂层来说这会导致更高的磨损量。

4.3.5　纳米复合涂料的腐蚀耐磨性

磨损是一个极其复杂的过程，材料表现出良好的摩擦耐磨性并不一定意味着

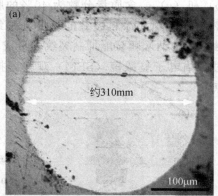

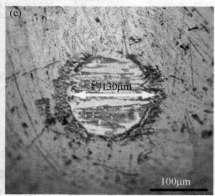

图 4.7　在磨损测试之后留在钢球上的磨损疤痕

(a) 整洁涂层；(b) 含有质量分数为 25% 的胶体硅纳米粒子；(c) 含质量分数为 20% 的热解胶体硅纳米粒子

具有良好的抗冲蚀性，在这项工作中也研究了胶体纳米硅材料涂层的抗冲蚀磨损性能。这里用了两个不同形状的钢腐蚀粒子：具有锋利边缘的直径 $180 \sim 400 \mu m$ 的球 [图 4.8(a)] 和直径 $100 \sim 200 \mu m$ 的圆球 [图 4.8(b)]。以前的工作中已详细报告了其腐蚀性测试[21]。纳米二氧化硅粒子含量对制备好的涂料质量损失的影响如图 4.9 所示，对于锋利边缘的腐蚀 [图 4.9(a)]，随着纳米硅粒子含量的增加，涂层的耐蚀性显著增加。例如在侵蚀时间为 5s 时，含有质量分数为 40% 胶体纳米硅粒子的整洁涂层的质量损失减少了约 58%。然而圆环腐蚀的趋势是不同的 [图 4.9(b)]，涂层的腐蚀耐磨性似乎对纳米二氧化硅粒子的含量不敏感。在相对较短的侵蚀时间内（$10 \sim 30s$），随着纳米二氧化硅粒子含量的增加，涂料的质量损失似乎保持不变；在长时间侵蚀下（$45 \sim 60s$），随着纳米二氧化硅粒子含量的增加，涂料的质量损失小幅度上升。

涂料磨损表面的 SEM 图揭示了磨损机理。当使用角腐蚀时（图 4.10），对于纯涂层发现两个主要特征：①穿过磨损表面的长微裂纹 [由箭头表示在图

图 4.8　有锋利边缘的腐蚀（a）和圆环腐蚀（b）的 SEM 图片

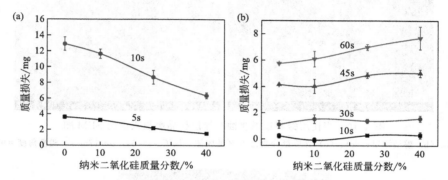

图 4.9　在 90°冲击下的胶体硅粒子含量的质量损失函数
（a）用锋利边缘腐蚀；（b）用圆环腐蚀

4.10(a)中]和一个特写的微裂纹见图 4.10(b)；②在磨损表面产生的无数碎片。相对的是含有质量分数为 40%胶体硅纳米填料涂层，观察不到长裂缝并且碎片也相对较小［图 4.10(c)]。除此之外，在高分辨率扫描电子显微镜照片中虽然可以清楚地观察到众多硅纳米粒子，但没有找到明显的脱胶的纳米颗粒［图 4.10(d)]。这反映了纳米粒子和聚合物树脂之间的黏着力很好。

　　当使用圆环腐蚀时，涂层的磨损表面的 SEM 显微图（图 4.11）不同于锋利腐蚀。如图 4.11(a) 和 (b) 所示，纯涂层在磨损的表面上沿着不同方向长出无数的短裂纹而不是长微裂隙（箭头所示）。此外，纳米涂层的高分辨率扫描电镜显微照片［图 4.11(c)]显示出片状的碎片。

　　如图 4.10 和图 4.11 所示，不同磨损表面以及涂层样品的不同侵蚀反应（图 4.9）应归因于腐蚀粒子不同的形貌。有锐利边缘的角腐蚀可能导致微割或直接在涂层表面开裂，而圆环腐蚀的球面形状可能会导致相对轻微的冲击。假设当圆环腐蚀有角侵蚀发生时可能会引起局部变形而不是在涂层表面微型断裂；当圆环腐蚀的影响重复发生后，额外的疲劳断裂会发生，这是微裂级向各个方向传播的

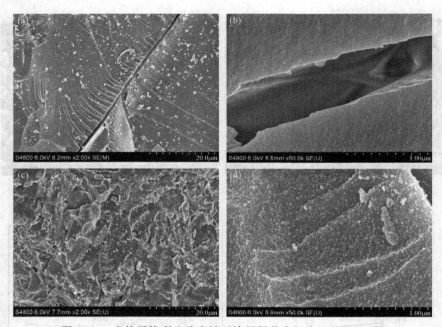

图 4.10　当使用锋利边缘腐蚀时涂层样品磨损表面的 SEM 图
（a）、（b）整洁涂层；（c）、（d）含质量分数为 40％的胶体硅粒子（$t=5s$，$v=17m/s$，碰撞角度$=90°$）

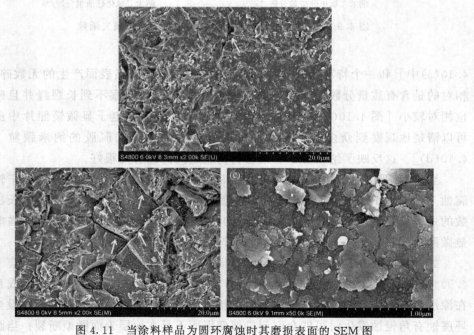

图 4.11　当涂料样品为圆环腐蚀时其磨损表面的 SEM 图
（a）整洁涂层；（b）、（c）含质量分数为 40％的胶体硅粒子（$t=45s$，$v=17m/s$，碰撞角度$=90°$）

特征。总结，当发生角腐蚀时微切割和开裂将会引起侵蚀磨损，当发生圆环腐蚀时，微小变形和随后的表面疲劳磨损机理占主导地位。图 4.12 展示了受到角腐蚀和圆环腐蚀时的涂料样品的磨损过程。

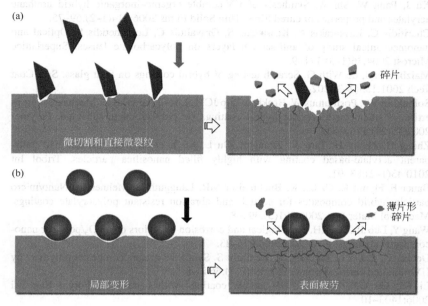

图 4.12　冲蚀磨损原理
（a）使用角腐蚀；（b）使用圆环腐蚀

4.4　总结

这一章研究了充满溶胶凝胶填料形式的和热解二氧化硅纳米粒子填料的纳米涂层的磨损特性。与纯聚合物涂料相比，有均匀分散的纳米粒子的纳米涂层在大多数测试条件下展示出优越的耐腐蚀性和耐磨性，而且同时保持了良好的光学性质。对于改进后的纳米涂层的表面硬度和抗疲劳性的提高主要归因于磨损减缩机理。

致谢

这个项目受到中国科技部和国家自然科学基金（批准号 11225210）一个重要国际合作项目（批准号 2011 dfr50200）的联合支持。

参考文献

[1] Xu J, Pang W, Shi W. Synthesis of UV-curable organic–inorganic hybrid urethane acrylates and properties of cured films. Thin Solid Films 2006;514(1–2):69–75.

[2] Charitidis C, Laskarakis A, Kassavetis S, Gravalidis C, Logothetidis S. Optical and nanomechanical study of anti-scratch layers on polycarbonate lenses. Superlattice Microst 2004;36(1–3):171–9.

[3] Malzbender J, de With G. Scratch testing of hybrid coatings on float glass. Surf Coat Tech 2001;135(2–3):202–7.

[4] Soloukhin VA, Posthumus W, Brokken-Zijp JCM, Loos J, de With G. Mechanical properties of silica-(meth)acrylate hybrid coatings on polycarbonate substrate. Polymer 2002;43(23):6169–81.

[5] Zhang H, Zhang H, Tang L, Zhang Z, Gu L, Xu Y, et al. Wear-resistant and transparent acrylate-based coating with highly filled nanosilica particles. Tribol Int 2010;43(1–2):83–91.

[6] Bauer F, Flyunt R, Czihal K, Buchmeiser MR, Langguth H, Mehnert R. Nano/micro particle hybrid composites for scratch and abrasion resistant polyacrylate coatings. Macromol Mater Eng 2006;291(5):493–8.

[7] Wang Y, Luo JL, Xu ZH. Tribological and corrosion behaviors of Al_2O_3/polymer nanocomposite coatings. Wear 2006;260:976–83.

[8] Decker C, Keller L, Zahouily K, Benfarhi S. Synthesis of nanocomposite polymers by UV-radiation curing. Polymer 2005;46(17):6640–8.

[9] Li FS, Gu GX, Wu LM. UV-curable coatings with nano-TiO_2. Polym Eng Sci 2006:1403–10.

[10] Amerio E, Sangermano M, Malucelli G, Priola A, Voit B. Preparation and characterization of hybrid nanocomposite coatings by photopolymerization and sol–gel process. Polymer 2005;46(25):11241–6.

[11] Stelzig SH, Klapper M, Mullen K. A simple and efficient route to transparent nanocomposites. Adv Mater 2008;20(5):929–32.

[12] Zhang H, Zhang Z, Friedrich K, Eger C. Property improvements of in situ epoxy nanocomposites with reduced interparticle distance at high nanosilica content. Acta Mater 2006;54(7):1833–42.

[13] Muller F, Peukert W, Polke R, Stenger F. Dispersing nanoparticles in liquids. Int J Miner Process 2004;74(Suppl. 1):S31–41.

[14] Chen C, Justice RS, Schaefer DW, Baur JW. Highly dispersed nanosilica-epoxy resins with enhanced mechanical properties. Polymer 2008;49(17):3805–15.

[15] Reindl A, Mahajeri M, Hanft J, Peukert W. The influence of dispersing and stabilizing of indium tin oxide nanoparticles upon the characteristic properties of thin films. Thin Solid Films 2009;517(5):1624–9.

[16] Gojny FH, Wichmann MHG, Kopke U, Fiedler B, Schulte K. Carbon nanotube-reinforced epoxy-composites: enhanced stiffness and fracture toughness at low nanotube content. Compos Sci Technol 2004;64(15):2363–71.

[17] Wengeler R, Teleki A, Vetter M, Pratsinis SE, Nirschl H. High-pressure liquid dispersion and fragmentation of flame-made silica agglomerates. Langmuir 2006;22(11):4928–35.

[18] Bauer F, Sauerland V, Glasel HJ, Ernst H, Findeisen M, Hartmann E, et al. Preparation of scratch and abrasion resistant polymeric nanocomposites by monomer grafting onto nanoparticles, 3—Effect of filler particles and grafting agents. Macromol Mater Eng 2002;287(8):546–52.

[19] Wu LYL, Chwa E, Chen Z, Zeng XT. A study towards improving mechanical properties of sol–gel coatings for polycarbonate. Thin Solid Films 2008;516(6):1056–62.

[20] Zhang H, Zhang H, Tang L-C, Zhou L-Y, et al. Comparative study on the optical, surface mechanical and wear resistant properties of transparent coatings filled with pyrogenic and colloidal silica nanoparticles. Compos Sci Technol 2011;71:471–9.

[21] Zhou L-Y, Zhang H, Pei X-Q, et al. Erosive wear of transparent nanocomposite coatings. Trib Int 2013;61:62–9.

锂离子电池的高性能静电纺丝纳米结构复合纤维阳极

Yuming Chen[1], Xiaoyan Li[1], Limin Zhou[1], Yiu-Wing Mai[1, 2] 和 Haitao Huang[3]

[1] 香港理工大学，机械工程系，中国，香港

[2] 悉尼大学航空航天、机械和机电工程学院，先进材料技术中心（CAMT），澳大利亚，新南威尔士州

[3] 香港理工大学，应用物理系，中国，香港

5.1 引言

　　静电纺丝是一种简单、通用且有前景的方法，用于由多种材料（包括聚合物、陶瓷和复合材料）制备一维（1D）纳米结构纤维[1]。纤维直径从几纳米到几微米的合成纳米纤维，具有特别长的长度、均匀的直径，以及多样化的组成和结构[2]。多功能电纺纳米纤维具有各种优势，如高表面积与体积比和优质的孔隙率，已广泛应用于许多方面，如过滤[3]、传感器[4]、生物材料支架[5]、水处理[1b]和储能[6]。静电纺丝技术最初由 Formhals 于 1934 年提出[7]，他后来和几个研究小组讨论静电纺丝专利，特别是 Reneker 组[8]，通过许多实验和理论研究探讨了关于制备各种类型纳米纤维的方法，并研究了电纺纤维的形成机理。图 5.1 显示了一个典型的静电纺丝装置，它由三大部分组成：高压电源、喷头（针头）和一个接地的收集板（金属屏、金属板或旋转轴）[9]。静电纺丝的基本原理是：①当施加高电压时，聚合物溶液的液滴在喷嘴处带电，感应电荷被分布在液滴的表面。在静电力，包括静电斥力和库仑力的作用下，聚合物溶液的液滴会形成泰勒锥。②由于应用的喷嘴之间的电压应力超过聚合物溶液的表面张力，从而形成射流，然后经历了一个复杂的拉伸和搅拌过程，产生一条长纤维。③由于液体射流的进一步伸长和喷射流中的溶剂的蒸发，可以获得固化的非织造纤维

膜[10]。静电纺丝溶液的物理参数（即电导率、黏度、表面张力）和静电纺丝工艺条件（如电压、喷嘴与收集板之间的距离以及周围环境温度和湿度）控制着纳米纤维的形态和结构[11]。

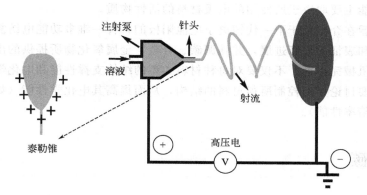

图 5.1　静电纺丝装置

锂离子电池（LIB）提供目前任何可充电电池技术的最高能量密度（约 200W·h/kg），并且它们作为当今大多数消费电子产品（如笔记本电脑、数码相机、手机和其他电子产品）的电源获得了巨大成功[12]，值得一提的是锂电池由于其高功率、高能量密度和循环寿命长的特点，已经广泛用作纯电动汽车（EV）和混合电动汽车（HEV）的替代动力研究[13]。图 5.2 是典型的锂离子电池示意图，由阴极（如 $LiCoO_2$）和阳极（如石墨）组成且在电解质中分离[12]，把这些组分放入含有离解盐的电解质溶液中，使得 Li 离子在阳极和阴极电极之间转移。在锂离子电池中，充电/放电过程中的总反应可以描述为：阳极 Li_xC_6 $\rightleftharpoons 6C + xLi^+ + xe^- (0 < x \leqslant 1)$ 和阴极 $Li_{1-x}MO_2 + xe^- + xLi^+ \rightleftharpoons LiMO_2$，

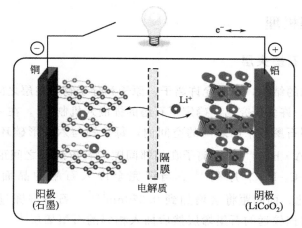

图 5.2　锂离子电池[12]

其中 C 表示石墨，M 表示金属离子（如 Co、Ni、Mn）。在充电过程中，锂离子通过电解质嵌入阳极；电池放电时，从阳极离开并嵌入阴极。在充电/放电时，锂离子在阳极和阴极之间的流动，使电能与化学能相互转换[14]。可充电锂离子电池的性能主要取决于所使用的电极材料的活性物质。

　　本章旨在介绍用于下一代锂离子电池阳极的各种一维多功能电纺复合纳米纤维的合成和表征的最新进展，并强调碳、合金、金属氧化物所提供的出色的能力和较高的机械完整性。不仅要对每种材料类型的结构支撑性能和电化学性能进行研究，还要讨论如何控制所得材料的结构，从而提高其电化学性能（如容量、循环寿命和倍率性能）。

5.2　碳

　　碳是自然界中最丰富的元素，它有多种同素异形体，其中包括石墨、金刚石、碳纳米管（CNT）、碳纳米纤维（CNF）、石墨烯和富勒烯。碳的键主要包括 sp^2 和 sp^3。由于良好的循环性能和环保性，碳质材料是锂离子电池最常用的阳极材料，特别是 1989 年索尼公司发现的石墨。然而石墨只具有 $372mA \cdot h/g$ 的低储存容量，这对应于化学计量的 LiC_6 组合物来说较低[12]，此外另一个缺点是在块体状电极材料内锂离子的化学扩散中限速步骤的速率性能有限。为了提高功率和能量，研究人员设计了许多一维碳纳米材料，包括碳纤维、碳纳米管和混合碳等来解决这些问题。在本节，首先讨论在碳材料中的一些储锂机理，然后介绍所选择的新型高容量电纺碳纳米结构。

5.2.1　储锂机理

5.2.1.1　石墨夹层

　　由于其特殊的结构，石墨允许离子、原子和分子物质在层之间扩散并形成锂嵌入化合物[15]。许多研究已经确定了石墨的锂嵌入机制[16]，在一般情况下，锂可以存储在相邻石墨烯平面之间的空间内，每个锂与六角形碳环构成 LiC_6，理论容量为 $372mA \cdot h/g$[17]。锂离子在相邻间隙的石墨烯层之间形成一个垂直于石墨烯层的 $Li\text{-}C_6\text{-}Li\text{-}C_6$ 序列[18]。当锂完全嵌入石墨的晶面内时，与石墨（0.335nm）相比，面间距将会增加到 $0.370nm$[19]。石墨嵌锂过程遵循逐步机理，锂原子先占据较远的石墨烯层然后插入相邻的石墨烯层[15]。该机制表明相邻的锂原子层相互排斥，与局部反应、横向相互作用和构型熵作用相对抗[15]。

5.2.1.2　共价相互作用

为了提高容量，对各种碳进行制备和研究。由 Sato 等进行实验热解聚对亚苯基得到的碳材料具有最大过剩存储容量，对应的成分为 Li_2C_6[20]。在这些碳锂插入后，石墨烯层之间实现了最大 0.4nm 的间距。核磁共振的结果表明，锂嵌入碳中存在 Li_2，这与常规插层的锂离子不同。图 5.3(a) 显示出了横向相邻的锂原子之间的共价相互作用的概念示意图。由于锂原子之间的共享，共价相互作用在电子结构中起着重要的作用。然而，键距的细节必须进一步研究。

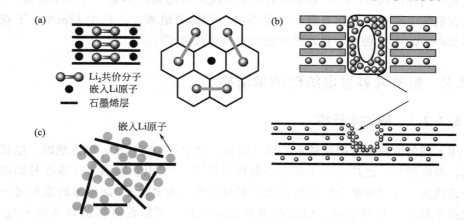

图 5.3　锂存储模式
（a）共价分子 Li_2 内[20]；（b）纳米孔和腔内[15]；（c）孤立的石墨烯片的两面上[22]

5.2.1.3　三维缺陷中的存储（纳米孔和腔）

基于在低温（<1000℃）下处理的碳材料中的空腔和孔进行过量锂存储的另一机制由 Mabuchi 等提出[21]。将聚合物加热至 1000℃ 以下可在所得碳中产生许多空腔[15]。然而当热处理温度再升高时，空腔的数目将减少。图 5.3(b) 显示了三维缺陷的示意图，显示锂以锂簇形式存储在碳的空穴中[15]。

5.2.1.4　界面存储

Xue 和 Dahn[22] 的研究展示了一种用于界面存储的过剩存储容量模型，该模型基于锂被吸附在无序碳中的单个石墨烯片的两侧，因此第二近邻空间也可用于锂的存储，得到高达 740mA·h/g 的高容量 ［LiC_3，图 5.3(c)］。考虑碳材料中缺陷的填充，Dahn 等还提出了"掉牌理论"来解释过量的锂储存[23]。此外，还研究了其他锂存储的区域边界和晶粒边界[24]。

5.2.1.5 杂原子掺杂

掺杂氮、磷和硼等杂原子，可以提高碳材料的储锂性能。Way 和 Dahn 研究掺杂硼对碳材料性能的影响。由于硼在碳晶格中的电子受体效应，产生具有较高的锂嵌入电压，组成 $Li_{1.16}$（$B_{0.17}C_{0.83}$）[25]。第一原理计算显示在掺杂 N（氮）之后 Li 获得较高的吸收能量，而且氮的电负性强于碳的电负性[26]，因此掺杂氮增强了电化学活性和电性能，并因此提高了锂离子存储容量。Reddy 等研究得出通过化学气相沉积（CVD）氮掺杂石墨烯电极具有超高的容量[27]。Wang 等[28]通过在氨气中热处理氧化石墨制备氮掺杂的石墨烯纳米片，并在 42mA/g 下获得约 $900mA \cdot h/g$ 的高容量，循环稳定性得到改善[28]。

5.2.2 新型大容量电纺碳纳米结构

5.2.2.1 碳纳米纤维

用不同的方法制备的碳纳米纤维（例如，化学气相沉积法、激光烧蚀、电弧放电、静电纺丝）已广泛用于锂离子电池阳极[29,30]。电纺碳纳米纤维在长距离上是连续的，可以在整个网格结构提供机械和电气互连[31]。碳纳米纤维的另一个优点是具有大量的空隙，包括晶格和表面空隙，可以促进锂的快速嵌入/脱嵌[32]。作为阳极，电纺碳纳米纤维在 30mA/g 的速率下具有约 $450mA \cdot h/g$ 的可逆容量[33]。此外，可以通过引入孔隙碳纳米纤维通过静电纺丝/碳化过程实现增强电化学性能的目的。与普通的碳纳米纤维相比，合成的多孔碳纳米纤维具有较高的 Brunauer-Emmett-Teller（BET）比表面积和更大的孔体积。多孔结构增强了锂离子的扩散，引入更多的自由度和位置使电极性能更优。例如，将聚合物如聚乳酸（PLLA）引入电纺聚丙烯腈（PAN）纤维中作为碳源可以创建纳米纤维的介孔和大孔[34,35]。这些多孔碳纳米纤维在 50mA/g 下显示出大约 $556mA \cdot h/g$ 的高可逆容量，具有长的循环寿命。使电纺纤维产生微孔的另一种方法是使用活化剂氯化锌活化碳纳米纤维[36]。具有大比表面积和小孔的活化的碳纳米纤维在 50mA/g 下具有大约 $533mA \cdot h/g$ 的更高的锂离子存储能力，与其非活化对应物（即 $410mA \cdot h/g$）相比具有更好的循环稳定性。制备多孔碳纳米纤维主要集中在增加聚合物［如聚（甲基丙烯酸甲酯）(PMMA) 和聚乳酸（PLLA)[37]］和多功能添加剂［如氢氧化钾（KOH）和氯化锌（$ZnCl_2$）作为活化剂］，但是这些方法不能有效地控制孔的数目和直径。为了最大限度地提高多孔结构的优点，结合静电纺丝技术，发明了一种新型的镍基模板的方法。这里通过镍乙酸盐分解形成的镍纳米颗粒充当催化剂，促进镍表面上的非晶碳进入石墨碳，产生包封在石墨碳纳米球中的镍纳米颗粒。酸处理后,镍纳米颗粒溶解,并获得电纺碳纳米纤维(HGCN/CNF)中的中空石墨碳纳米球[6]。在 CNF 中制备的 HGCN 在其不连续的石墨烯片之间具有许多大的壁中 d-间距的缺陷,为锂离子存储提供了额外的空间,并且在锂插入和提取期间承受大体积膨胀和收缩,起到缓冲作用。此外,高导电性碳纳米结构促进了电子在充电和放电过程中的收集和运输[38]。因此,该材料表现出大约 750mA·h/g 的高比值体积容量和在 50mA/g 下大约 1.1A·h/cm³ 的体积容量、优异的高速率性能(在 8.2℃的速率下约 300mA·h/g)和良好的循环稳定性。

5.2.2.2 碳纳米管

碳纳米管是重要的含碳材料,由于其独特的电性能、大的表面体积比、高表面活性,已经得到相当大的关注[14]。许多研究人员研究了锂的嵌入和嵌入机理以及碳纳米管的电化学性能[39]。结果表明,锂离子可以存储在伪石墨层中间或管的中心点之间。对于小的碳纳米管,六边形平面键上的应变可以引起电子的离域,并且促进结构的负电性,从而提高锂离子的嵌入程度。因此碳纳米管的可逆容量可达 460~1116mA·h/g,远远高于石墨的可逆容量,可以实现简单、低成本的电纺制备聚合物基碳纳米管。但是作为阳极,它们具有一些缺点,例如晶化程度低和锂离子存储位点很少。为了开发具有大容量和长寿命的锂离子电池,需要新型的电纺碳纳米管作为阳极材料,也可以采用诸如引入多孔结构和提高石墨化程度的方法以提高电纺碳纳米纤维的容量。Chen 等最近进行了一项研究[11],他们通过与煅烧和酸处理[图 5.4(a)~(c)]结合的新型三同轴电纺丝技术合成了用 HGCN 装饰的无定形碳纳米管(ACNT)的结构。作为阳极,该材料在 50mA/g 下显示出大约 969mA·h/g 的高可逆容量,几乎是石墨的 2.6 倍。此外,制备的碳还显示约 1.42A·h/cm³ 的高体积容量、高达 650 个循环的良好循环稳定性和优异的速率性能[图 5.4(d)]。

容量的改善是由于 ACNT HGCN 的新结构:①中空结构壁的许多孔隙和纳米结构的孔提供更多的锂离子储存空间,产生高容量;②空心纳米孔结构和管状芯作为缓冲结构来承受在充放电过程中的体积变化,增加 ACNT HGCN 电极的循环寿命;③多孔结构和通道促进锂离子的存取和运输,减少锂离子的扩散路径;④复合电极的高电导率进一步提高锂离子的扩散。

电纺多孔碳纳米管和碳纳米纤维是改进碳基阳极性能的一个巧妙的方法,将这些先进结构结合到混合物中进一步增加了容量性能。最近通过新型原位 CVD 结合电纺丝技术制备了具有 1840m²/g 的超高 BET 比表面积和 1.21m³/g 的总孔体积的活性氮掺杂的中空碳纳米管-碳纳米纤维杂化物[图 5.5(a) 和 (b)][11 a]。

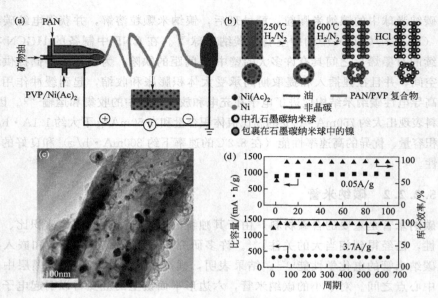

图 5.4   用于制备 ACNT HGCN 的新型三同轴电纺丝技术
的示意图（a）和（b），ACNT HGCN 的 TEM 图像（c），在 0.05A/g 和
3.7A/g ACNT HGCN 电极的循环性能（d）

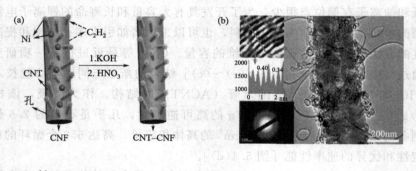

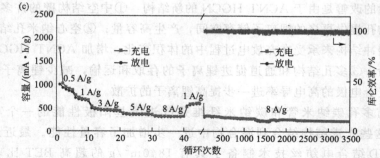

图 5.5   活性氮掺杂中空 CNT-CNF 混合材料设计的示意图（a）、制备的混合材料的 SAED
图和 TEM 图以及碳纳米管壁的石墨烯片的间距线轮廓（b）和相应的电化学性能（c）[11]

PMMA 用于产生孔隙，并且 C_2H_2 是一种碳源，它用于催化碳纳米管生长，碳纳米管是通过电纺 $PAN/Ni(Ac)_2/PMMA$ 复合纳米纤维煅烧形成的氮掺杂碳纳米纤维中的镍纳米颗粒。这种新材料作为阳极，在 70 次循环后在 0.1A/g 下显示出大约 1150mA·h/g 的出色的可逆容量，它表现出出色的倍率性能和超过 3500 次循环的长期稳定性，同时在 8A/g 下保持 80% 以上的容量 [图 5.5(c)]。

5.3 合金

有几种金属可以与锂形成电化学合金，如硅、锡、锗、铝、锌。大家都知道这些合金阳极具有相对于 Li/Li^+ 的中等工作电势，可以避免金属锂电极表面上的沉积，并实现良好的安全性。而且这些合金显示出优异的比容量，远高于石墨的比容量。运行机制由 $M+xLi^++xe^- \longrightarrow Li_xM$ （$x<4.4$，M＝硅、锡等）给出。虽然这些合金的优点很多，如高能量密度和功率密度等，但仍有许多与实际应用相关的问题。例如：这些合金中的主要缺陷是在锂合金化/去合金化过程中的较大的体积变化，而且该体积变化导致活性材料的破裂和粉碎，导致其丧失电触点，容量衰减严重，另外这些合金也具有低电导率，产生低速率能力[14]。

为了应对这些挑战，必须设计和制备最佳电极结构。理想的合金电极结构应具有以下优选特性：①足够的自由空间以适应在充电/放电过程期间合金的体积变化；②电子和锂离子的短传输路径以获得高功率能力；③稳定的固体电解质界面（SEI）膜以实现长的循环寿命。以下部分关注具有高容量、优异的倍率性能和通过静电纺丝的长寿命的纳米结构合金。

5.3.1 硅

硅（Si）是研究最多的阳极材料之一，因为它的成本低，电化学电位低，相对于 Li/Li^+ 为 0.06V，理论容量为 4200mA·h/g，是石墨的 10 倍以上[40]。但是 Si 电极在第一循环期间具有大约 2650mA·h/g 的高容量损失，并且由于达到 400% 的体积变化，因此容量保持率差。此外，由于其低电化学电势，Si 阳极表面将被 SEI 膜覆盖[41]，大的体积变化引起 SEI 膜的破裂，从而使电极表面暴露与电解质进一步反应。这导致继续形成 SEI 膜，进一步消耗电解质。最重要的是，增加 SEI 膜可导致低库仑效率和电极的离子传输的高电阻，降低电极的性能[42]。

众所周知，将块状硅的尺寸减小到纳米级可以避免断裂并提高循环寿命[40,43]。但是电解质仍然可以直接与 Si 反应，并且在充电/放电过程中会有不稳定的 SEI 膜形成。为了克服这些问题，研究人员研究了在 Si 阳极和多孔结构的表面上的涂层的组合。最近的研究通过结合静电纺丝、CVD 和钙化形成新型的双壁 Si-SiO$_x$ 纳米管（DWSiNT）阳极，其中外壁是 SiO$_x$，内壁是活性 Si，其显示出优异的电化学性能［图 5.6(a)］[44]。外部 SiO$_x$ 壳防止 Si 纳米管的外表面的膨胀，并且内部 Si 纳米管表面扩展到纳米管的芯中。此外，在 DWSiNT 中，内 Si 不暴露于电解质，因此在 DWSiNT 的表面上获得稳定的 SEI。这种新颖的纳米管阳极在 C/5 下显示出 1780mA·h/g 的高容量，循环寿命长至 900 个循环，具有剩余的 76% 的初始容量和良好的库仑效率［图 5.6(b)］。该结构也具有优异的速率性能（在 12℃ 下 600mA·h/g），但是电极的导电性低，这限制了速率能力，现在已经合成了封装在多孔碳中的 Si 纳米颗粒来解决这个问题，例如通过单喷嘴电纺技术合成了限制在多孔 CNF 中的 Si 纳米颗粒[45]。使用氢氟酸（HF）来蚀刻 Si-SiO$_x$/CNF 以去除 SiO$_x$，从而获得多孔结构。所得到的多孔硅/碳复合纳米纤维在第一次循环中的库仑效率为 60.5%，其充放电容量分别为 1598mA·h/g 和 2464mA·h/g，100 次后的容量维持为 1104mA·h/g，周期为 0.5A/g，并保持更高的速率能力。此外，通过同轴喷嘴电纺技术制造了具有作为核的 Si 纳米颗粒和作为壳的碳的核/壳结构的纤维[46]。Si 纳米颗粒和 PMMA 的混合物用作内部溶液，PAN 用作外部溶液。PMMA 的分解在 Si 纳米颗粒之间产生了多孔结构。因此，这种独特的结构显示出优异的电化学结果：在 C/10 下具有 1384mA·h/g 的高容量，超常速率容量（12℃ 下 721mA·h/g）和具有 99% 容量保持的 300 次循环的长循环寿命。

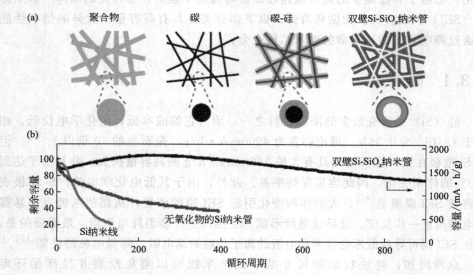

图 5.6　DWSiNT 的制备方法的示意图（a）和在 1V 和 0.01V 之间
测试的不同纳米结构 Si 材料的容量保持（b）[44]

5.3.2 锡

锡（Sn）是锂离子电池最重要的阳极材料之一，因为它具有 $Li_{4.4}Sn$ 的约992mA·h/g 的高理论容量和温和的插入/提取潜力。尽管有这些优点，但由于其体积变化大和锡颗粒聚集引起的循环寿命差，其商业化受到很大阻碍。由于其具有高 BET 比表面积、定向电子传导机制和机械完整性，一维纳米结构的锡作为锂离子电池的阳极材料具有重要意义。通过添加碳材料可以提高整个电极的导电性，提高 Sn 阳极的性能。最近，通过单喷嘴静电纺丝技术结合随后的煅烧，报道了包封在多孔多通道碳纳米管中的 Sn 纳米颗粒的新纳米结构[47]。首先电解PMMA/PAN/Sn 辛酸盐混合物的静电纺丝溶液来制备复合纳米纤维，然后在 Ar/H_2 中煅烧以获得所得材料。由 PMMA 分解形成的多孔结构在锂化/脱锂过程中不仅提供了容纳体积膨胀的空间，而且还能够更好地输送锂离子，为电子和锂离子提供传输路径的碳基导电网络能够获得更好的速率能力。因此，制备的Sn/C 材料显示出 774.4mA·h/g 的高可逆容量。此外，该材料在 140 次循环后仍具有 648mA·h/g 的高容量，这比 Sn 纳米颗粒电极的性能要好得多。另外，在 50 个周期之后复合电极的特定容量在 2℃ 下为 570mA·h/g，在 10℃ 下为295mA·h/g，显示出优异的倍率性能和稳定的循环性能。通过同轴静电纺丝和煅烧[48]，报道了类似于包裹在竹子状空心 CNF 中的 Sn@C 纳米粒子的工作。首先，使用三丁基锡（TBT）和矿物油的内部溶液以及外部 PAN 溶液通过同轴静电纺丝制备同轴纳米纤维前驱体。其次，用正辛烷处理收集的前驱体以提取矿物油产生中空结构。最后，将中空纳米纤维在 1000℃ 下在 Ar/H_2 中进一步热解以获得中空混合材料。该复合材料在 0.5℃ 下 200 次循环后显示出 737mA·h/g的高可逆容量。此外，它还显示出良好的速率能力：1℃ 时为 650mA·h/g，3℃时为 550mA·h/g，5℃ 时为 480mA·h/g。这些表明，通过设计具有孔隙和导电支撑体等优点的纳米结构，可以实现具有高容量、优异的倍率性能和长循环寿命的 Sn 基阳极。

5.3.3 锗

除了 Si 和 Sn 之外，锗（Ge）也是作为有应用前景的阳极材料而引起关注的重要元素。Ge 电极具有 1600mA·h/g 的高容量，并且还会由于在 Li 合金化/脱合金化过程中的高体积变化而引起不良循环性能[49]。用于提高 Si 和 Sn 的性能的方法也可以用于增加 Ge 阳极的电化学性能。例如，通过使用 PAN 和 Ge 纳米颗粒在 N,N-二甲基甲酰胺（DMF）中的混合物作为静电纺丝溶液的电纺技术制备了 CNF 中具有 Ge 纳米颗粒的 Ge/C 复合纳米纤维[50]。所获得的 Ge/C 复合纳米纤维具有约 250nm 的平均直径，并且包封在 CNF 中的 Ge 纳米颗粒的尺寸为 20～50nm。合成的复合材料显示 1385mA·h/g 的高特异性放电容量和 810mA·h/g 的充电容量，具有 53% 的相对低的库仑效率。此外，这些材料在 50mA/g 的速率下 50 次循环后表现出约 750mA·h/g 的稳定容量。Ge 电极的电化学性能的进一步改进可以通过减小 Ge 粒径，引入多孔结构，并涂覆一些导电模板如碳和聚合物来实现。

5.4 金属氧化物

由于金属氧化物的化学和物理性质以及高可逆容量（＞500mA·h/g）的特点，已经预期将其作为 LIB 的潜在阳极材料。根据反应机理，存在三种类型的金属氧化物阳极[51]：第一种是 Li 合金反应机理（$M_xO_y + 2yLi^+ + 2ye^- \longrightarrow xM + yLi_2O$ 和 $M + zLi^+ + ze^- \Longrightarrow Li_zM$）；第二种是插入/提取反应机理，其中 Li 插入金属氧化物晶格中并从中提取（$MO_x + yLi^+ + ye^- \Longrightarrow Li_yMO_x$）；第三种是包括 Li_2O 的形成和分解伴随金属颗粒（$MO_x + 2xLi^+ + 2xe^- \Longrightarrow M + xLi_2O$）的还原和氧化的转化反应机理。

5.4.1 锂合金反应机理

SnO_2 是该组中典型的金属氧化物，并且在第一次充电期间通过与氧结合可以与 Li 反应形成 Li_2O 和 Sn[52]，所产生的 Sn 继续与 Li 以 Li 的上限形式合金化，其具有 783mA·h/g 的理论容量[53]。然而通过 Li-Sn 合金脱锂形成的 Sn 相容易聚集，导致由 Sn 体积变化和 Li_2O 基体破坏引起的高容量损失[54]。已经研究了许多改进以改善 SnO_2 的循环性能和库仑效率的方法，其中解决这些问题的有效方法之一是设计具有高比表面积的一维纳米结构的 SnO_2。已经开发了电纺丝 SnO_2 纳米纤维来改善 SnO_2 电极的电化学性质，因此通过静电纺丝 Sn-2-乙基己酸酯-PAN 溶液，然后热煅烧制备 SnO_2 纳米纤维[55]。SnO_2 纳米纤维在 0.1mA/g 下显示 1650mA·h/g 和 824mA·h/g 的初始高放电和电荷可逆容量，并且在 50 次循环后在 0.1mA/g 下维持 477.7mA·h/g。为了提高电极的速率性能，首先通过静电纺丝，然后煅烧合成直径约 200nm 的多孔电纺丝 SnO_2 纳米管[56]，所得到的阳极在 0.18A/g 的电流密度下在 50 次循环之后提供大约 807mA·h/g 的高放电容量。然而由于电解质中的一些分解反应，SnO_2 纳米管的实现受到高容量衰减的阻碍。为了解决这个问题，各种 SnO_2-碳复合纳米纤维通过电纺丝和钙化制造。SnO_2 纳米颗粒/纳米晶体粒径范围从 5nm 到 30nm 均匀分布在 CNF 基质中[57]，碳质基质充当缓冲区不仅用于调节 SnO_2 颗粒的聚集，而且耐受高体积变化，因此制备的复合材料在 0.1A/g 下表现出 400～900mA·h/g 的容量，具有比 SnO_2 纳米纤维更长的循环寿命。此外，Ni 掺杂还可以增强 SnO_2-CNF 阳极[58]，由于通过 CNF 的更有效的电子转移，在 100 次循环后显示出高容量保持率。虽然通过引入 Ni 提高了稳定性，但是仍然可以观察到巨大的团聚体，这促进了阳极的粉碎。

最近，用于锂电池的薄膜形式的独立电极已经赢得了广泛关注。因为它不需要添加黏合剂或活性炭，所以重量更轻和体积更小[59]，而且由于没有黏合剂，所以可以保证活性材料和集电器之间的紧密电接触。SnO_x 颗粒可以负载在薄膜基材例如氧化石墨烯（GO）、CNF 和 CNT 上，以制备独立的 SnO_x-碳薄膜。使用 GO 纸可以实现 GO-SnO_x 电极的优异的容量保持，但是导致由石墨烯片之间的差导电性引起的低速率能力[60]。然而，与石墨烯相比，CNT 或 CNF 的膜能够实现更好的动力学性能，因为是用于 Li 离子转移的纤维内部通道[61]。这种方法的一个重大突破 [图 5.7(a)] 是利用电纺丝 CNF 来支持 SnO_x 颗粒[62]。在 750℃ 下加热的独立电纺超细 SnO_x-CNF 复合阳极在 0.5A/g 下 100 次循环后显示出 674mA·h/g 的出色容量 [图 5.7(b)]；在 0.5A/g、1A/g、1.5A/g 和 2A/g 时，制备的材料还分别具有 722mA·h/g、654mA·h/g、567mA·h/g 和 468mA·h/g 的高比容量，显示出良好的倍率性能 [图 5.7(c)]。此外，加热温度影响所得复合阳极的性能。它们的高性能可归因于独立的优点，例如不存在黏合剂和密切的电接触。

5.4.2　插入反应机理

通过插入反应机理储存 Li 的几种金属氧化物是很有吸引力的阳极材料，因为它们成本低、循环寿命长、工作电位高和无毒性[63]。因为 Li 只能储存在它们的空位中，所以这些金属氧化物具有相对低的比容量。使用在乙醇和乙酸中的聚乙烯吡咯烷酮（PVP）和异丙醇钛（TIP）的混合物[64] 获得电纺丝 TiO_2 纳米纤维，在 0.15mA/g 下第一个循环中分别显示约 120mA·h/g 和 175mA·h/g 的特定充电和放电容量，这低于 TiO_2 纳米颗粒（约 270mA·h/g）的值，这是因为在 TiO_2 纳米纤维中存在更多的表面孔隙，阻碍了电子传导和 Li 离子扩散。但与 63% 的 TiO_2 纳米颗粒相比，50 个周期后衰退 23% 容量的 TiO_2 纳米纤维显示更好的循环稳定性。Lu 等[65] 开发了 TiO_2 纳米纤维阳极的 3D 纳米结构，

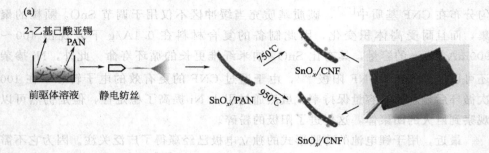

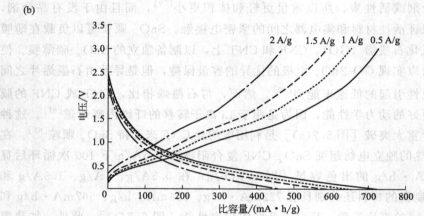

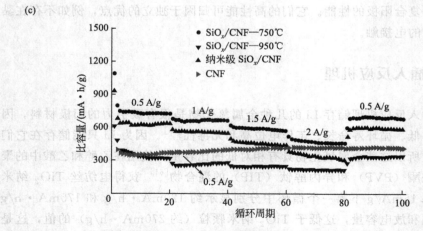

图 5.7　SnO_x-CNF 的示意图（a）、充/放电（b）和
不同电流下 SnO_x-CNF 的循环性能（c）[62]

其在 0.5℃ 下提供约 192mA·h/g 的容量、每个周期 1% 的损失，在 1.5℃ 下约 170mA·h/g 的容量、每个周期 1.6% 的损失，表明了 Li 离子扩散和倍率能力增强。

许多研究团队已经证明，将碳质材料（例如石墨烯和 CNT）插入 TiO$_2$ 纳米纤维中，可以大大改善电池性能[66]。增强的性能归因于：①碳基质可以改善 TiO$_2$ 电极的电子导电性；②多孔结构得到大的锂通量和缩短锂扩散长度，从而改善与锂相关的动力学；③多孔碳质材料具有高容量。例如：由 TIP 和 CNT 的溶液制成的电纺 TiO$_2$-CNT 复合阳极显示出好的稳定性，在 10～800 次循环时容量损失为 8%[67]。电纺 TiO$_2$-石墨烯复合纳米纤维电极在 33mA/g 的电流速率下分别表现出 260mA·h/g 和 185mA·h/g 的初始放电和充电容量[68]。此外，该阳极表现出优异的循环稳定性，在 100 次循环后具有 153mA·h/g 的比容量，在几次初始循环后具有 99% 的高库仑效率。另一项研究是电纺 TiO$_2$-碳复合纳米纤维，它还具有出色的循环稳定性和 206mA·h/g 的高可逆特性，在 30mA/g 时可达 100 次循环，库仑效率高达近 100%[69]。但是难以将碳和多孔结构均匀地结合到 TiO$_2$ 基体中。为了解决这个问题，通过简单的同轴静电纺丝技术制备了一种新型的一维多孔 TiO$_2$-CNF，其中 PMMA 作为牺牲组分以产生孔隙和聚苯乙烯（PS）作为碳源[70]。合成材料包含许多孔，锂离子可以从外部空间输送到内部空间，激活整个电极 [图 5.8(a) 和（c）]。此外，碳质材料不仅提供了辅助电子转移的导电网络，而且促进锂离子扩散，产生更好的速率能力。作为阳极，制备的材料在第一循环时递送约 806mA·h/g 的高可逆容量和约 1.2A·h/cm 的高体积容量，并且在 250℃ 循环后以 0.1A/g 保持约 680mA·h/g 的容量 [图 5.8(b)]。此外，由于改进的导电性，可以通过电纺丝掺杂 N 改善 TiO$_2$ 纳米材料的电化学性质。N 掺杂的空心 TiO$_2$ 纳米纤维在 2℃ 的电流速率下提供 85mA·h/g 的高可逆容量，约为 TiO$_2$ 纳米纤维（45mA·h/g）的 2 倍[71]。

5.4.3 转化反应机理

许多过渡金属氧化物（MO$_x$，其中 M＝Fe、Cu、Co、Ni、Gr、Ru 等）遵循电极反应期间的转化反应机理[51a]。在第一次锂化时，这些氧化物与 Li$_2$O 一起转化为金属，然后在脱锂后返回其初始组分。作为阳极，由于可以在转化反应中使用超过一个电子，这些金属氧化物提供高的特定可逆容量和高能量密度。然而，它们还具有许多缺点，包括不稳定的 SEI 膜、大的电位滞后、大的体积变化和在第一循环的低库仑效率。为了解决这些问题，已经研究了一维纳米结构金

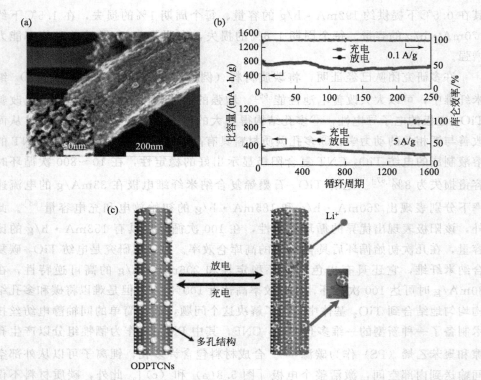

图 5.8　ODPTCNs 的 TEM-SEI 图像（a）0.1A/g 和 5A/g 的 ODPTCNs 的
循环性能（b）和 ODPTCNs 内的 Li⁺ 插入和脱嵌过程的示意图（c）（见彩图 5.8）

属氧化物和金属氧化物-碳复合材料。下面研究几种典型的金属氧化物，例如氧
化镍、氧化铁、氧化钴、氧化锰和 ZnB_2O_4（B=Fe、Mn 或 Co）。

5.4.3.1　氧化镍

氧化镍（NiO）是一种用于锂电池的有吸引力的基于转化反应的阳极材料，
由于其低成本，无毒性和 718mA·h/g 的高理论容量的特性[72]。但是由于其具
有 4.3eV 带隙的半导体/绝缘特性和在充电/放电过程中的体积变化，NiO 具有
较差的循环寿命。若将其形态转化为一维纳米结构可以解决这些问题，而高性能
一维 NiO 纳米纤维可以通过静电纺丝结合热处理制备[73]，使用的是乙酸镍和聚
（乙酸乙烯酯）在 DMF 和乙酸混合溶剂中的前驱体溶液。得到的 NiO 纤维作为
阳极，在 0.08A/g 的电流速率下产生 1280mA·h/g 和 784mA·h/g 的大的初始
放电和充电容量。在 0.1A/g 条件下循环 100 次后，电池的充电容量为 583mA·h/
g，这是其初始充电容量的 75%，显示出良好的循环稳定性。此外，电池还显示
出良好的速率性能，在 0.2A/g 下为 675mA·h/g，在 1A/g 下为 543mA·h/g，

在 2A/g 下为 409mA・h/g，在 8A/g 下为 204mA・h/g。

与纳米 NiO 相比，一维纳米结构显著提高了 NiO 的容量。然而，NiO 电极的循环寿命仍然不能令人满意[74]。因为作为支持基质的无活性或活性较低的组合物可缓冲体积变化，合成了具有更好的体积变化能力的新型的杂化材料以增强循环寿命。新型多孔 NiO-ZnO 杂化纳米纤维是由硝酸镍、硝酸锌和 PVP 组成的混合电纺丝[75]，这些复合纳米纤维由 NiO 和 ZnO 纳米晶体之间的许多相互连接的纳米孔构成。这种新型电极在 120 次循环后以 0.2A/g 的速率显示出了 949mA・h/g 的容量，这个值是非常高的，表明了良好的循环寿命。混合电极还提供了优异的速率能力。在 0.2A/g、0.4A/g、0.8A/g、1.6A/g 和 3.2A/g 时，电极具有分别为 1034mA・h/g、993mA・h/g、917mA・h/g、828mA・h/g 和 707mA・h/g 的高放电容量。这些结果证实了多孔结构、纳米结构和异质结构对所得材料的性能的重要影响。

5.4.3.2　钴氧化物

氧化钴，例如 Co_3O_4 和 CoO，也可以用作锂电池的阳极。氧化钴的理论容量基于其化学/物理结构，其值在 715～890mA・h/g 之间变化[76]。由于大体积变化和不稳定的 SEI 膜引起的差的容量保持性，基于氧化钴的阳极材料仍未用于锂电池中，但是一维氧化钴纳米纤维是缓解这些问题的有前景的阳极材料。例如：Ding 等[77] 合成的 Co_3O_4 纳米纤维由硝酸钴和 PVP 的乙醇溶液制备，并将其作为阳极材料，这些纤维直径约为 200nm 的 Co_3O_4 纳米纤维显示 1336mA・h/g 的初始容量，然后达到 604mA・h/g 直到 40 次循环。类似地，Gu 等[78] 使用柠檬酸作为螯合剂获得 Co_3O_4 纳米纤维，以获得适合电纺丝的黏度。作为阳极的电纺 Co_3O_4 纳米纤维在 0.05A/g 的电流密度下具有 816mA・h/g 的高初始放电容量，接近其 890mA・h/g 的理论容量。在 20 次循环后，放电容量仍保持在 741mA・h/g，容量损失为 9.2%，证明良好的循环稳定性。

值得注意的是，将石墨烯片引入 Co_3O_4 基质改善了 Co_3O_4 阳极的性能。如图 5.9(a) 所示，通过静电纺丝和渗透合成了一种新型的石墨烯纳米片-Co_3O_4 纳米纤维复合纸[79]。通过石墨烯片涂覆电纺 Co_3O_4 纳米纤维以形成 3D 结构纸，这种新型纸不仅促进了 Co_3O_4 和石墨烯片之间的电子传输和固体接触，而且提供了在 Li^+ 插入/提取过程中适应 Co_3O_4 的体积变化的空间。结果表明该复合纸阳极显示出非常大的约 1005mA・h/g 的初始容量，并且在 100mA/g 的电流速率下在 40 次循环后保持约 840mA・h/g 的容量，并且在前几个周期之后库仑效率仍高于 95%。该性能远高于 Co_3O_4 和石墨烯纸电极的性能 [图 5.9(b)]。此外，与 Co_3O_4 电极相比，复合电极还表现出更好的速率容量。在 0.2A/g、0.3A/g、

0.5A/g 和 1A/g 时，复合纸的比容量分别约为 900mA·h/g、754 mA·h/g、500mA·h/g 和 295mA·h/g。

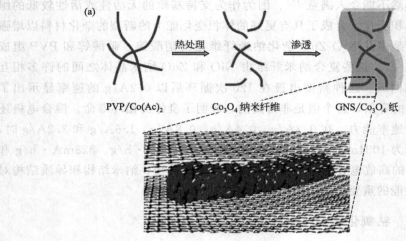

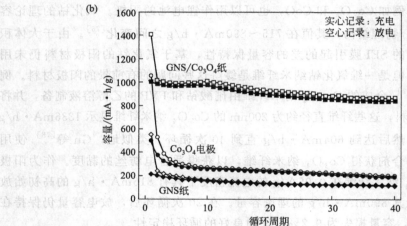

图 5.9   GNS/Co₃O₄ 复合纸的示意性制造（a）；GNS/Co₃O₄ 复合纸、GNS 纸和 Co₃O₄ 电极在 0.1A/g 下的循环性能（b）[79]

5.4.3.3   铁氧化物

铁氧化物如赤铁矿（Fe_2O_3）和磁铁矿（Fe_3O_4）可以通过转化反应储存六个或八个锂（即 $Fe_2O_3 + 6Li \longrightarrow 3Li_2O + 2Fe$ 和 $Fe_3O_4 + 8Li \longrightarrow 4Li_2O + 3Fe$），若作为阳极可以分别提供 1007mA·h/g 和 926mA·h/g 的高理论比容量[72]。氧化铁含量丰富、成本低，并对环境友好[80]。然而，由于较差的锂化/脱锂动力学，氧化铁基阳极的实际应用受到较差的循环寿命和较大的极化的限制。几个研究已经表明，静电纺丝 Fe_2O_3 纳米纤维[81] 或纳米棒[82] 通过 PVP/乙酰丙酮铁络合物复合前驱体和煅烧，然后作为阳极在 0.05℃时纳米棒显示出的高可逆容量为 1095mA·h/g，在 0.06℃时为 1293mA·h/g。对于具有优异的循环稳定性和倍率性能的纳米纤维，其高性能归因于具有高表面积的互连多孔结构。将纳米级氧化铁结合在碳基质中可以进一步增加电极的电化学性质。碳基质改善了电极的导电性并适应循环期间的巨大应力。氧化铁纳米颗粒提供高容量和辅助电子/离子扩散。实际上，这些氧化铁/碳复合材料也增强了初始可逆容量和库仑效率。因此，当用作锂电池的阳极时，这些纳米结构的氧化铁-碳复合材料显示出高的可逆容量、长的循环寿命和良好的倍率性能。因此，封装在由 $FeCl_3$ 和 DMF 中的 PAN 静电纺丝的 CNF_2 中的 Fe_2O_3 纳米颗粒在 50mA/g 的电流密度下显示约 604mA·h/g 的初始放电容量，具有约 60% 的库仑效率[83]。在 75 次循环后，可逆容量仍然保持在约 488mA·h/g，对应于 81% 的容量保持率，表明缓慢的容量损失。

5.4.3.4 锰氧化物

锰氧化物（包括 Mn_2O_3、Mn_3O_4 和 MnO）对于锂电池来说可能是很有吸引力的阳极材料，因为它们的理论容量为 $700\sim1000$mA·h/g[84]。基于氧化锰的阳极还在充电/放电期间发生大的体积变化。为了适应体积变化并增强这些阳极的循环稳定性，合成了纳米结构的锰氧化物，例如 MnO 纳米晶体[85]、MnO 膜[86] 和 MnO_x 纳米线[87]。在 Mn_3O_4 中用 Co[88] 或 Zn[89] 代替 Mn 也提高了它们的性能。多孔锰氧化物/碳复合纳米纤维最近通过电纺 PAN/乙酸锰混合物，然后煅烧来进行制备[90,91]。并且发现这些 MnO_x/C 纳米纤维具有波纹的表面形态，纤维直径的变化很大。作为阳极，它们在 50mA/g 的电流密度下分别具有 1155mA·h/g 和 785mA·h/g 的初始充电和放电容量。在 50 次循环后，这些电极的高容量为 600mA·h/g，对应于初始可逆容量的 76%。并且当在更高的电流密度下循环时，这些复合阳极显示出良好的倍率性能。此外，MnO_x/C 复合纳米纤维通过电沉积 MnO_x 纳米粒子到来自 PAN 煅烧的电纺 CNFs 上获得[80]。这些纳米结构复合阳极在 50mA/g 的电流密度下 50 次循环后得到约 500mA·h/g 的稳定容量。在 500mA/g 下，也达到 400mA·h/g 的稳定容量。

5.4.3.5 ZnB_2O_4（B=Fe、Mn 或 Co）

尽管基于转化反应的钴氧化物显示出高容量和良好的循环能力，但是它们有毒且价格高。因此，研究人员已经多次尝试代替钴氧化物中的钴，其中部分使用环保和便宜的元素如 Zn、Fe、Mg 和 Ni。特别有趣的是，Zn 离子可以部分地替代二元金属氧化物的金属离子以形成其三元异构结构（例如 $ZnCo_2O_4$、$ZnMn_2O_4$ 和 $ZnFe_2O_4$）。在尖晶石 Co_3O_4 中的四价位置处，通过 Zn^+ 替代 Co^+，$ZnCo_2O_4$ 是非常有吸引力的阳极，因为锌和钴相对于锂都是电化学活性的。Luo 等[92] 报道了通过电纺丝和热处理制备的多孔 $ZnCo_2O_4$ 纳米管 [图 5.10(a)]。这些多孔 $ZnCo_2O_4$ 纳米管具有 200~300nm 直径，管壁（约50nm 厚）包括互连的 $ZnCo_2O_4$ 纳米晶体和许多纳米孔 [图 5.10(b)]。当用作锂电池的阳极时，它们在 100mA/g 的电流密度下在 30 次循环后传递非常高的 1454mA·h/g 的容量，其远高于 903mA·h/g 的理论容量。在 2000mA/g 的较高电流密度下，在 30 次循环后获得 794mA·h/g 的容量。所制备的纳米管的优异性能是其具有许多活性位点的新型结构的结果。独特的多孔管结构可以缓解循环过程中体积变化引起的应变，并促进液体电解质扩散。高表面积缩短了锂离子扩散的传输路径。$ZnMn_2O_4$ 和 $ZnFe_2O_4$ 也因其低成本和高容量而引起广泛关注。静电纺丝也是形成一维纳米结构 $ZnMn_2O_4$ 和 $ZnFe_2O_4$ 纳米材料的有效方法。Teh 等[93] 展示了通过电纺丝和热处理的组合合成的电纺 $ZnMn_2O_4$ 纳米结构（纳米棒、纳

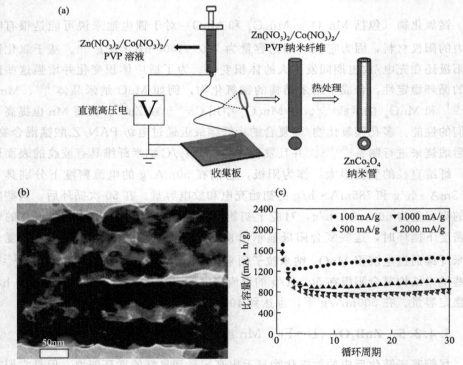

图 5.10 多孔 $ZnCo_2O_4$ 纳米管的制造工艺（a）、多孔 $ZnCo_2O_4$ 纳米管的
TEM 图像（b）和多孔 $ZnCo_2O_4$ 纳米管电极的循环性能（c）[94]

米纤维和纳米纤维网）。$ZnMn_2O_4$ 纳米结构显示出大约 1469mA·h/g（纳米纤维）和 1526mA·h/g（纳米线）的高容量，并且在 60mA/g 下 50 次循环后分别维持在 705mA·h/g 和 530mA·h/g。通过静电纺丝制备的 $ZnFe_2O_4$ 纳米纤维阳极在 60mA/g 的电流速率下也显示高达 30 次循环的 733mA·h/g 的高可逆容量[94]。

5.5 静电纺丝复合纤维阳极在实际电池中面临的挑战

在过去几年中，已经开发了各种电纺纳米结构复合纤维以改善阳极的性能，例如碳材料、金属氧化物、合金及其混合物[95]。但是在实际电池单元中使用这些电纺纳米结构仍然存在许多挑战[74]，例如：在这些电纺纳米结构材料中可存在高的初始容量损失。大多数纳米结构碳、金属氧化物和合金呈现高的初始不可逆容量，因为它们表现出高表面积和高度多孔结构，消耗许多 Li 离子以形成 SEI 膜或参与其他副反应[51b]。另外，这些电纺复合纳米纤维由于低纳米纤维包装密度导致的低体积密度而具有低体积容量，这是它们用作锂电池电极的主要缺点之一。为了实现实际锂电池的行业级发展，需要解决这些问题。在第一循环中这些纳米结构的低库仑效率可以通过引入封闭孔来解决，封闭孔仅允许没有电解质的 Li^+ 进入并且在阳极的表面上形成钝化层。低纳米纤维填充密度也可以通过制造连续排列的纤维来解决，这大大增强了纤维的体积密度[96]。

5.6 结论

近年来，一维多功能电纺纳米结构复合阳极已经在储能应用方面获得了巨大的希望和潜力。通过简单和低成本的静电纺丝技术制备的复合纳米纤维作为阳极可以克服与电化学性能和安全性相关的一些问题。这些具有高表面积和多孔结构的用作电极的材料具有许多优点，包括更短的 Li 离子扩散途径、更快的 Li 反应动力学和机械完整性，产生高功率和能量密度，而且连续纤维网络提供整个结构的机械和电气互连，其可以直接用作无黏合剂和导电添加剂的独立电极。然而在商业应用之前仍然存在许多挑战。将来应进一步研究纳米结构纳米纤维与这些纳米结构电极的电化学性质之间的关系。纳米结构材料中的 Li 离子存储机理以及电极和电解质之间的界面处的动力学传输也需要更深入的理解。

致谢

作者感谢香港特别行政区的研究资助委员会（polyu5349/10E 和 polyu5312/12E）及香港理工大学（1-bd08）的资助。

参考文献

[1] (a) Li D, Xia YN. Electrospinning of nanofibers: reinventing the wheel? Adv Mater 2004;16(14):1151–70. (b) Li X, Wang F, Qian Q, Liu X, Xiao L, Chen Q. Ag/TiO₂ nanofibers heterostructure with enhanced photocatalytic activity for parathion. Mater Lett 2012;66(1):370–3. (c) Li X, Qian Q, Zhang W, Wei W, Liu X, Xiao L, Chen Q, Chen Y, Wang F. Preparation and characteristics of LaOCl nanotubes by coaxial electrospinning. Mater Lett 2012;80:43–5. (d) Li X, Chen Y, Qian Q, Liu X, Xiao L, Chen Q. Preparation and photoluminescence characteristics of Tb-, Sm- and Dy-doped Y₂O₃ nanofibers by electrospinning. J Luminescence 2012;132(1):81–5.

[2] Chen Y, Qian Q, Liu X, Xiao L, Chen Q. LaOCl nanofibers derived from electrospun PVA/lanthanum chloride composite fibers. Mater Lett 2010;64(1):6–8.

[3] Gopal R, Kaur S, Ma Z, Chan C, Ramakrishna S, Matsuura T. Electrospun nanofibrous filtration membrane. J Memb Sci 2006;281(1–2):581–6.

[4] Wang B, Luo L, Ding Y, Zhao D, Zhang Q. Synthesis of hollow copper oxide by electrospinning and its application as a nonenzymatic hydrogen peroxide sensor. Colloids Surf B Biointerfaces 2012;97:51–6.

[5] Riboldi SA, Sampaolesi M, Neuenschwander P, Cossu G, Mantero S. Electrospun degradable polyesterurethane membranes: potential scaffolds for skeletal muscle tissue engineering. Biomaterials 2005;26(22):4606–15.

[6] Chen Y, Lu Z, Zhou L, Mai Y-W, Huang H. In situ formation of hollow graphitic carbon nanospheres in electrospun amorphous carbon nanofibers for high-performance Li-based batteries. Nanoscale 2012;4(21):6800–5.

[7] Anton F. Process and apparatus for preparing artificial threads. Google Patents; 1934.

[8] (a) Yarin AL, Koombhongse S, Reneker DH. Taylor cone and jetting from liquid droplets in electrospinning of nanofibers. J Appl Phys 2001;90(9):4836–46. (b) Yarin AL, Koombhongse S, Reneker DH. Bending instability in electrospinning of nanofibers. J Appl Phys 2001;89(5):3018–26.

[9] Dzenis Y. Spinning continuous fibers for nanotechnology. Science 2004;304(5679):1917–19.

[10] Spivak AF, Dzenis YA, Reneker DH. A model of steady state jet in the electrospinning process. Mech Res Commun 2000;27(1):37–42.

[11] (a) Chen Y, Li X, Park K, Song J, Hong J, Zhou L, et al. Hollow carbon-nanotube/carbon-nanofiber hybrid anodes for Li–ion batteries. J Am Chem Soc 2013;135(44):16280–16283. (b) Chen Y, Lu Z, Zhou L, Mai Y-W, Huang H. Triple-coaxial electrospun amorphous carbon nanotubes with hollow graphitic carbon nanospheres for high-performance Li ion batteries. Energy Environ Sci 2012;5(7):7898–902.

[12] Goodenough JB, Park K-S. The Li–ion rechargeable battery: a perspective. J Am Chem Soc 2013;135(4):1167–76.

[13] Wu Y, Reddy MV, Chowdari BVR, Ramakrishna S. Electrochemical studies on electrospun Li(Li1/3Ti5/3)O4 grains as an anode for Li–ion batteries. Electrochim Acta 2012;67(0):33–40.

[14] Ji L, Lin Z, Alcoutlabi M, Zhang X. Recent developments in nanostructured anode materials for rechargeable lithium–ion batteries. Energy Environ Sci 2011;4(8):2682–99.

[15] Kaskhedikar NA, Maier J. Lithium storage in carbon nanostructures. Adv Mater 2009;21(25–26):2664–80.

[16] Noel M, Santhanam R. Electrochemistry of graphite intercalation compounds. J Power Sources 1998;72(1):53–65.

[17] Winter M, Besenhard JO, Spahr ME, Novak P. Insertion electrode materials for rechargeable lithium batteries. Adv Mater 1998;10(10):725–63.

[18] Tran T, Kinoshita K. Lithium intercalation deintercalation behavior of basal and edge planes of highly oriented pyrolytic-graphite and graphite powder. J Electroanal Chem 1995;386(1–2):221–4.

[19] Song XY, Kinoshita K, Tran TD. Microstructural characterization of lithiated graphite. J Electrochem Soc 1996;143(6):L120–3.

[20] Sato K, Noguchi M, Demachi A, Oki N, Endo M. A mechanism of lithium storage in disordered carbons. Science 1994;264(5158):556–8.

[21] Mabuchi A, Tokumitsu K, Fujimoto H, Kasuh T. Charge–discharge characteristics of the mesocarbon microbeads heat-treated at different temperatures. J Electrochem Soc 1995;142(4):1041–6.

[22] Xue JS, Dahn JR. Dramatic effect of oxidation on lithium insertion in carbons made from epoxy resins. J Electrochem Soc 1995;142(11):3668–77.

[23] Dahn JR, Xing W, Gao Y. The "falling cards model" for the structure of microporous carbons. Carbon 1997;35(6):825–30.

[24] Funabiki A, Inaba M, Ogumi Z, Yuasa S, Otsuji J, Tasaka A. Impedance study on the electrochemical lithium intercalation into natural graphite powder. J Electrochem Soc 1998;145(1):172–8.

[25] Way BM, Dahn JR. The effect of boron substitution in carbon on the intercalation of lithium in Lix(BZC1-Z)6. J Electrochem Soc 1994;141(4):907–12.

[26] Zhan C-G, Dixon DA. Hydration of the fluoride anion: structures and absolute hydration free energy from first-principles electronic structure calculations. J Phys Chem A 2004;108(11):2020–9.

[27] Reddy ALM, Srivastava A, Gowda SR, Gullapalli H, Dubey M, Ajayan PM. Synthesis of nitrogen-doped graphene films for lithium battery application. ACS Nano 2010;4(11): 6337–42.

[28] Wang H, Zhang C, Liu Z, Wang L, Han P, Xu H, et al. Nitrogen-doped graphene nanosheets with excellent lithium storage properties. J Mater Chem 2011;21(14):5430–4.

[29] Subramanian V, Zhu HW, Wei BQ. High rate reversibility anode materials of lithium batteries from vapor-grown carbon nanofibers. J Phys Chem B 2006;110(14):7178–83.

[30] Li C, Yin X, Chen L, Li Q, Wang T. Porous carbon nanofibers derived from conducting polymer: synthesis and application in lithium–ion batteries with high-rate capability. J Phys Chem C 2009;113(30):13438–42.

[31] Kumar PS, Sahay R, Aravindan V, Sundaramurthy J, Wong Chui L, Thavasi V, et al. Free-standing electrospun carbon nanofibres—a high performance anode material for lithium–ion batteries. J Phys D Appl Phys 2012;45(26):265302 (5 pp). http://dx. doi:10.1088/0022-3727/45/26/265302.

[32] Zhang B, Xu Z-L, He Y-B, Abouali S, Akbari Garakani M, Kamali Heidari E, et al. Exceptional rate performance of functionalized carbon nanofiber anodes containing nanopores created by (Fe) sacrificial catalyst. Nano Energy 2014;4(0):88–96.

[33] Kim C, Yang KS, Kojima M, Yoshida K, Kim YJ, Kim YA, et al. Fabrication of electro-spinning-derived carbon nanofiber webs for the anode material of lithium–ion secondary batteries. Adv Funct Mater 2006;16(18):2393–7.

[34] Ji L, Zhang X. Fabrication of porous carbon nanofibers and their application as anode materials for rechargeable lithium–ion batteries. Nanotechnology 2009;20(15): 155705 (7 pp). http://dx.doi:10.1088/0957-4484/20/15/155705.

[35] Ji L, Yao Y, Toprakci O, Lin Z, Liang Y, Shi Q, et al. Fabrication of carbon nanofiber-driven electrodes from electrospun polyacrylonitrile/polypyrrole bicomponents for high-performance rechargeable lithium–ion batteries. J Power Sources 2010;195(7):2050–6.

[36] Ji L, Zhang X. Generation of activated carbon nanofibers from electrospun polyacryloni-trile-zinc chloride composites for use as anodes in lithium–ion batteries. Electrochem Commun 2009;11(3):684–7.

[37] Yu Y, Shi Y, Chen C-H. Nanoporous cuprous oxide/lithia composite anode with capacity increasing characteristic and high rate capability. Nanotechnology 2007;18:5.

[38] Wu Y, Reddy MV, Chowdari BVR, Ramakrishna S. Long-term cycling studies on elec-trospun carbon nanofibers as anode material for lithium ion batteries. ACS Appl Mater Interfaces 2013;5(22):12175–84.

[39] Dillon AC. Carbon nanotubes for photoconversion and electrical energy storage. Chem Rev 2010;110(11):6856–72.

[40] Chan CK, Peng H, Liu G, McIlwrath K, Zhang XF, Huggins RA, et al. High-performance lithium battery anodes using silicon nanowires. Nat Nanotechnol 2008;3(1):31–5.

[41] Xu K. Nonaqueous liquid electrolytes for lithium-based rechargeable batteries. Chem Rev 2004;104(10):4303–418.

[42] Aurbach D. Review of selected electrode–solution interactions which determine the per-formance of Li and Li ion batteries. J Power Sources 2000;89(2):206–18.

[43] (a) McDowell MT, Woo Lee S, Wang C, Cui Y. The effect of metallic coatings and crystallinity on the volume expansion of silicon during electrochemical lithiation/delithiation. Nano Energy 2012;1(3):401–10. (b) Zheng G, Zhang Q, et al. Amphiphilic surface modification of hollow carbon nanofibers for improved cycle life of lithium sulfur batteries. Nano Lett 2013;13(3):1265–70. (c) Wu H, et al. Engineering empty space between Si nanoparticles for lithium–ion battery anodes. Nano Lett 2012;12(2): 904–9.

[44] Wu H, Chan G, Choi JW, Ryu I, Yao Y, McDowell MT, et al. Stable cycling of double-walled silicon nanotube battery anodes through solid-electrolyte interphase control. Nat Nanotechnol 2012;7(5):310–15.

[45] Zhou X, Wan L-J, Guo Y-G. Electrospun silicon nanoparticle/porous carbon hybrid nanofibers for lithium–ion batteries. Small 2013;9(16):2684–8.

[46] Hwang TH, Lee YM, Kong B-S, Seo J-S, Choi JW. Electrospun core–shell fibers for robust silicon nanoparticle-based lithium ion battery anodes. Nano Lett 2011;12(2):802–7.

[47] Yu Y, Gu L, Zhu C, van Aken PA, Maier J. Tin nanoparticles encapsulated in porous multichannel carbon microtubes: preparation by single-nozzle electrospinning and application as anode material for high-performance Li-based batteries. J Am Chem Soc 2009;131(44):15984–5.

[48] Yu Y, Gu L, Wang C, Dhanabalan A, van Aken PA, Maier J. Encapsulation of Sn@carbon nanoparticles in bamboo-like hollow carbon nanofibers as an anode mate-rial in lithium-based batteries. Angewandte Chemie International Edition 2009;48(35): 6485–9.

[49] Cui G, Gu L, Zhi L, Kaskhedikar N, van Aken PA, Muellen K, et al. A germanium-carbon nanocomposite material for lithium batteries. Adv Mater 2008;20(16):3079–83.

[50] Li S, Chen C, Fu K, Xue L, Zhao C, Zhang S, et al. Comparison of Si/C, Ge/C and Sn/C

composite nanofiber anodes used in advanced lithium–ion batteries. Solid State Ionics 2014;254(0):17–26.

[51] (a) Park C-M, Kim J-H, Kim H, Sohn H-J. Li-alloy based anode materials for Li secondary batteries. Chem Soc Rev 2010;39(8):3115–41. (b) Sahay R, Suresh Kumar P, Aravindan V, Sundaramurthy J, Wong CL, Mhaisalkar SG, et al. High aspect ratio electrospun CuO nanofibers as anode material for lithium–ion batteries with superior cyclability. J Phys Chem C 2012;116(34):18087–92.

[52] Zhang B, Zheng QB, Huang ZD, Oh SW, Kim JK. SnO$_2$–graphene–carbon nanotube mixture for anode material with improved rate capacities. Carbon 2011;49(13):4524–34.

[53] Idota Y, Kubota T, Matsufuji A, Maekawa Y, Miyasaka T. Tin-based amorphous oxide: a high-capacity lithium–ion-storage material. Science 1997;276(5317):1395–7.

[54] Courtney IA, Dahn JR. Electrochemical and in situ X-ray diffraction studies of the reaction of lithium with tin oxide composites. J Electrochem Soc 1997;144(6):2045–52.

[55] Yang Z, Du G, Feng C, Li S, Chen Z, Zhang P, et al. Synthesis of uniform polycrystalline tin dioxide nanofibers and electrochemical application in lithium–ion batteries. Electrochim Acta 2010;55(19):5485–91.

[56] Li L, Yin X, Liu S, Wang Y, Chen L, Wang T. Electrospun porous SnO$_2$ nanotubes as high capacity anode materials for lithium ion batteries. Electrochem Commun 2010;12(10):1383–6.

[57] Yang Z, Du G, Guo Z, Yu X, Chen Z, Zhang P, et al. Easy preparation of SnO$_2$@carbon composite nanofibers with improved lithium ion storage properties. J Mater Res 2010;25(8):1516–24.

[58] Kim D, Lee D, Kim J, Moon J. Electrospun Ni-added SnO$_2$–carbon nanofiber composite anode for high-performance lithium–ion batteries. ACS Appl Mater Interfaces 2012;4(10):5408–15.

[59] Hu L, Wu H, La Mantia F, Yang Y, Cui Y. Thin, flexible secondary Li–ion paper batteries. ACS Nano 2010;4(10):5843–8.

[60] Wang D, Kou R, Choi D, Yang Z, Nie Z, Li J, et al. Ternary self-assembly of ordered metal oxide – graphene nanocomposites for electrochemical energy storage. ACS Nano 2010;4(3):1587–95.

[61] Chen J, Wang JZ, Minett AI, Liu Y, Lynam C, Liu H, et al. Carbon nanotube network modified carbon fibre paper for Li–ion batteries. Energy Environ Sci 2009;2(4):393–6.

[62] Zhang B, Yu Y, Huang Z, He Y-B, Jang D, Yoon W-S, et al. Exceptional electrochemical performance of freestanding electrospun carbon nanofiber anodes containing ultrafine SnO$_x$ particles. Energy Environ Sci 2012;5(12):9895–902.

[63] Zhang X, Aravindan V, Kumar PS, Liu H, Sundaramurthy J, Ramakrishna S, et al. Synthesis of TiO$_2$ hollow nanofibers by co-axial electrospinning and its superior lithium storage capability in full-cell assembly with olivine phosphate. Nanoscale 2013;5(13):5973–80.

[64] Reddy MV, Jose R, Teng TH, Chowdari BVR, Ramakrishna S. Preparation and electrochemical studies of electrospun TiO$_2$ nanofibers and molten salt method nanoparticles. Electrochim Acta 2010;55(9):3109–17.

[65] Lu H-W, Zeng W, Li Y-S, Fu Z-W. Fabrication and electrochemical properties of three-dimensional net architectures of anatase TiO$_2$ and spinel Li$_4$Ti$_5$O$_{12}$ nanofibers. J Power Sources 2007;164(2):874–9.

[66] Zhu P, Wu Y, Reddy MV, Sreekumaran Nair A, Chowdari BVR, Ramakrishna S. Long term cycling studies of electrospun TiO$_2$ nanostructures and their composites with MWCNTs for rechargeable Li–ion batteries. RSC Advances 2012;2(2):531–7.

[67] Zhu P, Wu Y, Reddy MV, Nair AS, Chowdari BVR, Ramakrishna S. Long term cycling studies of electrospun TiO$_2$ nanostructures and their composites with MWCNTs for

rechargeable Li–ion batteries. RSC Advances 2012;2(2):531–7.

[68] Zhang X, Kumar PS, Aravindan V, Liu HH, Sundaramurthy J, Mhaisalkar SG, et al. Electrospun TiO_2–graphene composite nanofibers as a highly durable insertion anode for lithium ion batteries. J Phys Chem C 2012;116(28):14780–8.

[69] Yang Z, Du G, Meng Q, Guo Z, Yu X, Chen Z, et al. Synthesis of uniform TiO_2@carbon composite nanofibers as anode for lithium ion batteries with enhanced electrochemical performance. J Mater Chem 2012;22(12):5848–54.

[70] Li X, Chen Y-m, Zhou L, Mai Y-W, Huang H. Exceptional electrochemical performance of porous TiO_2–carbon nanofibers for a lithium ion battery anode. J Mater Chem A 2014;2(11):3875–80.

[71] Kim J-G, Shi D, Kong K-J, Heo Y-U, Kim JH, Jo MR, et al. Structurally and electronically designed TiO_2N_x nanofibers for lithium rechargeable batteries. ACS Appl Mater Interfaces 2013;5(3):691–6.

[72] Poizot P, Laruelle S, Grugeon S, Dupont L, Tarascon JM. Nano-sized transition-metaloxides as negative-electrode materials for lithium–ion batteries. Nature 2000;407(6803):496–9.

[73] Aravindan V, Kumar PS, Sundaramurthy J, Ling WC, Ramakrishna S, Madhavi S. Electrospun NiO nanofibers as high performance anode material for Li–ion batteries. J Power Sources 2013;227:284–90.

[74] Wu Y, Balakrishna R, Reddy MV, Nair AS, Chowdari BVR, Ramakrishna S. Functional properties of electrospun NiO/RuO_2 composite carbon nanofibers. J Alloys Comp 2012;517(0):69–74.

[75] Qiao L, Wang X, Qiao L, Sun X, Li X, Zheng Y, et al. Single electrospun porous NiO–ZnO hybrid nanofibers as anode materials for advanced lithium–ion batteries. Nanoscale 2013;5(7):3037–42.

[76] Wu Z-S, Ren W, Wen L, Gao L, Zhao J, Chen Z, et al. Graphene anchored with Co_3O_4 nanoparticles as anode of lithium ion batteries with enhanced reversible capacity and cyclic performance. ACS Nano 2010;4(6):3187–94.

[77] Ding Y, Zhang P, Long Z, Jiang Y, Huang J, Yan W, et al. Synthesis and electrochemical properties of Co_3O_4 nanofibers as anode materials for lithium–ion batteries. Mater Lett 2008;62(19):3410–12.

[78] Gu Y, Jian F, Wang X. Synthesis and characterization of nanostructured Co_3O_4 fibers used as anode materials for lithium ion batteries. Thin Solid Films 2008;517(2):652–5.

[79] Yang X, Fan K, Zhu Y, Shen J, Jiang X, Zhao P, et al. Electric papers of graphene-coated Co_3O_4 fibers for high-performance lithium–ion batteries. ACS Appl Mater Interfaces 2013;5(3):997–1002.

[80] Wu Y, Zhu P, Reddy MV, Chowdari BVR, Ramakrishna S. Maghemite nanoparticles on electrospun CNFs template as prospective lithium–ion battery anode. ACS Appl Mater Interfaces 2014;6(3):1951–8.

[81] Chaudhari S, Srinivasan M. 1D hollow alpha-Fe_2O_3 electrospun nanofibers as high performance anode material for lithium ion batteries. J Mater Chem 2012;22(43):23049–56.

[82] Cherian CT, Sundaramurthy J, Kalaivani M, Ragupathy P, Kumar PS, Thavasi V, et al. Electrospun alpha-Fe_2O_3 nanorods as a stable, high capacity anode material for Li–ion batteries. J Mater Chem 2012;22(24):12198–204.

[83] Ji L, Toprakci O, Alcoutlabi M, Yao Y, Li Y, Zhang S, et al. α-Fe_2O_3 nanoparticle-loaded carbon nanofibers as stable and high-capacity anodes for rechargeable lithium–ion batteries. ACS Appl Mater Interfaces 2012;4(5):2672–9.

[84] Zhong K, Xia X, Zhang B, Li H, Wang Z, Chen L. MnO powder as anode active materials for lithium ion batteries. J Power Sources 2010;195(10):3300–8.

[85] Poizot P, Laruelle S, Grugeon S, Tarascon JM. Rationalization of the low-potential

reactivity of 3d-metal-based inorganic compounds toward Li. J Electrochem Soc 2002;149(9):A1212–17.

[86] Yu XQ, He Y, Sun JP, Tang K, Li H, Chen LQ, et al. Nanocrystalline MnO thin film anode for lithium ion batteries with low overpotential. Electrochem Commun 2009;11(4):791–4.

[87] Wu MS, Chiang PCJ. Electrochemically deposited nanowires of manganese oxide as an anode material for lithium–ion batteries. Electrochem Commun 2006;8(3):383–8.

[88] Pasero D, Reeves N, West AR. Co-doped Mn$_3$O$_4$: a possible anode material for lithium batteries. J Power Sources 2005;141(1):156–8.

[89] Yang Y, Zhao Y, Xiao L, Zhang L. Nanocrystalline ZnMn$_2$O$_4$ as a novel lithium-storage material. Electrochem Commun 2008;10(8):1117–20.

[90] Ji L, Zhang X. Manganese oxide nanoparticle-loaded porous carbon nanofibers as anode materials for high-performance lithium–ion batteries. Electrochem Commun 2009;11(4):795–8.

[91] Ji L, Medford AJ, Zhang X. Porous carbon nanofibers loaded with manganese oxide particles: formation mechanism and electrochemical performance as energy-storage materials. J Mater Chem 2009;19(31):5593–601.

[92] Luo W, Hu X, Sun Y, Huang Y. Electrospun porous ZnCo$_2$O$_4$ nanotubes as a high-performance anode material for lithium–ion batteries. J Mater Chem 2012;22(18):8916–21.

[93] Teh PF, Sharma Y, Ko YW, Pramana SS, Srinivasan M. Tuning the morphology of ZnMn$_2$O$_4$ lithium ion battery anodes by electrospinning and its effect on electrochemical performance. RSC Advances 2013;3(8):2812–21.

[94] Teh PF, Sharma Y, Pramana SS, Srinivasan M. Nanoweb anodes composed of one-dimensional, high aspect ratio, size tunable electrospun ZnFe$_2$O$_4$ nanofibers for lithium ion batteries. J Mater Chem 2011;21(38):14999–5008.

[95] Aravindan V, Sundaramurthy J, Kumar PS, Shubha N, Ling WC, Ramakrishna S, et al. A novel strategy to construct high performance lithium–ion cells using one dimensional electrospun nanofibers, electrodes and separators. Nanoscale 2013;5(21):10636–45.

[96] Teo WE, Ramakrishna S. A review on electrospinning design and nanofibre assemblies. Nanotechnology 2006;17(14):R89.

第 6 章

自感碳纳米管复合材料的加工与表征

Sagar M. Doshi [1,3] 和 Erik T. Thostenson [1,2,3]

特拉华大学，[1] 机械工程系，[2] 材料科学与工程系，[3] 复合材料中心，

美国，特拉华州，纽瓦克

6.1　介绍：多功能碳纳米管复合材料

在现代社会中，提高效率和实现可持续发展已经不再是一种期望，而是一种必要的选择。提高最先进产品的成本效益与减少它们的碳排放也是必不可少的。材料的发展更趋向于多样化，它们可以将传感、制动、自适应、增强和自主响应能力综合起来。创建多功能系统的传统方法是将分立组件的组合和组装作为整个系统的一部分。通过设计并控制材料的层次结构、物质层面上的多功能性，可以使组件的设计满足多种用途，这就消除了多余的成分，减少了能量的消耗，最大限度地减少了生产和装配过程的次数。复合材料提供了独特的方式来设计其结构及功能属性。传统的纤维复合材料由于其力学性能好、强度高、重量轻和耐化学性，在过去几十年对汽车、航空航天、化学存储和各种其他行业产生巨大的影响。

纳米级材料的进步为科学家和工程师提供了改变复合材料现有机械和物理性能的可能。碳纳米管以其独特的力学和物理性能，在复合材料系统中占有特殊地位[1-3]。对于材料加工结构与性能的认识决定了其最终的应用设计，其中非常关键的因素是碳纳米管基复合材料的多功能性，广泛体现在机械、热和电方面，这已经促进了碳纳米管基多功能复合材料力学性能的增强，如断裂韧性[4-7]、减振[8-10]、疲劳寿命[11,12]与非结构的应用，如传感[13,14]、驱动[15,16]、电磁干扰

屏蔽[17,18]、传热[19]、能量的储存和采集[20,21]。

增强可以从常规尺寸的纤维（5～20μm）变化到碳纳米管（1～20nm），缩放了近3个数量级。图6.1显示了从织物到碳纤维的增强尺度的变化，在碳纤维的表面上生长了碳纳米管。尺寸的巨大差异为混合增强材料提供了独特的机会，其中碳纳米管可用于改变聚合物基质或界面主导的性质，而常规纤维继续承载主要结构载荷。通过混合增强鳞片，纳米管可以进入各个层之间以及束或丝束内的纤维之间的狭窄区域。微米级和纳米级的组合可以产生具有受控的增强层次的多尺度混合复合材料。此外，碳纳米管可以在特定区域选择性地集成，以调整多尺度复合材料的结构特性和功能要求[22]。例如：弱的层间性能和低电导率往往限制了复合材料的应用；提高层间剪切强度和断裂韧性，碳纳米管可以通过提供集成层厚度来加固；为提高电导率，碳纳米管可以在复合层和周围纤维之间提供桥接导电通路。碳纳米管有非常大的长径比（长度/直径），当绝缘的聚合物分散时，它们可以形成导电通路网络。这种导电通路被称为电渗流，并且当临界浓度开始增强时，导电性会急剧变化，这被称为电渗流阈值。碳纳米管复合材料具有极低的电渗流阈值（即渗透阈值），通常0.1%或者更低[5]。这种低浓度的碳纳米管需要达到渗透阈值才能改变聚合物的电性能，同时影响许多力学性能。

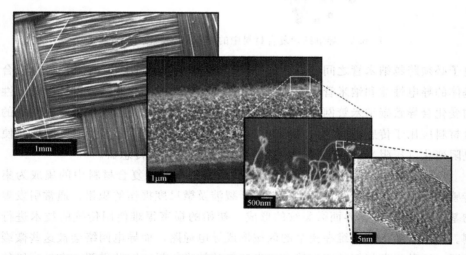

图6.1　使用CVD（从左至右）碳纤维束的织造织物，具有在表面上生长的碳纳米管的单独的碳纤维（直径7μm）和纳米尺度的碳纳米管在纤维上的受控表面生长的复合材料中的不同增强尺度碳纳米管的结构[1]

在渗透阈值之后，碳纳米管的电导率也进一步增加。碳纳米管基复合材料的电导率受碳纳米管基复合材料的影响很大[23]。如图6.2所示，通过导电网络的

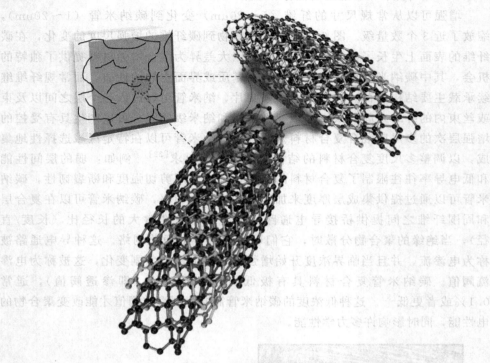

图 6.2　导电纳米复合材料中的 CNT-CNT 电隧道效应[24]

电子必须跨越纳米管之间的隧穿间隙[24]。这种压力水平隧道电阻主要由聚合物基体的导电性能和纳米管之间的距离来影响，隧道的距离或局部基体的电气性能的变化会导致碳纳米管网络电阻的变化，这种现象可以使以碳纳米管为基础的复合材料应用于传感器[25,26]，例如：施加的应变导致纳米管隧穿距离增加并使体电阻变化（压阻），使得纳米管网络能够用作原位应变传感器。

　　压阻式力/电耦合行为的结合以及碳纳米管在光纤复合材料中的集成为集成传感提供了广阔的空间。复合材料的断裂涉及微尺度损伤的积累，通常引发聚合物基体和纤维/基体界面微裂纹的形成。初始的损害很难使用传统的技术进行检测。但是碳纳米管纤维在狭窄的区域形成导电通路，而导电网络会被这些微裂隙切断，这种早期损坏的感应能力来自独特的纳米材料，因此需要一个纳米级的导体以检测微裂纹。

　　利用碳纳米管/纤维多尺度复合材料的多功能性是开发、制造和生产这些新型材料的关键。这里我们确定了各种融合的处理技术并讨论了它们的局限性和优点。接下来，我们总结了最近关于利用这些多尺度复合材料的自感能力所进行的研究。

6.2 纳米管/纤维多尺度复合材料的加工

在文献中，主要是利用两种方法来生产碳纳米管和传统纤维增强复合材料的混合复合材料。一种是弥散/灌注方法，首先将碳纳米管分散在聚合物基质中，其次利用传统的复合材料制造技术将纤维注入纳米复合基体。另一种是直接混合的方法，包括扩大或化学接枝在碳纳米管表面的纤维，然后渗透到聚合物基体中。这些混合的方法如图 6.3 所示[27]。

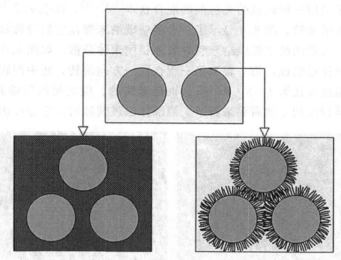

图 6.3　不同的杂交方法得到的常规纤维增强聚合物复合材料和碳纳米管分层聚合物复合材料的示意图（图表不按比例）[27]

6.2.1 弥散/灌注的处理方法

弥散/灌注方法中涉及碳纳米管分散在聚合物基体中，伴随着碳纳米管/聚合物的混合注射，该过程所使用的技术包括真空辅助树脂传递模塑纤维预成型（VARTM）或树脂传递模塑（RTM）。这种方法具有的主要优势是利用了传统复合材料制造技术。弥散/灌注方法的缺点包括树脂黏度的增加及碳纳米管体积分数的增加，将导致不完全基体输注和纤维与基体的部分润湿，从而导致碳纳米管浓度的体积分数相对较低。此外，在分散的纤维树脂流动过程中如果碳纳米管太长或团聚，碳纳米管可以被过滤掉[27]。

在文献中已对碳纳米管分散这项技术进行了广泛的研究。分散技术包括剪切混合[5,28]、溶剂型高能超声[29-31]、表面活性剂[32,33] 和特定的基质材料碳纳米管的功能化[34,35]。例如：Bryning 等[36] 处理样品的单壁碳纳米管时，在不同超声条件下，将环氧树脂中稀单壁碳纳米管/二甲基甲酰胺（DMF）溶液缓慢加入环氧树脂中，这会产生两种类型的样品：第一种类型是碳纳米管分散后的模型，该混合物消除了过程连续超声；第二种类型是超声处理过程中停止再固化。超声分散的碳纳米管在消除阶段停止超声将使纳米管聚集并再次形成网络，纳米复合材料在超声分散过程中更均匀，比第一种类型的样品表现出较高的渗透阈值，碳纳米管重新聚集。

在分散过程中使用溶剂会限制该过程的工业可扩展性。除了必须回收溶剂以最小化生态影响之外，去除溶剂的过程也可能是耗时的。由于它的可扩展性和有效性，出现了采用三辊轧机的无溶剂的混合技术[5,37,38]。Gojny 等[39] 首次使用这种方法分散纳米管，图 6.4 显示了一个多壁碳纳米管在它们分散状态下的扫描电子显微图，大量的纳米级碳纳米管导致连锁团聚体分散。如图 6.5 所示，三辊轧机由三个圆柱辊组成，第一辊和第三辊在同一方向旋转，而中间辊向相反方向旋转，辊的角速度比为 1∶3∶9，第三辊是最快的。辊之间的间隙是非常小的，可以根据不同程度的分散需要来调节。当液体通过间隙时，它会经历强烈的剪切

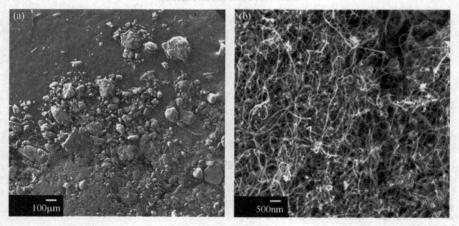

图 6.4 大规模附聚（a）和纳米级缠结和互锁的碳纳米管（b）的扫描电子显微照片[5]

图 6.5 三辊轧机的构造（a）及在进料和中心辊之间发生高剪切的示意（b）[5]

混合。由于表面张力的存在，混合流在第三辊表面形成薄膜，并由一个锋利的刮刀收集。该轧机产生非常高的局部剪切力，但在两辊间隙中材料的停留时间非常短，从而实现均匀的纳米级分散，又不影响纵横比（即长径比）。已经有报告对于碳纳米管复合材料具有大的纵横比和非常低的渗透阈值进行了相关报道[36]，比如 Thostenson 和 Chou[5] 报道了使用三辊研磨加工的导电碳纳米管复合材料的低渗透阈值，这表明碳纳米管的纵横比得以保持。

碳纳米管在树脂中分散后，研究人员使用传统的处理方法如 RTM 和 VAR-TM[39,40] 来制造纤维增强复合材料和纳米复合材料的基体。Thostenson 等[41]研究了在 VARTM 工艺中单向玻璃纤维/碳纳米管复合材料的电性能对树脂流动的影响，结果发现树脂流对横向和纵向的纤维没有发挥显著的作用，但在电性能方面，由于导电通路的改变，其中的纤维使树脂产生了各向异性的电性能。

虽然将碳纳米管加入基体中的方法简单、高效，但也存在一些缺点，其中最主要的问题与加工过程有关。一些研究组[42,43] 提出以络筒机制备多尺度复合材料预浸料和纤维缠绕来弥补一些缺点。

6.2.2 直接混合的处理方法

弥散/注入法的主要缺陷之一是由于高树脂黏度和渗透问题而导致在聚合物基质中的相对低的碳纳米管体积分数。Gojny 等[44] 能够实现总计达 1.6% 的纳米增强，Thostenson 和 Chou[5] 能实现总计达 5%，但改性树脂黏度高并且很难使用。弥散/注入的方法能够改变复合材料的电性能，在较低的纳米管体积分数的限制范围内，可能实现电性能和力学性能。直接混合法中的碳纳米管与纤维直接树脂灌注，在之前已有研究者使用了各种技术对其进行了研究。

如图 6.2 中的照片显示，Thostenson 等[45] 利用化学气相沉积法在碳纤维表面成功地制备出了碳纳米管。由于形成一种刚性的碳纳米管复合材料，其界面周围的纤维选择性增强碳纳米管，由此产生的复合材料其界面载荷传递得到改善。图 6.6(a) 和 (b) 是生长管前后的碳纤维。图 6.6(c) 的表面分析显示的是表面积增加 10 倍时，纤维/基体界面区结构的一个截面的透射电子显微镜图。Zhu 等[46] 通过热化学气相沉积法在石墨纤维上合成了碳纳米管，并研究了催化剂与纤维的相互作用。在低温条件下，催化剂颗粒扩散到碳纤维中，减少了碳纳米管生长的可能性。使用催化剂颗粒增强碳纳米管可能会破坏原纤维，降低其强度。当催化剂颗粒与表面反应时，可能会发生氧化或点蚀。Sager 等[47] 在报告中显示随机取向的多壁碳纳米管生长的 CVD 涂层纤维在拉伸模量和抗拉强度上分别减少了 12.5% 和 30%。

由于这种催化剂的相互作用，许多团队专注于研究碳纳米管在陶瓷纤维上的

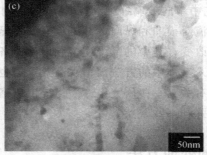

图 6.6　扫描电子显微照片[45]

(a) 在碳纤维表面上生长碳纳米管之前；(b) 在碳纤维表面生长碳纳米管之后；
(c) 在纤维/基质界面附近的纳米复合材料截面结构的透射电子显微照片

生长。Veedu 等[48] 将多壁碳纳米管阵列培育成碳化硅，然后通过用高温环氧树脂渗透它们并在高压釜中固化来常规地得到载有碳纳米管的织物。所得到的具有纳米管阵列的复合材料显示出显著改善的层间强度和断裂韧性。Garcia 等[49] 也观察到氧化铝复合材料的层间性能得到改善。

De Riccardis 等[50] 制备出了具有良好的附着力和均匀的三维分布的碳纳米管纤维。Boskovic 等[51] 用等离子体增强化学气相沉积法在碳纤维布上生长碳纳米纤维。他们的方法的主要优点是使用温度在 200～400℃，相对较低，可能不会对温度敏感的纤维管的生长造成大的影响。

由于直接生长具有的挑战性，人们越来越关注将碳纳米管整合到制造过程中，将其应用于纤维表面。Gao 等[52] 制造纳米复合材料时，在玻璃纤维中使用一种由单壁或多壁碳纳米管混合的涂层，结果表明碳纳米管涂层产生"增强"的效果，使用苯乙烯-丁二烯共聚物纳米复合涂层工艺后拉伸强度得到提高。Siddiqui 等[53] 报道了玻璃纤维与碳纳米管-环氧树脂复合涂层的相似结果。Rausch[54] 研究了碳纳米管的质量分数和涂层厚度对电性能的影响。发现初始电阻随着碳纳米管质量分数的增加而降低，这可能是由于形成了具有更多纳米管的额外导电路径。

　　Gao 等[55] 研究了使用具有相对较低黏度的市售碳纳米管基浆料（SIZ-ICYLTM XC R2G，NanoCYL），胶注到光纤预制棒上后，溶剂在 150℃真空下挥发，利用 VARTM 对复合材料再加工。与复合材料中使用一三辊轧机分散的碳纳米管的电导率进行了比较，通过轴向、横向和厚度方向的比较发现使用的施胶方法的导电性为 2～3 个数量级。由于纤维浆料的黏度较低，碳纳米管更容易渗入纤维间和束间的区域。

　　最近，电泳沉积（EPD）作为碳纳米管纤维直接混合手段获得关注。在 EPD 过程中，带电粒子在液体中受电场的影响，然后粒子移动到电极上沉积。EPD 可以是阳极（颗粒带负电），也可以是阴极（颗粒带正电）[56,57]，这取决于粒子的电荷。溶剂的选择、碳纳米管的官能团和电压都可以影响电泳膜的形成，在这期间水的电解也可能会影响膜孔隙率[58]。最近的综述也强调了一些新的技术，如利用脉冲直流（DC）和非周期性的交变电流（AC），EPD 方法可以提供更均匀的和更少的多孔涂层[59]。Bekyarova 等[60] 第一次使用 EPD 选择性地沉积单壁碳纳米管和微碳纳米管到碳纤维织物中。织物由不锈钢框架和两个不锈钢板支撑，用作织物上的反电极，然后浸渍在水性分散的纳米管中，加载 10V/cm 的电压。由于碳纳米管带有羧酸基团的负电荷，会向碳纤维正极移动，碳纳米管能均匀地沉积在碳纤维上。观察 SEM 图像，可以看到沉积形态的单壁碳纳米管和多壁碳纳米管的差异。单壁纳米管形成纳米管网络束，而多壁纳米管作为单独的管沉积，两种复合材料厚度方向的电导率得到改进。Lee 等[61] 采用微米级 EPD 技术处理类似的多尺度复合材料的多壁碳纳米管来沉积铜纳米颗粒碳纤维。测量发现通过厚度方向的电导率增加了 15 倍。Guo 等[62] 采用超声波辅助 EPD 制备混合复合材料。显微镜观察表明，与没有超声辅助的 EPD 方法相比超声辅助 EPD 增加了碳纳米管数量和均匀性，可能的原因是沉积点的增加。

　　An 等[63] 采用沉积碳纳米管 EPD 制备单向碳纤维织物。在 EPD 工艺之前，使用臭氧处理工艺将碳纳米管官能化成氧化纳米管；然后用聚乙烯亚胺进行化学反应。与 Bekyarova 等的结果不同[60]，多壁碳纳米管在纤维表面形成致密的网络，断裂表面的分析显示碳纳米管和碳纤维之间的强黏附性。同一研究组延伸探究了 EPD 方法制备多层玻璃纤维碳纳米管复合材料[64]，微观表征表明碳纳米管在整个玻璃结构厚度中的黏合。图 6.7 显示了以 25.7V/cm 的速度在玻璃纤维上沉积 15min 的碳纳米管的显微照片，纤维表面表现出高度均匀的涂层［图 6.7(a)］。纤维束［图 6.7(b)］中所有的纤维均匀地涂上一层薄薄的碳管。对注入环氧树脂的玻璃纤维与碳纳米管的横截面进行抛光和检查，以确定碳纳米管的分布（图 6.8）。环氧树脂能够完全渗透和润湿沉积的碳纳米管［图 6.8(a)］，并在相邻纤维的跨度之间有桥接结构［图 6.8(b)］。相邻纤维间的碳纳米管网络导致横向电导率显著增加。

图 6.7 电泳沉积的碳纳米管在玻璃纤维上的 SEM 显微照片[64]

(a) 在纤维上的均匀覆盖；(b) 在束内的纤维表面上形成的碳纳米管的薄涂层

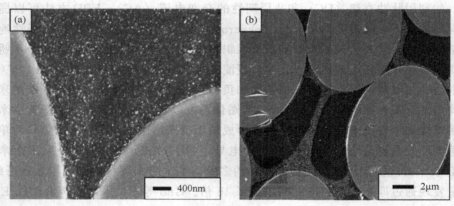

图 6.8 固结的复合材料横截面的 SEM 显微照片[64]

(a) 碳纳米管与树脂的良好渗透；(b) 在复合材料中的纤维之间形成桥接结构

直接杂交方法的使用为实现较高的增强碳纳米管体积分数从而增强纤维力学和物理性能提供了可能。An 等使用 EPD 方法能达到 13％的多壁碳纳米管，和 Boccaccini 等[65] 使用 EPD 方法能够实现最多 55％的碳纳米管薄膜。用于生产这些材料的高效且工业可扩展的工艺是一个继续发展的研究领域。

6.3 碳纳米管-传感基复合材料

在过去几年中，层压纤维复合材料已已广泛应用于民用建筑结构[66]、飞机机身、风力涡轮机叶片及其他承载构件中。由于微观结构损伤的积累，复合材料可能会产生各种失效模式[67]。在过去的几年里，先进纤维增强聚合物基复合材料已经在结构应用中使用并不断增加，结构健康监测可以减少它们所需的维护保养。

当接近或超过渗透阈值时，碳纳米管复合材料的电导率范围为 $10^{-5} \sim 10^{-2} S/m$。不同的研究小组已经通过改变碳纳米管复合量（质量分数 $0.11\% \sim 7\%$），测定得到 $0.01 \sim 480 S/m$ 的固定电导率[68,69]。这种极端的变化反映了基于碳纳米管的复合材料的复杂电导率性质，以及对碳纳米管的长宽比、浓度、波纹度、取向、分散状态多因素的依赖性[3,70,71]。碳纳米管基复合材料的导电性受碳纳米管本征导电性和纳米管接触电阻的影响。当碳纳米管分散在聚合物中时，对接触电阻的依赖性更为复杂，因为在接触点之间可能会有一层薄薄的绝缘膜，可能会也可能不会影响导电性，这取决于层的厚度[72]。如果绝缘膜的厚度足够薄，可能会有电隧道效应。Li 等[3] 的研究表明，当接触电阻大于 $10^{19}\Omega$ 时，电导率下降到 $10^{-12} S/m$（绝缘体导电性），这强调了接触电阻对纳米复合材料的电性能的关键作用。

6.3.1　微损伤传感

在碳纳米管复合材料中纳米管之间的隧穿间隙和随后的接触电阻可能导致电导率降低，并影响压阻式机电耦合行为。碳纳米管复合材料的电阻率对机械应变和变形很敏感。Fiedler 等[73] 首先提出了通过增加碳纳米管来改变复合材料的导电性的概念，用于应变传感和损伤引发。由于碳纳米管的导电性比碳纤维的导电性要高，导致应变和损伤的电阻率变化的敏感性大大提高。Thostenson 和 Chou[5] 表明在纤维复合材料的基体中有可能形成碳纳米管的电渗透网络，碳纳米管可以作为传感网络用来确定变形以及基体的裂缝。由于裂纹而破裂的碳纳米管导电网络很敏感，因为它比在聚合物基体中形成的微纳米管还要小。进一步说明，在机械负载时，跟踪电阻变化是非常敏感的检测基体开裂的方式，同时也可以识别出不同类型的损害[74]。

当交叉铺层层压板拉伸变形时，失效首先在 90°层中通过形成横向微裂纹开始，随着复合材料进一步变形，更多均匀距离的裂缝开始出现，直到层饱和[67]。Thostenson 和 Chou[25] 研究了横向裂纹发展对碳纳米管环氧玻璃纤维复合材料力学性能的影响。图 6.9 显示了一个交叉复合材料承受拉伸时的变形抗力行为，电阻的线性增加发生在初始阶段，然后由于横向裂纹形成和损伤累积而导致电阻跃变。

图 6.10(a) 显示一个交叉层试样的逐渐增加的循环载荷。在前两个循环周期，电阻变化直接随应变变化；在第三个周期中，损坏发生并有一个明显的电阻变化与应变的偏差。卸载试样后，产生一个永久电阻变化。随后的载荷周期表现

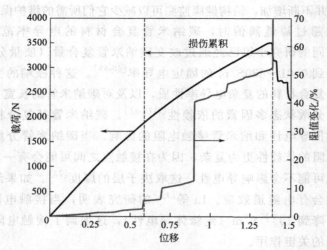

图 6.9　交叉层压材料在张力下的载荷-位移和阻值变化曲线[25]

出高度的非线性电阻曲线。如图 6.10(b) 所示,所形成的裂缝会引起一些永久的电阻变化,但在卸载过程中裂缝也会自行闭合,从而导致一些电触点的重新形成。在重新加载样品时,裂缝在较低的应变下重新打开,均匀的弹性变形和新的损伤会再次累积。重新开启微裂纹表明复合材料已经造成永久性损坏。

在循环载荷作用下,随着裂纹张开和闭合,以及新裂纹的形成出现了电阻应变电响应的滞后行为。因此可以利用重新打开裂纹产生的电阻变化定量评估损伤状态。

Li 和 Chou[75] 使用电渗透碳纳米管传感器网络模拟跨层玻璃纤维的损伤检测过程,碳纳米管分散在聚合物基体中,并且考虑到电隧道效应对它们的电阻进行建模。纳米管基体电阻形成一系列电路,并且有限元法用于计算纳米管渗透网络的有效电阻。他们模拟变形过程并检查电阻变形响应 (图 6.11)。虽然由于模拟尺寸小,无法定量描述不同的实验结果。该方法捕获了复合电渗流的关键影响因素,包括碳纳米管的有效电阻、跨集群的形成和电接触电阻。

Gao 等[76] 拓展其损伤检测技术,以检测疲劳损伤的起始和进展。在疲劳载荷下的交叉复合材料,可以观察到类似的裂缝开放/关闭的行为 (图 6.12)。随着时间的推移,裂缝重新变得更加明显,这是由于在复合材料中观察到横向裂缝的增加。Nofar 等[77] 用玻璃纤维环氧树脂复合材料的多壁碳纳米管来预测循环疲劳载荷作用下复合材料的失效与损伤。多壁纳米管采用压延法分散在树脂中,通过手工铺层将改性树脂与两层双向平纹玻璃织物一起使用,然后进行真空装袋和烘箱固化。测得的平均纤维体积分数为 53%。对于疲劳试验,施加了各种张力-张力载荷。在所有的情况下,最小载荷为 150N,在一个范围内的最大载荷使用 1500N、2500N、3500N、4000N 和 6000N。对于承受小于弹性极限

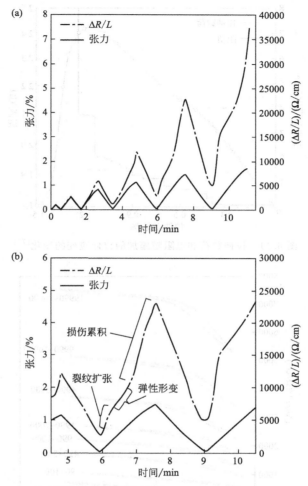

图 6.10 交叉层叠层的逐渐增加的循环载荷，显示出电阻和应变响应（a）
和第五载荷循环显示由于裂缝的重新打开和引发的非线性电阻响应（b）[74]

的载荷的样品，没有报告残余电阻变化或应变。对于大于弹性极限的载荷，观察到残余电阻变化和应变，并随着随后的载荷循环而增加。与残余应变相比，残余电阻变化要高得多（图 6.13）。为了进一步研究碳纳米管用于监测损伤的应用，对更多不同配置的样品进行了测试。在试验中，从电阻应变曲线斜率的变化来看，弹性极限的检测是可能实现的。

Böger 等[78] 研究了用质量分数为 0.3％ 的碳纳米填料改性的玻璃纤维环氧树脂复合材料，使用三辊轧机分散纳米粒子，并采用 VARTM 工艺，将纳米粒子负载树脂注入玻璃纤维预制体，最终实现层压 [0,+45,90,−45,+45,90,−45,0] 的堆积序列和 35％ 的纤维体积分数的层压板。在拉伸载荷下进行动态

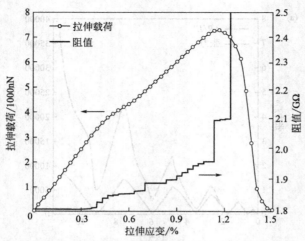

图 6.11　拉伸载荷和电阻随施加的拉伸应变的变化[75]

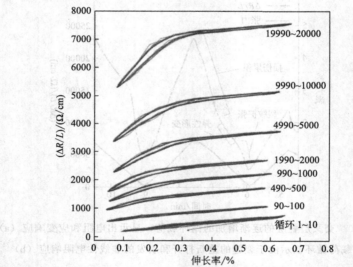

图 6.12　[0/90₂/0] 层压材料在选定的循环下在拉伸-疲劳
载荷下的电阻-应变行为[76]

拉伸试验，显示出疲劳载荷下的电阻变化，并报告了三个显著的电阻曲线的特性：①电阻增加对应于刚度的下降；②疲劳过程中最小和最大载荷增加之间的电阻变化；③伴随着电阻试样表面上的纵向束脱层的突然增加的阻力。

6.3.2　局部冲击损伤传感

复合材料在平面外冲击载荷作用下，特别容易受到损伤。低速冲击可能导致

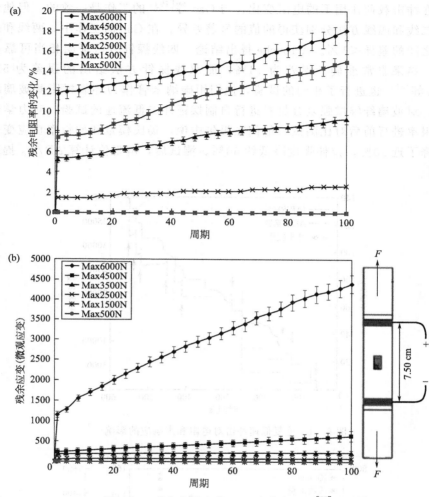

图 6.13　残余电阻变化（a）和应变（b）[77]

几乎不可见的裂缝。裂纹的生成将会导致其他类型的损伤，包括分层、纤维折断、界面脱黏、压痕。Gao 等[79] 研究了集成碳纳米管的平纹组织玻璃纤维-环氧复合材料的行为。他们对冲击载荷作用下的损伤进行现场监测，将得到的结果进行声发射和超声波 C 扫描。在每次撞击之后通过声发射系统记录声事件，并通过超声 C 扫描测量受损区域尺寸。如图 6.14 所示，电阻随着每次冲击载荷而增加，并且在每次冲击后发生永久电阻变化。复合材料受到 11 次冲击后，整体阻力变化＞120％。超声波 C 扫描进行量化损伤面积。图 6.15 显示了损伤面积、吸收能量和电阻变化随重复冲击的增加而线性增加。

　　Arronche 等[80] 对冲击载荷造成的损坏进行了类似的试验。该组报道的复合板在冲击载荷作用下的电阻变化，与 Gao 等[79] 的工作是一致的，但他们报告了二线和四线方法分别获得的值的显著差异。在 Gao 的工作中，两线和四线技术之间的差异<1%。Arronche 得出结论，四线探针方法证明相当可靠和可重复，结果非常准确，误差为14%，而双线探针方法给出的误差为51%。Monti 等[81] 也进行了相同的试验，他们用碳纳米管作为环氧树脂基玻璃纤维填料，对玻璃纤维增强复合材料进行自制摆锤冲击低流速的试验，对力学性能和电阻率进行前后对比测试。他们在报告中说，杨氏模量和伸长率在应变作用下下降了近30%，拉伸强度降低约50%。测试后，电阻值计算 $\Delta R/R_0$ 提高了7.7%。

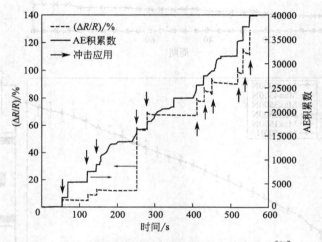

图 6.14　重复低速冲击对电阻和声响应的影响[79]

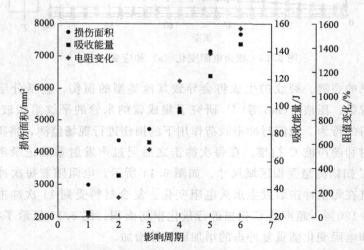

图 6.15　电阻变化、吸收能量和损伤面积响应，显示出对冲击的线性响应[79]

6.3.3 接头损伤传感

在过去几年中，使用复合材料作为主要结构的应用已经越来越广泛。这些结构的设计要求包括各种复杂的多功能部件的组装，以及复合材料连接到复合材料和复合材料连接到金属。一些设计师更喜欢使用胶黏剂，而不是进行机械紧固，因为后者引起了局部应力集中。虽然有许多监测健康复合材料结构的研究正在进行中，但是监测接头的状况以保持系统整体结构的完整性也很重要。因此，许多研究人员研究了胶黏剂的失效行为，特别是在复合金属混合接头中[82,83]。

Lim 等[84] 用碳纳米管网络检测发生在粘接复合金属接头处的不同类型的损伤。在他们的研究中，他们扩展了原位传感方法，研究复合钢混合接头的损伤演变，以区分不同的失效机理。通过选择性地改变胶黏剂和复合材料基板的导电性对不同的断裂机制进行了检查。碳纳米管在胶黏剂中形成导电网络。局部损伤破坏了碳纳米管网络，导致电阻率增大。单搭接接头产生不同的故障机制，并对准静态单调循环载荷进行了研究。碳纳米管传感网络在胶黏剂和复合基板上都会形成，可以就地检测损伤。为了促进各种破坏机制，对样品进行了不同的表面处理。对于设计用于粘接/钢剥离的样品，观察到由剥离界面造成的电阻急剧增加/结果与声事件的记录相匹配（图 6.16）。用硅烷处理钢的试样，胶黏剂和复合材料组合出现失效。在较低负载下没有观察到电阻的急剧增加，表明界面脱黏不是引发失效的主要方式（图 6.17）。因此，研究小组建立了一种方法通过评估电阻响应来检测损伤，评价复合材料胶接金属混合接头中的各种可能的失效模式。

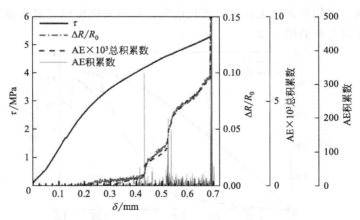

图 6.16　未处理样品的机械、电气和声发射响应在电阻以阶梯状方式增加的位置上
（在钢/黏合剂界面处的脱黏）显示出黏合失效[84]

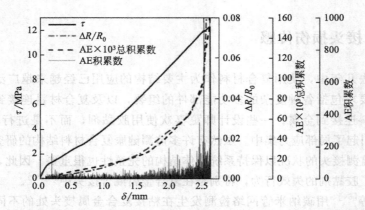

图 6.17 硅烷处理的样品的机械、电气和声发射响应在电阻负载期间逐渐增加处，
显示组合的黏合剂和复合材料失效[84]

Thostenson 和 Chou[85] 首先研究了碳纳米管检测机械固定的复合接头原位损伤的能力。他们测试了在单调和循环载荷下不同的单双搭接接头的拉伸强度。试件设计使得剪切力为主要失效模式，在研究时考虑了复合材料与机械紧固件之间的物理接触，并进行了具体的保护，因为后者导电。电响应在接头极限强度约60％时变为非线性（图 6.18）。此外，观察到急剧跳跃的电阻-变形曲线，这是由于纵向裂纹开始生成。这是一个不断增加直到接头失效的过程。观察到的反应与早期研究报道[25] 的分层的产生和发展非常相似，因此纵向裂纹周围接头的发展类似于分层扩展。除了初始峰值载荷外，有一个黏着/滑移裂缝。对于所施加的载荷的每一个下降，相对于损害积累的相应电阻会急剧增加。Friedrich 等[86] 扩展了跨层复合材料的损伤模式的研究方法，并证明该技术能够深入了解损伤的性质和进展。他们的研究工作是对多尺度复合材料的机械固定复合接头的损伤进行现场和实时监测的第一步。

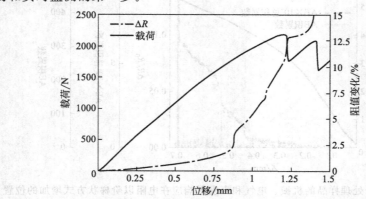

图 6.18 双搭接头配置的载荷、位移和阻值变化曲线[85]

6.3.4　纳米管纤维和皮肤传感

Alexopoulos 等[87]　研究了碳纳米管纤维在复合材料中的传感应用，将碳纳米管纤维植入玻璃纤维复合材料中进行结构健康检测。它采用了相同的基本原理，使用碳纳米管作为传感器，基于复合材料的导电性和相关的电阻来测量机械负荷。将碳纳米管纤维嵌入玻璃纤维复合材料中，并对试样进行拉伸和压缩的增量加载和卸载。在不同的加载卸载步骤中，电阻测量值与载荷成比例。由于累积损伤及弹性模量减小，电阻应变测量的斜率减小。他们还进行了三点弯曲试验，纤维在一些试样中被拉伸，另一些样品中纤维被压缩。电阻比和施加的应力之间的直接关系与拉伸试验的结果相似。对样品进行了拉伸试验，六个增量加载卸载步骤分别是 17%、33%、50%、66%、83% 和 100% 的强度。从第四步起，纤维的响应在卸载后显示出 $\Delta R/R_0$ 测量的滞后回路。在压缩状态下测试，机械载荷不断增加，电阻先减小后增大。应力应变结果以及 $\Delta R/R_0$ 测量如图 6.19(a) 所示。检查施加小应变的区域，在施加 0.85% 应变处存在局部负峰 [图 6.19(b)]。这是由于纤维放置的横截面随着载荷的增加而从压缩变为舒张。

Schumacher 和 Thostenson[88]　在此基础上创造了一种基于碳纳米管的传感皮肤，并将纳米复合材料复合层黏合到一个混凝土结构上，该结构能够提供分布式传感能力。混凝土梁试件的三点弯曲加载，在加载单调位移控制模式下使用 4.45kN 的增量载荷循环直到发生失效（图 6.20）。临界点（混凝土开裂、感测层完全脱黏、载荷）均为垂直线。感测层的电阻特性与检测层的初始部分的应变计相似，但检测层的基电阻减小，这可能是由电流在混凝土中的泄漏引起的。在最终载荷循环期间，复合材料传感带从混凝土中脱黏，电阻曲线看起来类似于中跨位移测量，并且还具有可能代表局部损坏过程的附加特征。超过约 $300\mu s$ 后，电阻和应变之间的相关性非常小。这是因为应变计是准点测量并且不代表可以被碳纳米管传感层捕获的全局行为。与使用应变计等其他方法相比，这种分布式传感能力方法增强了检测局部损伤的机会。

6.3.5　热转换和热化学变化的原位传感

复合材料常常在各种极端使用条件下应用。这些结构必须承受较大的温度和湿度波动，否则可能会由此导致退化和性能变差。一些研究小组[44,89,90]一直试图量化温度对碳纳米管复合材料电性能的影响。测量温度对这些材料的电性能的影响的一个典型方法是测量薄膜或薄板的电阻。这种方法不考虑热膨胀以及微观结构的因素，如纳米管大小和分散状态。在许多情况下，材料不能自由扩张或收

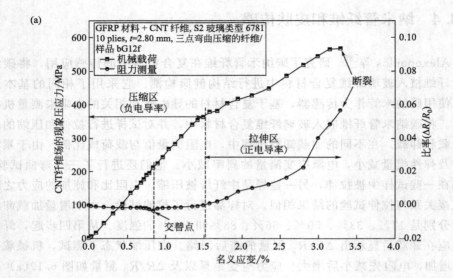

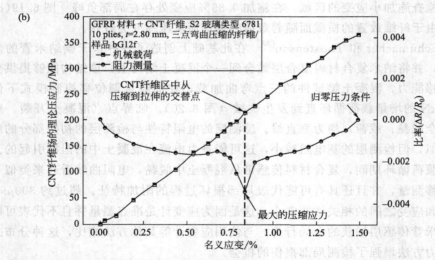

图 6.19　在压缩下具有嵌入碳纳米管纤维的复合材料的机械和电阻结果（a）和
在纤维处于压缩处低应变区域的放大显示出局部负峰（b）[87]

缩，因为它们是约束在两个圆柱体之间的。同时，具有大长径比的碳纳米管和碳纳米管附聚物可以跨越膜厚度。因此，结果可能无法准确地表征纳米复合材料的整体电性能。一些研究小组[44,91] 因此用矩形试样测量来获得精确的体积电阻率。Gojny 等[44] 使用尺寸 20mm×20mm×6mm 的试样，用不同种类的纳米增强材料如炭黑、单/双/多壁碳纳米管对试样进行处理。图 6.21 显示电导率随填料含量的变化。

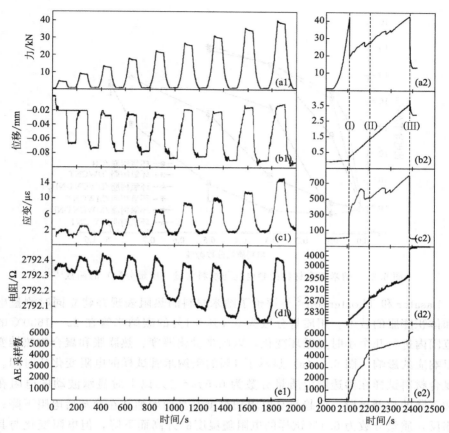

图 6.20　在试验过程中收集的数据显示力、位移、应变、
电阻和 AE 采样数随时间增加[88]

Mohiuddin 和 Hoa[92] 研究了温度依赖性的碳纳米管-聚醚醚酮（PEEK）复合材料的电阻。他们在一个压缩成型机中制成圆形样品，厚度为 1.4mm，直径为 25.4mm，负载质量分数为 8%、9% 和 10% 的碳纳米管。他们测量了在不同温度从 20℃ 到 140℃ 下的电阻，得到了负的温度系数，即电阻随着温度增加而降低。他们还认为，与较高温度相比碳纳米管负载的影响在较低的温度下更为突出。

He 等[93] 研究了多壁碳纳米管填充高密度聚乙烯（HDPE）的温度依赖性。纳米复合材料是利用溶液蒸发过程中形成的厚度为 0.2mm 的片材。他们记录试样的体积电阻率随温度的变化，并报告了正温度系数，即电阻率随温度的升高而增大。当温度在 120~130℃ 时，电阻率急剧增加，可归因于结晶的 HDPE 在熔融过程中的热膨胀，导致碳纳米管的导电网络的破裂。

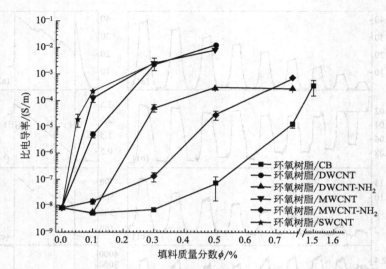

图 6.21   纳米复合材料的导电性与填料含量（质量分数）的函数[44]

Lasater 和 Thostenson[24] 评价了纳米材料的热阻表现并建立同时测量电阻率和体积膨胀的技术。用质量分数为 0.1%～1% 的碳纳米管在 25～1650℃ 的温度范围内进行几个小时热循环变化，以此来量化温度、热膨胀和聚合物热转变对电阻响应的影响。图 6.22(a) 显示了 1% 的碳纳米管试样的电阻变化的时间。纳米复合材料试样在渗透阈值质量分数为 0.5%～1% 以上时显示波动的电阻在上升和下降的热循环段，但趋势是电阻随温度升高而增加并在冷却后电阻下降；与之相反，质量分数为 0.1% 试样的电阻随温度的升高而下降，但电阻变化与其他试样相比幅度要小得多。为了更好地展示温度效应和电阻的循环叠代，质量分数为 1% 纳米复合材料的电阻以温度形式展现在图 6.22(b) 中。试件的热膨胀是影响复合材料的热阻特性的重要因素。基于耦合测量的热膨胀性和电阻，纳米复合材料的体积电阻率可以作为温度的函数来评价。图 6.22(c) 显示在上一个周期的斜坡上升段的体积电阻率和质量分数为 25.22% 的纳米复合材料试样的膨胀。对于质量分数为 0.1% 的试样，电阻随温度的变化几乎是恒定的，因此，电阻率是近乎成比例的热膨胀。对于纳米复合材料的试样以及上述电渗流阈值，曲线的整体形状和测量电阻的形状是相似的，并具有明确意义的最大值和最小值。当考虑体积膨胀时，其他机制很显然对材料的电性能随温度的变化方面有影响。

不同的碳纳米管负载率试样的电阻响应的差异表明，随着碳纳米管的纳米隧道结数量的增加，热电阻对于隧道介质更敏感。研究表明热电阻的行为极大程度地依赖于碳纳米管的浓度、聚合物/界面电性质以及试样的热膨胀。

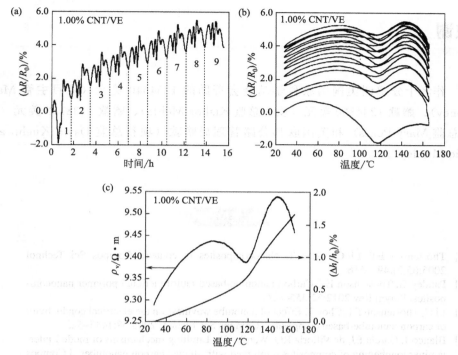

图 6.22　在 25～165℃的叠代热循环期间 CNT/乙烯基酯复合材料的标准化
电阻变化（虚线和编号指示热循环叠代）（a）和在热机械测试期间（b）标准化的
电阻变化对温度以及在最终斜升段期间（c）体积电阻率和尺寸变化曲线的比较[24]

6.4　结论

　　纳米技术以其纳米级的结构在过去几年中得到飞速的进步和发展，已开辟了大量定制材料性能的道路，因此可以利用碳纳米管独特的性能来推动工程材料生产的研究。目前的研究已经解决了使用碳纳米管来增强传统纤维复合材料的性能。从碳纳米管中分散到聚合物基质到原位沉积处的处理方法一直在推进，但在未来研究中，提高碳纳米管的生产工艺和增强其可扩展性是必需的。就利用这些材料作为原位传感器而言，碳纳米管在聚合物中形成导电网络的能力有着广泛的运用。周围纤维网络的形成产生了一种可用于检测微尺度裂纹萌生和演化的神经系统。虽然碳纳米管作为基传感的潜力已经在实验室规模中被发现，但在扩大监测结构健康中仍有巨大的机会和挑战。对于同时存在的两种或更多的不同损伤模式的成功识别和量化以及场地特定信息的定位，还需要基本的理解。

致谢

作者十分感谢美国国家科学基金会资助的 1254540 美元（项目主管 Mary Toney）、赠款 1234830 美元（项目总监 Kishor Mehta）、赠款 1138182 美元（项目总监 Mary Poats）和美国联邦公路管理局赠款（项目总监 David Kuehn and Eric Munley）。

参考文献

[1] Thostenson ET, Li C, Chou T. Nanocomposites in context. Compos Sci Technol 2005;65(3):491–516.

[2] Pandey G, Thostenson ET. Carbon nanotube-based multifunctional polymer nanocomposites. Polym Rev 2012;52:355–416.

[3] Li C, Thostenson ET, Chou T. Effect of nanotube waviness on the electrical conductivity of carbon nanotube-based composites. Compos Sci Technol 2008;68:1445–52.

[4] Blanco J, García EJ, de Villoria RG, Wardle BL. Limiting mechanisms of mode I interlaminar toughening of composites reinforced with aligned carbon nanotubes. J Compos Mater 2009;43:825–41.

[5] Thostenson ET, Chou T. Processing–structure–multi-functional property relationship in carbon nanotube/epoxy composites. Carbon 2006;44:3022–9.

[6] Yokozeki T, Iwahori Y, Ishibashi M, Yanagisawa T, Imai K, Arai M, et al. Fracture toughness improvement of CFRP laminates by dispersion of cup-stacked carbon nanotubes. Compos Sci Technol 2009;69:2268–73.

[7] Gojny F, Wichmann M, Köpke U, Fiedler B, Schulte K. Carbon nanotube-reinforced epoxy-composites: enhanced stiffness and fracture toughness at low nanotube content. Compos Sci Technol 2004;64:2363–71.

[8] Suhr J, Koratkar N, Keblinski P, Ajayan P. Viscoelasticity in carbon nanotube composites. Nat Mater 2005;4:134–7.

[9] Koratkar N, Wei B, Ajayan PM. Carbon nanotube films for damping applications. Adv Mater 2002;14:997–1000.

[10] Rajoria H, Jalili N. Passive vibration damping enhancement using carbon nanotube-epoxy reinforced composites. Compos Sci Technol 2005;65:2079–93.

[11] Grimmer CS, Dharan C. High-cycle fatigue of hybrid carbon nanotube/glass fiber/polymer composites. J Mater Sci 2008;43:4487–92.

[12] Zhang W, Picu R, Koratkar N. Suppression of fatigue crack growth in carbon nanotube composites. Appl Phys Lett 2007;91:193109. http://dx.doi.org/10.1063/1.2809457.

[13] Wei C, Dai L, Roy A, Tolle TB. Multifunctional chemical vapor sensors of aligned carbon nanotube and polymer composites. J Am Chem Soc 2006;128:1412–13.

[14] Wang J, Musameh M. Carbon nanotube/teflon composite electrochemical sensors and biosensors. Anal Chem 2003;75:2075–9.

[15] Baughman RH, Cui C, Zakhidov AA, Iqbal Z, Barisci JN, Spinks GM, et al. Carbon

nanotube actuators. Science 1999;284:1340–4.

[16] Kim P, Lieber CM. Nanotube nanotweezers. Science 1999;286:2148–50.

[17] Kim H, Kim K, Lee C, Joo J, Cho S, Yoon H, et al. Electrical conductivity and electro-magnetic interference shielding of multiwalled carbon nanotube composites containing Fe catalyst. Appl Phys Lett 2004;84:589–91.

[18] Li N, Huang Y, Du F, He X, Lin X, Gao H, et al. Electromagnetic interference (EMI) shielding of single-walled carbon nanotube epoxy composites. Nano Lett 2006;6:1141–5.

[19] Stano KL, Chapla R, Carroll M, Nowak J, McCord M, Bradford PD. Copper-encapsulated vertically aligned carbon nanotube arrays. ACS Appl Mater Interfaces 2013;5:10774–81.

[20] Liu P, Sherman E, Jacobsen A. Design and fabrication of multifunctional structural bat-teries. J Power Sources 2009;189:646–50.

[21] Snyder JF, Wong EL, Hubbard CW. Evaluation of commercially available carbon fib-ers, fabrics, and papers for potential use in multifunctional energy storage applications. J Electrochem Soc 2009;156:A215–24.

[22] Gibson RF. A review of recent research on mechanics of multifunctional composite materials and structures. Compos Struct 2010;92:2793–810.

[23] Li C, Chou T. Electrical conductivities of composites with aligned carbon nanotubes. J Nanosci Nanotechnol 2009;9:2518–24.

[24] Lasater KL, Thostenson ET. thermoresistive characterization of multifunctional com-posites of carbon nanotubes. Polymer 2012;53:5367–74.

[25] Thostenson ET, Chou T. Carbon nanotube networks: sensing of distributed strain and damage for life prediction and self healing. Adv Mater 2006;18:2837–41.

[26] Kang I, Schulz MJ, Kim JH, Shanov V, Shi D. A carbon nanotube strain sensor for struc-tural health monitoring. Smart Mater Struct 2006;15:737.

[27] Qian H, Greenhalgh ES, Shaffer MS, Bismarck A. Carbon nanotube-based hierarchical composites: a review. J Mater Chem 2010;20:4751–62.

[28] Andrews R, Jacques D, Minot M, Rantell T. Fabrication of carbon multiwall nanotube/ polymer composites by shear mixing. Macromol Mater Eng 2002;287:395–403.

[29] Lau K, Lu M, Lam C, Cheung H, Sheng F, Li H. Thermal and mechanical properties of single-walled carbon nanotube bundle-reinforced epoxy nanocomposites: the role of solvent for nanotube dispersion. Compos Sci Technol 2005;65:719–25.

[30] Kim B, Lee J, Yu I. Electrical properties of single-wall carbon nanotube and epoxy com-posites. J Appl Phys 2003;94:6724–8.

[31] Miyagawa H, Drzal LT. Thermo-physical and impact properties of epoxy nanocompos-ites reinforced by single-wall carbon nanotubes. Polymer 2004;45:5163–70.

[32] Gong X, Liu J, Baskaran S, Voise RD, Young JS. Surfactant-assisted processing of car-bon nanotube/polymer composites. Chem Mater 2000;12:1049–52.

[33] Moore VC, Strano MS, Haroz EH, Hauge RH, Smalley RE, Schmidt J, et al. Individually suspended single-walled carbon nanotubes in various surfactants. Nano Lett 2003;3:1379–82.

[34] Zhu J, Kim J, Peng H, Margrave JL, Khabashesku VN, Barrera EV. Improving the dis-persion and integration of single-walled carbon nanotubes in epoxy composites through functionalization. Nano Lett 2003;3:1107–13.

[35] Dyke CA, Tour JM. Covalent functionalization of single-walled carbon nanotubes for materials applications. J Phys Chem A 2004;108:11151–9.

[36] Bryning MB, Islam MF, Kikkawa JM, Yodh AG. Very low conductivity thresh-old in bulk isotropic single-walled carbon nanotube–epoxy composites. Adv Mater 2005;17:1186–91.

[37] Seyhan AT, Tanoğlu M, Schulte K. Tensile mechanical behavior and fracture toughness

of MWCNT and DWCNT modified vinyl-ester/polyester hybrid nanocomposites produced by 3-roll milling. Mater Sci Eng A 2009;523:85–92.

[38] Thostenson ET, Ziaee S, Chou T. Processing and electrical properties of carbon nanotube/vinyl ester nanocomposites. Compos Sci Technol 2009;69:801–4.

[39] Gojny FH, Wichmann MH, Fiedler B, Bauhofer W, Schulte K. Influence of nano-modification on the mechanical and electrical properties of conventional fibre-reinforced composites. Compos Part A Appl Sci Manuf 2005;36:1525–35.

[40] Qiu J, Zhang C, Wang B, Liang R. Carbon nanotube integrated multifunctional multiscale composites. Nanotechnology 2007;18:275708.

[41] Thostenson ET, Gangloff Jr JJ, Li C, Byun J. Electrical anisotropy in multiscale nanotube/fiber hybrid composites. Appl Phys Lett 2009;95:073111. http://dx.doi.org/10.1063/1.3202788.

[42] Godara A, Mezzo L, Luizi F, Warrier A, Lomov SV, Van Vuure A, et al. Influence of carbon nanotube reinforcement on the processing and the mechanical behaviour of carbon fiber/epoxy composites. Carbon 2009;47:2914–23.

[43] Yokozeki T, Iwahori Y, Ishiwata S, Enomoto K. Mechanical properties of CFRP laminates manufactured from unidirectional prepregs using CSCNT-dispersed epoxy. Compos Part A Appl Sci Manuf 2007;38:2121–30.

[44] Gojny FH, Wichmann MH, Fiedler B, Kinloch IA, Bauhofer W, Windle AH, et al. Evaluation and identification of electrical and thermal conduction mechanisms in carbon nanotube/epoxy composites. Polymer 2006;47:2036–45.

[45] Thostenson ET, Li W, Wang D, Ren Z, Chou T. Carbon nanotube/carbon fiber hybrid multiscale composites. J Appl Phys 2002;91:6034–7.

[46] Zhu S, Su C, Lehoczky S, Muntele I, Ila D. Carbon nanotube growth on carbon fibers. Diamond Related Materials 2003;12:1825–8.

[47] Sager RJ, Klein PJ, Lagoudas DC, Zhang Q, Liu J, Dai L, et al. Effect of carbon nanotubes on the interfacial shear strength of T650 carbon fiber in an epoxy matrix. Compos Sci Technol 2009;69(6):898–904.

[48] Veedu VP, Cao A, Li X, Ma K, Soldano C, Kar S, et al. Multifunctional composites using reinforced laminae with carbon-nanotube forests. Nat Mater 2006;5:457–62.

[49] Garcia EJ, Wardle BL, John Hart A, Yamamoto N. Fabrication and multifunctional properties of a hybrid laminate with aligned carbon nanotubes grown in situ. Compos Sci Technol 2008;68:2034–41.

[50] De Riccardis M, Carbone D, Makris TD, Giorgi R, Lisi N, Salernitano E. Anchorage of carbon nanotubes grown on carbon fibres. Carbon 2006;44:671–4.

[51] Boskovic BO, Golovko VB, Cantoro M, Kleinsorge B, Chuang ATH, Ducati C, et al. Low temperature synthesis of carbon nanofibres on carbon fibre matrices. Carbon 2005;43(11):2643–8.

[52] Gao S, Mäder E, Plonka R. Nanocomposite coatings for healing surface defects of glass fibers and improving interfacial adhesion. Compos Sci Technol 2008;68:2892–901.

[53] Siddiqui NA, Sham M, Tang BZ, Munir A, Kim J. Tensile strength of glass fibres with carbon nanotube–epoxy nanocomposite coating. Compos Part A Appl Sci Manuf 2009;40(10):1606–14.

[54] Rausch J, Mäder E. Health monitoring in continuous glass fibre reinforced thermoplastics: tailored sensitivity and cyclic loading of CNT-based interphase sensors. Compos Sci Technol 2010;70:2023–30.

[55] Gao L, Chou T, Thostenson ET, Godara A, Zhang Z, Mezzo L. Highly conductive polymer composites based on controlled agglomeration of carbon nanotubes. Carbon 2010;48:2649–51.

[56] Delgado ÁV. Interfacial electrokinetics and electrophoresis. New York, NY, USA: CRC Press; 2001.

[57] Elimelech M, Jia X, Gregory J, Williams R. Particle deposition & aggregation: measurement, modelling and simulation. Woburn, MA, USA: Butterworth-Heinemann; 1998.

[58] Cho J, Konopka K, Rożniatowski K, García-Lecina E, Shaffer MS, Boccaccini AR. Characterisation of carbon nanotube films deposited by electrophoretic deposition. Carbon 2009;47:58–67.

[59] Chávez-Valdez A, Boccaccini AR. Innovations in electrophoretic deposition: alternating current and pulsed direct current methods. Electrochim Acta 2012;65:70–89.

[60] Bekyarova E, Thostenson ET, Yu A, Kim H, Gao J, Tang J, et al. Multiscale carbon nanotube-carbon fiber reinforcement for advanced epoxy composites. Langmuir 2007;23:3970–4.

[61] Lee S, Choi O, Lee W, Yi J, Kim B, Byun J, et al. Processing and characterization of multi-scale hybrid composites reinforced with nanoscale carbon reinforcements and carbon fibers. Compos Part A Appl Sci Manuf 2011;42:337–44.

[62] Guo J, Lu C, An F, He S. Preparation and characterization of carbon nanotubes/carbon fiber hybrid material by ultrasonically assisted electrophoretic deposition. Mater Lett 2012;66:382–4.

[63] An Q, Rider AN, Thostenson ET. Electrophoretic deposition of carbon nanotubes onto carbon-fiber fabric for production of carbon/epoxy composites with improved mechanical properties. Carbon 2012;50:4130–43.

[64] An Q, Rider AN, Thostenson ET. Hierarchical composite structures prepared by electrophoretic deposition of carbon nanotubes onto glass fibers. ACS Appl Mater Interfaces 2013;5:2022–32.

[65] Boccaccini AR, Cho J, Roether JA, Thomas BJ, Jane Minay E, Shaffer MS. Electrophoretic deposition of carbon nanotubes. Carbon 2006;44:3149–60.

[66] Van Den Einde L, Zhao L, Seible F. Use of FRP composites in civil structural applications. Constr Build Mater 2003;17:389–403.

[67] Chou T. Microstructural design of fiber composites. New York, NY, USA: Cambridge University Press; 2005.

[68] Kilbride BE, Coleman J, Fraysse J, Fournet P, Cadek M, Drury A, et al. Experimental observation of scaling laws for alternating current and direct current conductivity in polymer-carbon nanotube composite thin films. J Appl Phys 2002;92:4024–30.

[69] McNally T, Pötschke P, Halley P, Murphy M, Martin D, Bell SE, et al. Polyethylene multiwalled carbon nanotube composites. Polymer 2005;46:8222–32.

[70] Moisala A, Li Q, Kinloch IA, Windle AH. Thermal and electrical conductivity of single- and multi-walled carbon nanotube-epoxy composites. Compos Sci Technol 2006;66(8):1285–8.

[71] Sandler J, Shaffer M, Prasse T, Bauhofer W, Schulte K, Windle A. Development of a dispersion process for carbon nanotubes in an epoxy matrix and the resulting electrical properties. Polymer 1999;40:5967–71.

[72] Li C, Thostenson ET, Chou T. Dominant role of tunneling resistance in the electrical conductivity of carbon nanotube-based composites. Appl Phys Lett 2007;91:223114. http://dx.doi.org/10.1063/1.2819690.

[73] Fiedler B, Gojny FH, Wichmann MH, Bauhofer W, Schulte K. Can carbon nanotubes be used to sense damage in composites? Ann Chim 2004:81–94.

[74] Thostenson ET, Chou T. Real-time in situ sensing of damage evolution in advanced fiber composites using carbon nanotube networks. Nanotechnology 2008;19:215713.

[75] Li C, Chou T. Modeling of damage sensing in fiber composites using carbon nanotube networks. Compos Sci Technol 2008;68:3373–9.

[76] Gao L, Thostenson ET, Zhang Z, Byun J, Chou T. Damage monitoring in fiber-reinforced composites under fatigue loading using carbon nanotube networks. Philos Mag 2010;90:4085–99.

[77] Nofar M, Hoa S, Pugh M. Failure detection and monitoring in polymer matrix composites subjected to static and dynamic loads using carbon nanotube networks. Compos Sci Technol 2009;69:1599–606.

[78] Böger L, Wichmann MH, Meyer LO, Schulte K. Load and health monitoring in glass fibre reinforced composites with an electrically conductive nanocomposite epoxy matrix. Compos Sci Technol 2008;68:1886–94.

[79] Gao L, Chou T, Thostenson ET, Zhang Z, Coulaud M. In situ sensing of impact damage in epoxy/glass fiber composites using percolating carbon nanotube networks. Carbon 2011;49(8):3382–5.

[80] Arronche L, La Saponara V, Yesil S, Bayram G. Impact damage sensing of multiscale composites through epoxy matrix containing carbon nanotubes. J Appl Polym Sci 2013;128:2797–806.

[81] Monti M, Natali M, Petrucci R, Kenny JM, Torre L. Impact damage sensing in glass fiber reinforced composites based on carbon nanotubes by electrical resistance measurements. J Appl Polym Sci 2011;122:2829–36.

[82] Kinloch AJ. Adhesion and adhesives: science and technology. New York, NY, USA: Springer; 1987.

[83] Li G, Lee-Sullivan P, Thring RW. Nonlinear finite element analysis of stress and strain distributions across the adhesive thickness in composite single-lap joints. Compos Struct 1999;46:395–403.

[84] Lim AS, Melrose ZR, Thostenson ET, Chou T. Damage sensing of adhesively-bonded hybrid composite/steel joints using carbon nanotubes. Compos Sci Technol 2011;71:1183–9.

[85] Thostenson ET, Chou T. Carbon nanotube-based health monitoring of mechanically fastened composite joints. Compos Sci Technol 2008;68:2557–61.

[86] Friedrich SM, Wu AS, Thostenson ET, Chou T. Damage mode characterization of mechanically fastened composite joints using carbon nanotube networks. Compos Part A Appl Sci Manuf 2011;42(12):2003–9.

[87] Alexopoulos N, Bartholome C, Poulin P, Marioli-Riga Z. Structural health monitoring of glass fiber reinforced composites using embedded carbon nanotube (CNT) fibers. Compos Sci Technol 2010;70:260–71.

[88] Schumacher T, Thostenson ET. Development of structural carbon nanotube-based sensing composites for concrete structures. J Intell Mater Syst Struct 2014;25(11):1331–1339.

[89] Cardoso P, Silva J, Klosterman D, Covas JA, van Hattum FWJ, Simoes R, et al. The role of disorder on the AC and DC electrical conductivity of vapour grown carbon nanofibre/epoxy composites. Compos Sci Technol 2012;72:243–7.

[90] Kymakis E, Amaratunga GA. Electrical properties of single-wall carbon nanotube-polymer composite films. J Appl Phys 2006;99:084302.

[91] Mu M, Walker AM, Torkelson JM, Winey KI. Cellular structures of carbon nanotubes in a polymer matrix improve properties relative to composites with dispersed nanotubes. Polymer 2008;49:1332–7.

[92] Mohiuddin M, Van Hoa S. Electrical resistance of CNT-PEEK composites under compression at different temperatures. Nanoscale Res Lett 2011;6:1–5.

[93] He X, Du J, Ying Z, Cheng H. Positive temperature coefficient effect in multiwalled carbon nanotube/high-density polyethylene composites. Appl Phys Lett 2005;86:062112. http://dx.doi.org/10.1063/1.1863452.

纳米复合材料的定制光学特性

L. Nicolais[1] 和 G. Carotenuto[2]

[1] 那不勒斯大学，材料与化学工业工程系，意大利，那不勒斯
[2] 国家研究委员会，聚合物、复合材料和生物材料研究所，意大利，波蒂奇

7.1 功能性和多功能纳米复合材料

材料可以分为结构材料和功能材料，具体取决于它们所处的工业应用的类型。功能材料是指那些并非主要利用其力学性能，而是利用其特殊的物理化学或其他领域的功能的材料，这些材料的特征功能（如电力、光电、磁性、化学）使其能适应不同领域。多功能复合材料包括金属基、陶瓷基和聚合物基复合材料，通常是指复合系统和混合材料。这种功能性复合材料是通过人造不同固体物质的组合获得的多相材料，以获得各个组分本身不能具有的性质。当这些非均相体系包括纳米相时，它们被称为纳米复合材料或界面复合材料，因为它们的性质主要取决于界面特性。

多功能性是某些复杂材料同时提供不同技术有用性能的能力，这种能力自发地出现在纳米复合材料和其他纳米结构材料中（如超点阵光激性和结晶）。一个典型的例子就是石墨烯的应用：石墨烯在可见光谱区域具有导电性和光学透明性（石墨烯的透射率为 97.7%）（图 7.1）。然而可见透明度和电传导不是这种纳米结构中存在的唯一技术上可利用的性质。实际上，石墨烯在紫外光谱区域中非常强且宽的吸收带取决于其表面等离子共鸣（SPR），其位于 264nm，因此在紫外线环境下石墨烯可以用于制造滤光器件，并且聚合物同样适用紫外光谱。总之石墨烯能够自由处于分子领域并且这一性质可以为聚合物、聚合混合物和其他组织

结构提供阻燃性质。事实上石墨携带气体的功能材料已得到应用（如食品袋、电子产品袋）。石墨烯通过漩涡机制吸收微波，使其能制造 EMI-屏蔽材料、雷达吸收材料等。如果一些科技能够结合这些性质，则可以在其领域上发挥巨大优势。

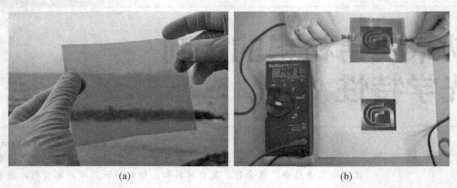

（a）　　　　　　　　　　　　　　　　（b）

图 7.1　聚合物负载的石墨烯（LDPE-石墨烯）作为导电和光学透明材料的实例

金属聚合物纳米材料是最重要的复合材料之一，具有很多不同的物理性质（图 7.2）。例如银聚合物合金同时具有表面防腐蚀、高光学透射率、加强纳米观测、完全不透射线和抗静电特性。

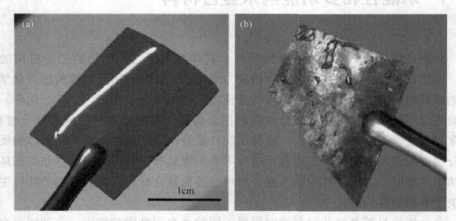

图 7.2　用于聚苯乙烯-金体系合金配方的聚合物样品（a）和金属样品（b）

7.2　纳米结构在嵌入式聚合物中的结构

当固体物质被降低到纳米级尺度时，新的热力学、物理、化学和催化性质就会出现。大多数这些新颖的特性（例如，电子限制、表面效应、尺寸依赖的磁性、表面附近的增强电场、SPR）可以用于许多技术领域中的高级功能应用。无论何种类型的材料（陶瓷、聚合物、金属等）都能获得纳米尺度的独特性能，然而由于材料的尺寸减小，在金属和半导体中性能的变化最显著。因此纳米结构材料的全球研究活动主要集中在金属和半导体纳米颗粒上。

因为尺寸太小，金属和半导体非常难处理、储存或使用。单个纳米结构可以通过特殊技术处理，例如表面隧道显微镜（STM）、介电电泳和磁泳，但是通过这些方法制造最简单的宏观装置（例如，单电子晶体管）也可能非常困难。常规 2D 或 3D 阵列（自组织中）完美的纳米结构的自发排列可以是制造基于纳米尺寸物体器件的重要方法，但是由此产生的超晶格仅具有有限数量的应用。如果纳米结构被支撑在特殊陶瓷基底上或嵌入有机或无机基质内，则可以容易地使用纳米结构（嵌入相也可以是液体，如在铁磁流体的情况下）。支撑的纳米结构主要用于制造非均相催化剂和特殊的气体吸收介质，但在所有其他情况下，处理纳米颗粒的优选方法是将它们嵌入适当的固体基质中。此外，嵌入的纳米结构受到化学保护并且对分子的吸收稳定。实际上纳米尺寸固体中的所有原子和分子都位于表面，因此它们是配位不饱和的，因此具有极强的反应性。例如：通过吸收存在于空气中的小分子（例如 SO_2）的氧化和污染对于一些金属纳米粉末来说是非常快速的过程。此外，涉及纳米尺寸固体的化学计量反应表现，贵金属如金、钯和铂在纳米尺度上不再具有化学惰性。纳米颗粒的嵌入是解决这种反应性问题的非常简单的方法。

毒性是纳米技术领域的一个新兴话题，它将决定这一重要领域未来的发展。由于毒性对处理大量纳米结构可能非常关键，并且它们以嵌入形式使用可能是一种非常有前途的方法。使用有毒纳米结构（例如，CdS、碲化物）的风险（R）表示为危险（H）和暴露（E）的乘积：

$$R = HE$$

嵌入过程减少裸露，可以降低风险。在未来，安全的嵌入型纳米结构可能会在纳米结构领域内得到快速发展。

到目前为止，嵌入金属纳米结构的研究活动主要通过使用无机主体（通常是玻璃）来完成。玻璃足以保护颗粒，但它们有两个主要缺点：一是玻璃介入会产生很高的温度，二是其缺乏可调节的物理或机械性质。聚合物嵌入纳米结构比起玻璃嵌入纳米结构有几个优点（图 7.3）。聚合物嵌入可以在不适当的温度和潮湿条件下完成，聚合物有广泛的物理性能，因此使纳米复合材料适用于许多技术应用，例如：聚合物可以是电介质或电导体/半导体，疏水或亲水固体，硬脆（热固性树脂）、软塑（热塑性）或弹性（橡胶）材料。各种特性对于设计用于不同技术领域的新型多功能材料具有重要性。

此外，聚合物可透过小的液态或气态分子，这种行为可与硬币金属纳米粒子

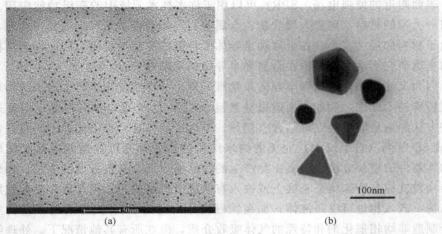

(a)　　　　　　　　　　　　　　　(b)

图 7.3　嵌入在聚（乙烯基吡咯烷酮）（PVP）基体中的钯簇的微结构（a）
和嵌入在无定形聚苯乙烯中的各种形状的金纳米晶体（b）

的 SPR 结合，在气体和液体的光学传感器制造中获得巨大的潜力（图 7.4）。与它们的化学性质不同，纳米结构的许多物理性质（例如，磁性、光学、电介质）通过嵌入过程实际上保持不变，使得该方法对于新材料的开发非常方便。

(a)　　　　　　　　　　　　　　　(b)

图 7.4　聚苯乙烯和磺化聚苯乙烯由金纳米颗粒的 SPR 染色

由于界面面积大，有几种聚合物特性受到纳米级固相填充的严重影响（例如，玻璃化转变温度、结晶度、热稳定性和透气性）[1-5]。

7.3　多功能纳米复合材料的应用

纳米结构具有巨大的功能应用潜力，因为它们可以通过控制其形态/结构特征来调整其物理性质。由于纳米粒子聚集体的性质与分离粒子的性质显著不同，在纳米复合材料中实现的特殊拓扑结构可进一步允许调节材料物理特性。这种独特的材料代表了一种革命性的方法，它具有巨大的功能材料开发潜力。聚合物嵌入的纳米金属颗粒可以用于各种技术领域（例如，光学、电子学和光子学）中的功能应用，但是涉及功能控制、多功能性等方面仅在开创性水平上是已知的，并且是系统的，仍然需要进行调查。聚合物基纳米复合材料的功能性质来自纳米级填料或聚合物和填料特性的组合。

自上而下和自下而上的方法都可用于制备金属纳米结构。然而，化学方法（自下而上的方法）对于大规模生产是最有效的，因为它们允许可重复生产大量这些材料[6,7]。由于功能控制非常重要，并且纳米级固相的性质严格依赖于尺寸和形状，因此必须开发允许形态控制的制备方案。用于金属-聚合物纳米复合材料制备的非常简单的化学技术基于在熔融聚合物基质中溶解热不稳定金属前驱体（例如金属盐、金属络合物或金属有机化合物），其通过加热产生金属原子而分解。首先使聚合物基质饱和，从而通过沉淀产生纳米级金属相。通常，聚合物相需要电子给体特性，以防止纳米颗粒聚集。与工艺温度密切相关，沉淀的金属相可以由以下颗粒组成：高数值密度的非常小的纳米颗粒（通常为几纳米）或更低数值密度的更大的纳米颗粒（50~80nm）。这种原位金属簇的产生提供了直接获得金属-聚合物纳米复合物作为反应产物的巨大优势。例如，根据以下反应方案，通过在250℃下 AuCl 的热分解，可以在熔融的聚苯乙烯基质内部产生金纳米颗粒：

$$n\,\mathrm{AuCl} \longrightarrow n\,\mathrm{Au} + n/2\mathrm{Cl}_2 \longrightarrow m\,\mathrm{Au}_n$$

类似地，乙酰丙酮银、乙酰丙酮铂和乙酰丙酮钯可用作原料合成聚苯乙烯中各纳米金属分散体的前驱体。硫醇盐（即硫醇盐）代表用于聚合物金属化的另一类重要的金属前驱体，在这种情况下，硫醇衍生的金属簇通常在聚合物基质内部产生。通过热退火可以在熔融聚合物中产生硫代-亚砷酸盐$[\mathrm{Au}_n(\mathrm{SR})_m, n<m]$、硫代银矿$[\mathrm{Ag}_n(\mathrm{SR})_m, n<m]$和许多其他贵金属和半金属纳米颗粒相应的硫醇盐，根据以下反应：

$$x\,\mathrm{Me}(\mathrm{SR})_m \longrightarrow \mathrm{Me}_x(\mathrm{SR})_y \longrightarrow (m-y)/2\mathrm{RSSR}$$

纳米复合材料可用于不同技术领域的许多先进功能应用中，原因在于：与小填料尺寸相关的光学透明度；由表面和限制效应引起的独特纳米相功能；各种有机-无机杂化物可能具有的特性。主要应用的简短描述如下。

由于大的表面发展，金属簇具有称为表面等离子体吸收的特殊性质。电子等离子体在光电场的作用下在金属表面振荡，并且可以以特定频率进行共振。因此，金属纳米颗粒可以通过这种特殊机制吸收光。硬币金属（金、银、铜）和它们的一些合金（例如 Pd/Ag、Au/Ag）的集群强烈吸收光，因此，它们可以用作颜料来制造光学限制器（滤色器、紫外线吸收器等）[8]。与传统有机染料相比的主要优点如下：①它们具有非常强烈的着色能力［例如，纳米银的光学消光约为 3×10^{11}（mol/L）$^{-1}$ cm^{-1}］；②具有高透明度；③具有耐光性；④提供制作超薄彩色薄膜的可能性。例如，嵌入无定形聚苯乙烯中的银纳米颗粒产生非常强的黄色着色。这些纳米粒子可以简单地通过 1,5-环辛二烯-六氟乙酰丙酮化物［Ag（hfac）（COD）］的热分解产生，溶解在聚苯乙烯中[9-11]。特别是高斯形峰表征了分散在该电介质中的银纳米粒子的 SPR（图 7.5）。由于不存在纳米颗粒聚集和随后的光散射现象，膜透明度非常好，直至浓度约为 30% 的银前驱体，因此通过改变溶解在聚合物中的［Ag（hfac）（COD）］的量，可以广泛地改变着色强度。使用合金金属簇（例如，金-银和铂-银合金）可以微调最大吸收频率，覆盖整个紫外-可见光谱范围。通常合金纳米颗粒的 SPR 波长由纯金属的 SPR 波长的线性组合给出。例如，对于合金化的 Ag/Au 纳米颗粒，它会产生：

$$\lambda_{Ag/Au}=\lambda_{Au}\phi_{Au}+\lambda_{Ag}(1-\phi_{Au})$$

式中，ϕ_{Au} 为合金中金的原子分数；λ 为纯金属和合金的 SPR 波长。

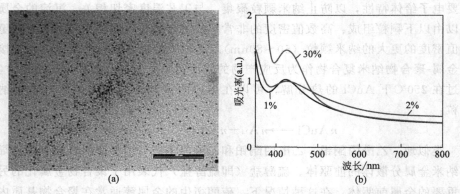

图 7.5　TEM 显微照片显示银聚苯乙烯纳米复合材料的微观结构及其光谱

当粒子在基质内单轴取向时，由于光诱导的偏振期间的偶极相互作用，两种不同的共振频率是可能的（纵向和横向等离子体振荡）[12]。这种性质可以用于光学偏振器制造[13]。通常通过冷拉伸原料纳米复合材料（例如，基于聚乙烯的材料）简单地实现填料的单轴取向，这种规则的形态产生偏振相关的光学特性，这允许人们制造出能够通过改变光偏振方向来改变颜色的光学滤波器。通过将液晶显示器与这些特殊滤色器（例如，多色单像素显示器）组合，可以获得许多电光器件。

光学传感器是非常有前景的装置，因为它们的使用不需要电子设备。不同类型的光学传感器（例如，化学传感器、压力传感器和热致变色材料）可以基于聚合物包埋金或银纳米颗粒。在这些纳米复合材料中，金属簇的 SPR 频率与颗粒间距离和主体介质折射率严格相关。由于外部刺激（例如，压力增加、温度变化和流体吸收），聚合物可能经历显著的结构变化。这些结构修饰可能影响客体金属的 SPR，产生可见的颜色变化。热致变色材料是由拓扑组织在无定形聚合物中的金属簇制成的系统，其形式为延伸的聚集体。金属簇不是绕结在一起，而是由薄的有机涂层隔开。在有机涂层熔点以下，材料显示聚集的纳米颗粒的表面等离子体吸收，而在此温度以上，涂层的膨胀不允许颗粒彼此相互作用，导致分离的颗粒着色（图 7.6）[14-16]。表 7.1 给出了两种不同硫醇衍生的银纳米颗粒的有序-无序转变温度。

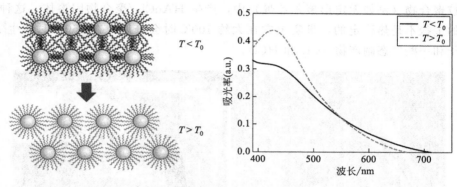

图 7.6　参与嵌入聚苯乙烯的银纳米颗粒的热致变色和
在转变温度下光谱变化的机理

表 7.1　两种银化合物的转变温度

银纳米颗粒种类	转变温度/℃
$Ag_n[S(CH_2)_{11}CH_3]_m$	113
$Ag_n[S(CH_2)_{11}OH]_m$	133

　　聚合物可通过吸收具有相当极性的流体而膨胀。如果共聚物包含 Au 或 Ag 纳米颗粒，则由于颗粒间距离和折射率变化，它们在溶胀过程中的着色发生变化。可以使用不同极性的聚合物制备各种基于等离子体的化学传感器，通过一次性快速剥离试验用于临床应用。橡胶是在压力下结晶的无定形聚合物，当用大量硬币金属纳米粒子填充时，它们可以根据施加的应力改变着色[17]，这种系统可用作光学压力传感器以测量变形。通常，聚合物传感器由于价格低、易处理、易于制造、可通过喷涂施加等而使用方便。

　　热反射器（热镜）是重要的功能装置，主要用于保护电子设备免受强烈的太阳光或火灾的损害。它们也用于低温应用、太阳能开发、军事技术（红外屏蔽）等。使用聚合物制造这些系统的可能性是至关重要的，因为聚合物可以制造成纺织品、泡沫，用作油墨和清漆，易于加工成各种形状，并用作黏合剂、密封剂等。具有高百分比纳米填料的金基纳米复合材料显示出强烈的反射红外（NIR）辐射的能力。通过热分解溶解在聚合物中的特殊金前驱体（盐），可以容易地大规模生产这些材料。如果使用光学塑料，所得到的纳米复合材料可以作为有效的红外屏障，但它对可见光和紫外线也是透明的（图 7.7）。例如，可以通过溶解在熔融电子给体聚合物中的四氯金酸（$HAuCl_4$）的热分解来简单地产生各种形状的金纳米晶体。$HAuCl_4$ 是一种非常常见的金化合物，它通过在零价金上作用王水（HCl/HNO_3）来制备。非极性 $HAuCl_4$ 分子也在高浓度下溶于普通的高科技聚合物（例如无定形聚苯乙烯）中，产生 $HAuCl_4$/聚合物固溶体。这种复杂的金盐不是热稳定的，事实上它在大约 100℃ 时会分解，在 150℃ 时产生 Au 原子和一些气态副产物（Cl_2 和 HCl）。

图 7.7   具有高 IR 反射率的金-聚苯乙烯纳米复合膜

如图 7.8 所示，原子聚类过程（即 $nAu \longrightarrow Au_n$）产生规则形状（三角形、五边形、金字塔形等）的纳米级 Au 晶体。通过热重分析（TGA）可以确定 $HAuCl_4 \cdot 3H_2O$ 热分解的最佳条件。分解过程包括三个步骤：① $HAuCl_4 \cdot 3H_2O$ 脱水同时失去 HCl 和 $AuCl_3$ 盐形成；②氯气损失（形成 AuCl）；③失去具有零价金形成的氯气。因为每个步骤都具有放热性质，这种热重分析信息可以通过差示扫描量热法（DSC）分析来证实。所得的 Au/聚合物纳米复合材料的特征在于由于纳米金的 SPR 很强，因此具有非常强的光学吸收（红色或蓝色）。嵌入聚苯乙烯的 Au 纳米晶体由面心立方（fcc）金制成，晶格参数为 4.077(2)Å。通过使用 AuCl 和 $AuCl_3$ 盐可以等效地实现该聚合物金属化过程。

金属簇的尺寸远低于可见光波长，因此它们不能散射可见光，并且通过将金属簇嵌入无定形聚合物（光学塑料）中来制备光学级材料。金属的特征在于可见光谱区域中的折射率值范围从 <1 到 ca.6。特别地，银和金等金属的折射率值非常低（银为 0.01，金为 0.5），而钨和锇等金属的折射率值非常高（钨为 4.0，锇为 6.0）。在低填充因子（质量分数 <15%）下，聚合物包埋的金属纳米颗粒的折射率由纯金属和聚合物折射率值的线性组合给出，但是在这种简单混合物规则的显著偏差中观察到更高的金属负载量。由于所有光学塑料的折射率接近

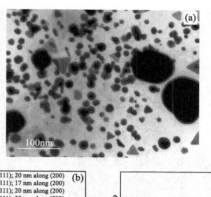

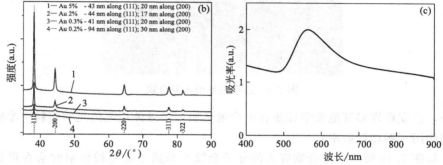

图 7.8 所生产的金-聚苯乙烯膜的微结构（a）、衍射图（b）和紫外-Vis 光谱（c）

1.5，因此通过引入金属填料来改变这些值的可能性在技术上非常重要[18]。具有超高/低折射率值的聚合物材料非常有用，例如，用于塑料波导制造（光纤需要用于芯的高折射率材料和用于包覆的低折射率材料）。与传统的无机光纤相比，这种塑料波导具有许多优点：价格低、力学性能好、通过熔融金属/聚合物共混物的共挤出容易连续生产等。

铁、镍、钴、钆、铬和锰合金，镧系元素等的铁磁颗粒减小到纳米尺寸不会产生散射现象，因此它们可以嵌入光学塑料中，使磁性材料对可见光透明（图7.9）[19]。由于透明性，这种磁性塑料可能具有重要的磁光应用，如制造法拉第的旋转器。特别地，诸如聚合物的介电材料产生低强度的法拉第效应（即当置于强磁场中时，它们旋转平面偏振光，但特征 Verdet 常数值低），在这些聚合物中存在铁磁性填料显著增加了法拉第效应，为磁光应用提供了足够的纳米复合材料，例如光学窗口（超快速快门）、光学调制器和光学隔离器。在不同的技术领域中强烈要求以基于入射光强度的光学特性为特征的材料。例如，有机太阳能电池可能因暴露于非常强烈的阳光而受损，保护这些光伏器件免受强光照射需要特殊的光学限制器，其吸收系数与光强度呈非线性关系。聚合物嵌入式半导体，如硫化铅（PbS），是这种应用的理想材料。基于 PbS 的光学滤波器在光照不足条件下几乎是透明的，并且在强烈的阳光下会产生强烈的吸收特性[18]。除了消光

图 7.9　透明磁性纳米复合膜

之外，已发现许多其他光学性质在由少量金属和半导体填充的光学塑料中非线性
地起作用（例如折射率）。

如图 7.10 所示，聚合物嵌入的分子金簇在暴露于紫外线辐射时会在可见光
谱区发出单色光[20-23]。这种分子金簇可以通过在温和的温度条件下（约 80℃）
对分散在聚合物中的金硫醇盐进行热退火来简单地生成[24]。

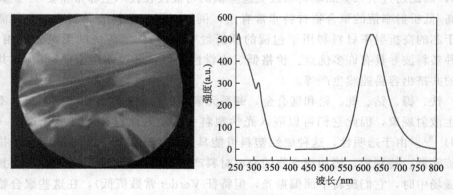

图 7.10　由十四烷基硫醇涂覆的荧光金簇及其 PL 光谱

发光的颜色可以通过将金簇与少量银合金化或通过化学键合到金表面的硫原
子将金核的电子结构与芳香族有机分子结合来调节（图 7.11）。

这些纳米复合材料可以用于不同的领域，例如，通过将普通光伏电池（塑料
太阳能电池或硅电池）与由金簇制成的荧光透明涂层相结合，可以简单地制造非
常灵敏的大面积紫外传感器。实际上，这种无规共聚物嵌入乙烯-乙酸乙烯共聚
物（EVA）基质中，对紫外线和可见光辐射非常透明，因此能够避免入射紫外

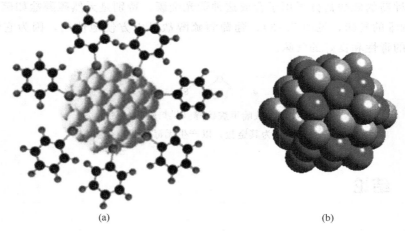

(a)   (b)

图 7.11   共轭金簇（a）和合金金银簇（b）的结构

线辐射和产生的可见光的衰减（图 7.12）。然而用于嵌入荧光金簇的更好的聚合物基质是：环状烯烃共聚物（乙烯-降冰片烯共聚物），其特征在于非常高的紫外线透射率；光学级硅氧烷（即聚硅氧烷）。

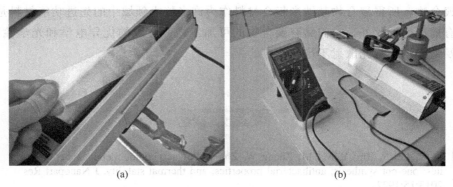

(a)   (b)

图 7.12   荧光金基纳米复合膜和简单的大面积紫外传感器
基于塑料光伏电池与氟香味透明的 Au-EVA 涂层的组合

光子器件的一个非常重要的特性是它们具有非常高的量子产率（QY）。表征硫醇衍生的金簇的 QY 值取决于在激发阶段通过 S—Au 键从配体转移到金属核的电荷量[25]，因此它取决于簇表面配体分子中有机基团增加 S 原子上电子密度的能力。通常烷基的稀缺的给电子能力导致所得硫醇衍生化的金簇的低 QY，然而在 N-甲基咪唑基团的情况下，出现完全不同的情况。事实上，在这种情况下，芳环电子密度高，并且能够通过共轭机制向 S 原子提供电子，从而增加通过 S—Au 键从配体到金属核的电荷转移。该机制解释了由不同聚合物包埋的分子金簇观察到的 QY 值的变化。

各种新的硫醇盐分子用于合成这种荧光金簇，特别是天然硫醇盐如硫代糠醇（烘焙咖啡的气味，见图7.13），葡萄酒硫醇盐可以方便地使用，因为它们具有非常低的毒性和良好的气味。

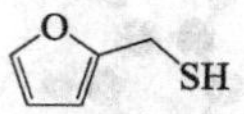

图7.13 呋喃甲烷硫醇（烘焙咖啡的气味，
可以转化为其金盐，以产生无毒的荧光金簇）

7.4 结论

纳米尺度物体的物理和化学性质，以及可从中获得的材料和器件，代表了新材料研究中最重要的领域之一。特别是近年来，由于介电金属结构在电子学和光子学的主要应用中的潜力，它们的科学发展呈现爆炸式增长。纳米结构金属的特征在于由表面和限制效应产生的新特性，许多这些特性可用于产生具有高级性能的聚合物，所得聚合物基纳米复合材料作为许多技术领域中的先进功能材料是非常有前途的。此外，它们具有聚合物的可加工性、金属的优异电学和光学性质，以及纳米填料的光散射不足的特点。

参考文献

[1] Li C, Cai Y, Zhu Y, Ma M, Zheng W, Zhu J. Polyacrylamide-metal nanocomposites: one-pot synthesis, antibacterial properties, and thermal stability. J Nanopart Res 2013;15:1922.

[2] Zhu L, Wang X, Gu Q, Chen W, Sun P, Xue G. Confinement-induced deviation of chain mobility and glass transition temperature for polystyrene/Au nanoparticles. Macromolecules 2013;46:2292–7.

[3] Mbhele ZH, Salemane MG, van Sittert CGCE, Nedeljkovic JM, Djokovic V, Luyt AS. Fabrication and characterization of silver-polyvinyl alcohol nanocomposites. Chem Mater 2003;15:5019–24.

[4] Zhu JF, Zhu Y-J. Microwave-assisted one-step synthesis of polyacrylamide-metal (M = Ag, Pt, Cu) nanocomposites in ethylen glycol. J Phys Chem B 2006;110:8593–7.

[5] Sajinovic D, Saponjic ZV, Cvjeticanin N, Marinovic-Cincovic M, Nedeljkovic JM. Synthesis and characterization of CdS quantum dots-polystyrene composite. Chem Phys Lett 2000;329:168–72.

[6] Carotenuto G, Nicolais L, Perlo P. Synthesis of polymer-embedded noble metal clusters by thermolysis of mercaptides dissolved in polymers. Polym Eng Sci 2006;46(8): 1016–20.

[7] Nicolais F, Carotenuto G. Synthesis of polymer-embedded metal, semimetal, or sulfide clusters by thermolysis of mercaptide molecules dissolved in polymers. Recent Patents Mater Sci 2008;1:1–11.

[8] Carotenuto G. Synthesis and characterization of poly(N-vynilpyrrolidone) filled by monodispersed silver clusters with controlled size. Appl Organomet Chem 2001;15:344–51.

[9] Carotenuto G, Palomba M, Nicolais L. Nanocomposite synthesis by thermolysis of [Ag(hfac)(COD] in amorphous polystyrene. Sci Eng Compos Mater 2012;19(2):195–7.

[10] Carotenuto G, Palomba M, Nicolais L. Nanocomposite preparation by thermal decomposition of [Ag(hfac)(COD] in amorphous polystyrene. Adv Polym Technol 2012;31(3):242–5.

[11] Carotenuto G, Palomba M, DeNicola S. A new high-soluble precursor for in situ silver nanoparticle generation in polymers. e-Polymers 2012;085.

[12] Dirix Y, Bastiaansen C, Caseri W, Smith P. Preparation, structure and properties of uniaxially oriented polyethylene-silver nanocomposites. J Mater Sci 1999;34:3859–66.

[13] Dirix Y, Darribere C, Heffels W, Bastiaansen C, Caseri W, Smith P. Optically anisotropic polyethylene-gold nanocomposites. Appl Opt 1999;38(31):6581–6.

[14] Carotenuto G, LaPeruta G, Nicolais L. Thermo-chromic materials based on polymer-embedded silver clusters. Sens Actuators B 2006;114:1092–5.

[15] Longo A, Carotenuto G, Palomba M, DeNicola S. Dependence of optical and microstructure properties of thiol-capped silver nanoparticles embedded in polymeric matrix. Polymers 2011;3:1794–804.

[16] Carotenuto G, Nicolais F. Reversible thermochromic nanocomposites based on thiolate-capped silver nanoparticles embedded in amorphous polystyrene. Materials 2009;2:1323–40.

[17] Caseri W. Color switching in nanocomposites comprising inorganic nanoparticles dispersed in a polymer matrix. J Mater Chem 2010;20:5582–92.

[18] Caseri W. Nanocomposites of polymers and metals or semiconductors: historical background and optical properties. Macromol Rapid Commun 2000;21:705–22.

[19] Peluso A, Pagliarulo V, Carotenuto G, Pepe GP, Davino D, Visone C, et al. Synthesis and characterization of polymer embedded iron oxide nanocomposites. Microw Opt Technol Lett 2009;51(11):2774–7.

[20] Carotenuto G, Longo A, DePetrocellis L, DeNicola S, Repetto P, Perlo P, et al. Synthesis of molecular gold clusters with luminescence properties by mercaptide thermolysis in polymer matrices. Int J Nanosci 2007;6(1):65–9.

[21] Carotenuto G, Nadal ML, Repetto P, Perlo P, Ambrosio L, Nicolais L. New polymeric additives for allowing photoelectric sensing of plastics during manufacturing. Adv Compos Lett 2007;16(3):89–94.

[22] Susha AS, Ringler M, Ohlinger A, Paderi M, LiPira N, Carotenuto G, et al. Strongly luminescent films fabricated by thermolysis of gold-thiolate complexes in a polymer matrix. Chem Mater 2008;20(19):6169–75.

[23] Cardone G, Carotenuto G, Conte P, Alonzo G. Synthesis and characterization of a novel high luminescent gold-2-mercapto-1-methyl-imidazole complex. Luminescence 2011;26(6):506–9.

[24] Zhou C, Sun C, Yu M, Qin Y, Wang J, Kim M, et al. Luminescent gold nanoparticles with mixed valence states generated from dissociation of polymeric Au(I) thiolates. J Phys Chem C 2010;114:7727–32.

[25] Wu Z, Jin R. On the ligand's role in the fluorescence of gold nanoclusters. Nano Lett 2010;10(7):2568–73.

多功能聚合物/ZnO纳米复合材料：可控分散与物理性能

Dazhi Sun[1] 和 Hung-Jue Sue[2]
[1] 南方科技大学，材料科学与工程系，中国，深圳
[2] 得克萨斯 A&M 大学，机械工程系，聚合技术中心，美国，得克萨斯州

8.1 引言

含有 ZnO 纳米粒子的多功能聚合物纳米复合材料由于其在光学、电子、光电等领域的潜在应用，在过去受到了广泛的关注[1]。ZnO 纳米颗粒在聚合物中的分散控制能力是实现聚合物纳米复合材料最佳性能的一个关键因素。ZnO 纳米颗粒通常表现为有机疏水的表面特征，通过直接混合能够产生明显的相分离现象，这种现象极大地阻碍了聚合物/ZnO 纳米复合材料的实际应用。例如，对于混合型太阳能电池，它含有 ZnO 纳米颗粒和共轭聚合物的功能层，当聚合物的渗透浓度良好时，纳米粒子能够得到较好的分散，从而得到更高的能量转换效率[2]。此外，高度聚集的 ZnO 纳米颗粒在聚合物中由于其尺寸与折射率不匹配，从而导致形成大量的光散射，阻碍了聚合物纳米复合材料的光学应用[3]。此外，聚合物基质的物理性质，如热稳定性，可以通过良好的分散增加 ZnO 纳米粒子和聚合物基质之间的界面面积得到显著改善[4]。

通常使用直接混合或原位聚合的方法制备聚合物/ZnO 纳米复合材料，并且通过纳米粒子的表面活性剂进行表面改性或改善无机纳米粒子与聚合物基体的相

容性[3-6]。但是这将导致一些不良的影响，如表面活性剂分子的积累会削弱聚合物基体，增加成本，抑制 ZnO 纳米颗粒的特性等。在本章中，ZnO 纳米颗粒未经表面改性而被分散到不同的聚合物基体中制备多功能纳米复合材料，利用无机分散剂剥离片状纳米微粒在纳米聚合物物理改性制造中引入了一种能够实现控制 ZnO 纳米颗粒在聚合物中分散的新方法。

8.2　ZnO 纳米颗粒的合成与表征

8.2.1　胶体 ZnO 纳米颗粒的制备与纯化

通过在碱性甲醇溶液中水解乙酸锌二水合物（99%，Fluke）而不添加表面活性剂或配体来合成胶体 ZnO 纳米颗粒，并通过改进的沉淀-再分散程序纯化[5]。对于典型的批次，首先搅拌含有 16mmol KOH（99.99%，Sigma-Aldrich）的 150mL 甲醇并在 60℃下回流 30min 以得到均匀溶液，随后将 50mL 0.16mol/L 乙酸锌二水合物（99%，Fluka）/甲醇溶液直接加入碱性甲醇溶液中，得到溶液中［Zn^{2+}］和［K^+］的浓度分别为 0.04mol/L 和 0.08mol/L。然后将该起始溶液在 60℃下老化并回流和搅拌，反应 2h 后，将 ZnO 溶液在 40℃下通过真空旋转蒸发浓缩 10 倍，再将己烷和异丙醇加入浓缩的 ZnO 甲醇胶体中，当己烷∶甲醇∶异丙醇＝5∶1∶1（体积比）后，沉淀出白色 ZnO 纳米颗粒，将混合物在 0℃保持过夜，直到 ZnO 纳米颗粒完全沉淀并沉降到容器的底部。除去上清液后，将 ZnO 沉淀物再分散于甲醇中。再次重复上述沉淀-再分散过程，除去 99.5% 的离子杂质[7]。

8.2.2　ZnO 纳米颗粒的表征

利用高分辨率透射电子显微镜（HR-TEM）JEOL 2010 HR-TEM 在 200kV 下观察胶体的 ZnO 纳米颗粒，将纯净的 ZnO 纳米颗粒在甲醇中进行再分散稀释，并将溶液滴到 400 目的碳包覆铜网上，把网格放在干燥器中干燥一天后进行观察。图 8.1(a) 展示了胶体 ZnO 纳米颗粒的 HR-TEM 图，ZnO 纳米颗粒高度结晶并且尺寸均匀，在 5nm 左右；在 HR-TEM 成像区域内统计 250 个纳米粒子，其平均粒径为 (5.0±0.3)nm [图 8.1(b)]。

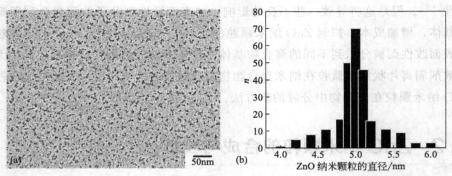

图 8.1   胶体 ZnO 纳米颗粒的 HR-TEM 图（a）和胶体 ZnO 纳米颗粒的尺寸分布，
粒径为（5.0±0.3）nm（b）

8.3   无机分散剂的制备

利用无机 α-磷酸锆（ZrP）片状纳米微粒来控制 ZnO 纳米颗粒在聚合物中的分散，通过循环加热的方法合成直径约为 100nm 的 ZrP 片状纳米微粒[8]，处理流程为：将 10.0g ZrOCl$_2$·8H$_2$O 与 100mL 3.0mol/L 的 H$_3$PO$_4$ 混合后在 100℃ 的条件下在烧杯中循环加热 24h，反应结束后用去离子水洗涤并且离心收集 3 遍，然后将样品在 65℃ 条件下干燥 24h，用研杵将研钵中的干样本研磨成细粉，通过使用摩尔比为 1:0.8 的氧化锆和氢氧化铵（TBA＋OH－1.0mol/L 的甲醇溶液，Sigma-Aldrich）溶液使纯 ZrP 片状纳米微粒在水溶液中被剥离，利用超速离心和再分散法，将被剥离的 ZrP 片状纳米微粒转移到丙酮中作为无机分散剂用来分散聚合物中的 ZnO 纳米粒子。图 8.2 是纯 ZrP 片状纳米微粒的扫描电镜图，在图 8.2 的插图中是一个直径在 100nm 的被剥离的 ZrP

图 8.2   纯 ZrP 片状纳米微粒的扫描电镜图
（插图中是一个单层剥离的 ZrP 片状纳米微粒的 HR-TEM 图）

片状纳米微粒。

8.4　直接溶液混合法

8.4.1　ZnO 纳米颗粒与 PMMA 的溶液混合

采用直接共混法制备多功能 PMMA/ZnO 纳米复合材料[9]，通过将纯 ZnO 纳米颗粒分散在甲醇和 PMMA（$M_n = 80500$）中并在丙醇中溶解，再将 ZnO/甲醇以及 PMMA/丙酮溶液混合搅拌，然后将纳米复合材料溶液倒在培养皿内，在真空下，溶剂完全蒸发后留下了 PMMA/ZnO 纳米复合膜样品，在三种不同质量分数（0.2%、0.4% 和 0.8%）下分别制备了 PMMA/ZnO 多功能纳米复合膜，为了作为参照，由 PMMA/丙酮溶液在上述方法下制备了均匀的 PMMA 膜。通过调整溶液的溶度和用量，使膜的厚度控制在 $30\mu m$ 左右，在溶剂蒸发后，将薄膜在 120℃ 与真空条件下加热 2h，用以消除聚合物中的其他溶剂。将 PMMA/ZnO 纳米复合膜进行超薄切片用来进行 HR-TEM 测试，首先将切片处理前的复合膜嵌入环氧树脂中，再用 Reichert-Jung Ultracut-E 切片机制备厚度为 70~100nm 的 HR-TEM 成像薄片。

8.4.2　直接混合在 PMMA 中的 ZnO 纳米颗粒的分散性表征

图 8.3 为三种质量分数（0.2%、0.4% 和 0.8%）下的 PMMA/ZnO 多功能纳米复合膜的 HR-TEM 图，在 HR-TEM 图中可以看出，ZnO 浓度的增加促使其聚集度逐渐增大，三种浓度下的纳米复合膜的平均总厚度估计值分别在 25nm、50nm 和 100nm 以下。显然可以看出，没有经过表面改性处理或使用其他分散剂，ZnO 纳米颗粒不能很好地分散在聚合物基体中。

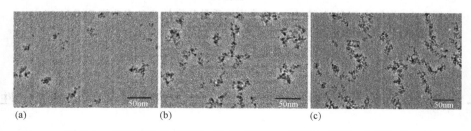

(a)　　　　　(b)　　　　　(c)

图 8.3　三种质量分数的 ZnO（0.2%、0.4% 和 0.8%）条件下的
多功能 PMMA/ZnO 纳米复合膜的 HR-TEM 图

8.4.3　直接溶液混合所得 PMMA/ZnO 纳米复合膜的光学性能

如图 8.4，通过使用 Ocean Optics USB2000-DT-Mini 光谱仪在投射模式下处理并记录在紫外-可见光下的 PMMA/ZnO 纳米复合膜。PMMA 膜不吸收波长在 300nm 以下的紫外线，而含有 ZnO 纳米颗粒的 PMMA 纳米复合膜能够吸收波长在 255～380nm(λ_{onset}) 的紫外线。紫外可见光谱也显示了随着 ZnO 纳米颗粒浓度的增加，在纳米复合膜中形成更大的聚集体的吸收峰以及 λ_{onset} 出现了红移，这一发现与 HR-TEM 的观察结果一致。ZnO 纳米粒子含量较少的 PMMA 复合膜对紫外线的屏蔽效率高，而随着复合膜中的 ZnO 纳米粒子的增多可以吸收更多的紫外线。例如：吸收峰约 340nm 时，纳米复合膜在 ZnO 纳米粒子质量分数为 0.2%、0.4% 和 0.8% 条件下分别能够吸收不高于 23%、34% 和 48% 的紫外线。如图 8.4 所示，除了能够屏蔽紫外线以外，PMMA/ZnO 在可见光范围内具有高透明度，在 λ_{onset} 后，ZnO 质量分数在 0.2% 和 0.4% 时的纳米复合膜与均匀的 PMMA 膜具有相同的透明度，而在质量分数在 0.8% 和波长大于 600nm 的条件下，其透光度与其他薄膜相同。而在 λ_{onset} 与 600nm 之间时却变得稍微不透明，这个范围内透明度的稍微降低最有可能是由于 ZnO 浓度的增加使复合膜中形成了较大的聚集体，从而导致了相对较短的波长发生散射。

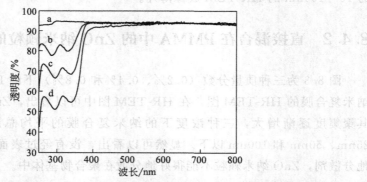

图 8.4　均匀的 PMMA 膜 (a)；含有不同质量分数 ZnO 的多功能 PMMA/ZnO
纳米复合膜的紫外-可见光谱的情况：(b) 0.2%；(c) 0.4%；(d) 0.8%
（所有样品的膜厚均在 30μm 左右）

8.4.4　直接溶液混合所得 PMMA/ZnO 纳米复合膜的热稳定性

使用 Q500 热重分析仪对多功能 PMMA 膜和 PMMA/ZnO 纳米复合膜进行热重分析（TGA），将大约 15mg 的一个小样本分别以 5℃/min 和 20℃/min 的恒定加热速率，从室温条件下升高到 550℃，然后在流速为 90mL/min 的空气中降温。图 8.5 给出了均匀的 PMMA 膜和 PMMA/ZnO 纳米复合膜在空气中的热分解剖面图，在两种加热速率（快速 20℃/min 和慢速 5℃/min）下，含有少量的 ZnO 纳米颗粒的 PMMA 膜比均匀 PMMA 膜的热稳定性高，当 PMMA 中的 ZnO 纳米颗粒的含量增加时，其热稳定性也提高。这些结果还表明，与迅速升温相比，在缓慢加热时，ZnO 纳米颗粒能够延缓 PMMA 的热降解。

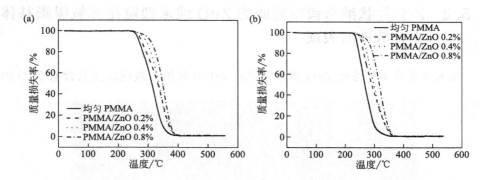

图 8.5 均匀的 PMMA 膜和 PMMA/ZnO 纳米复合膜在空气中的 TGA 图

(a) 20℃/min；(b) 5℃/min

所观察到的多功能 PMMA/ZnO 纳米复合材料热稳定性的改善原因可能在于：①与大尺寸粒子相比，微小的 ZnO 纳米颗粒能够大大增加界面面积，从而具有良好的分散性；②没有使用表面或有机配体；③ZnO 纳米颗粒在 PMMA 的加热过程中能够形成自由基的有效淬灭。

8.5 片状纳米微粒辅助的混合法

8.5.1 ZnO 纳米颗粒与 ZrP 片状纳米微粒在环氧树脂基体中的混合

剥离型 ZrP 片状纳米微粒用作一种制备多功能环氧树脂/ZnO 纳米复合材料的无机分散剂[10,11]。将平均环氧当量为 190 的双酚 A 二缩水甘油醚（DGEBA）环氧树脂与剥离型 ZrP 片状纳米微粒一起溶解在丙酮（烧瓶里的）中，再将纯 ZnO 纳米颗粒迅速加入上述溶液中，随后将溶液在 80℃ 的真空条件下进行旋转蒸发去除其中的溶剂。溶剂蒸发后，保持透明状态的环氧树脂将含有这两种类型的纳米粒子，然后将其冷却至室温后，再加入固化剂 Ancamine 1618。将混合后的环氧树脂倒入预热好的模具中，在 80℃ 条件下固化 24h，然后在温度为 100℃ 的烘箱里进行后固化处理 3h，并将固化后的样品留在烘箱中冷却至室温。利用上述方法，分别制备了含有质量分数为 0.5％剥离型 ZrP 片状纳米微粒的以及含有质量分数为 0.5％、1％、1.5％、2.0％ ZnO 纳米颗粒的多功能环氧树脂纳米复合材料，同样也制备了含有质量分数为 1.0％和 2.0％ ZnO 纳米颗粒的，以及含有质量分数为 0.5％剥离型 ZrP 片状纳米微粒的固化环氧树脂样品以及纯环氧树脂样品。

8.5.2　ZrP 片状纳米微粒辅助的 ZnO 纳米颗粒在环氧树脂基体中分散性的表征

图 8.6 为含不同浓度 ZnO 纳米颗粒和 ZrP 片状纳米微粒以及只含有 ZnO 纳

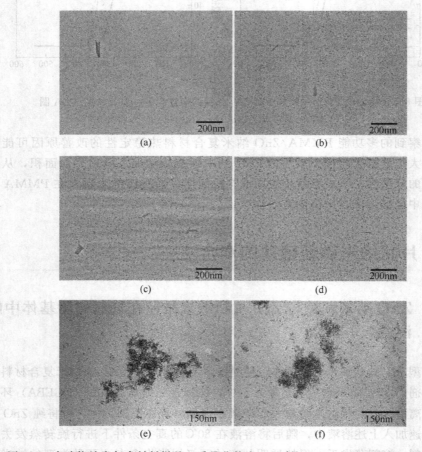

图 8.6　多功能纳米复合材料样品（质量分数为 0.5％的 ZrP 片状纳米微粒，质量分数为 0.5％、1.0％、1.5％、2.0％的 ZnO 纳米颗粒）的 HR-TEM 图（a）～（d）；环氧树脂样品（质量分数为 1.0％、2.0％的 ZnO 纳米颗粒）的 HR-TEM 图（e）和（f）

米颗粒的多功能环氧树脂纳米复合材料的 HR-TEM 图。样品中不含剥离型片状纳米微粒，ZnO 纳米颗粒能够在环氧树脂中形成大的聚集体，而由于剥离型片状纳米微粒的存在，ZnO 纳米颗粒独立分散并且均匀分布在环氧树脂中，这似乎是将 ZnO 纳米颗粒"冻结"在环氧树脂基体中。

8.5.3 可控纳米微粒分散的多功能环氧树脂/ZnO 纳米复合材料的光学吸收

使用 Hitachi（型号 U-4100）紫外-可见-近红外分光光度计，记录吸光度和透射模式下纯环氧树脂和多功能环氧树脂纳米复合材料的紫外可见光谱。图 8.7 为透射模式下环氧树脂纳米复合材料样品与纯环氧树脂样品的紫外-可见光谱。纯环氧树脂在波长大于 300nm 时透射率随着波长的增大而增加，直到波长大于 600nm 时，透射率达到饱和值 91%。波长超过 600nm 时，含有 ZrP 片状纳米微粒和 ZnO 纳米颗粒的多功能环氧树脂纳米复合材料与均匀的环氧树脂的透射率相似。此外，含有 ZrP 片状纳米微粒和 ZnO 纳米颗粒的多功能环氧树脂纳米复合材料在波长为 300～360nm 时的紫外吸收效率高，透射率在最初阶段具有尖锐的紫外-可见光谱，这表明了多功能环氧树脂纳米复合材料在可见光谱范围内没有任何程度的散射光。含有 ZnO 纳米颗粒的环氧树脂纳米复合材料在波长小于 370nm 时对紫外线也具有吸收作用，而它在吸收紫外线后透射率降低，并且从紫外线到可见光的过渡范围变宽，这是由于（基体中）存在 ZnO 纳米颗粒的大聚集体，从而分散了大量的光。

令人关注的是，这些多功能环氧树脂纳米复合材料样品初始阶段的透射率

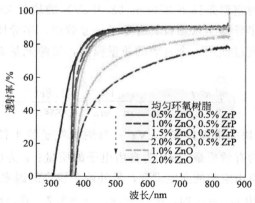

图 8.7　纯环氧树脂、多功能环氧树脂纳米复合材料样品（质量分数为 0.5% 的 ZrP 片状纳米微粒，质量分数为 0.5%、1.0%、1.5%、2.0% 的 ZnO 纳米颗粒）以及环氧树脂复合材料样品（质量分数为 1.0%、2.0% 的 ZnO 纳米颗粒）的紫外-可见光谱

也发生了移动。随着 ZnO 浓度的增加，含 ZrP 片状纳米微粒以及 ZnO 纳米颗粒的环氧树脂纳米复合材料样品初始阶段的透射率发生了红移现象。此外，含有 ZnO 纳米颗粒（1.0％和2.0％）的多功能环氧树脂纳米复合材料样品在初始阶段的透射率几乎是相同的，与含 ZrP 片状纳米微粒和 ZnO 纳米颗粒的多功能环氧树脂纳米复合材料样品相比已经发生了红移。图 8.8 为吸光度模式下的多功能环氧树脂纳米复合材料样品在波长 330～400nm 时的紫外-可见光谱，在吸收初始时具有类似的变化，这些环氧树脂纳米复合材料样品的初始阶段吸收（波长）被分别确定为 358.4nm、362.5nm、366.3nm、367.5nm、370.7nm 和 370.8nm。

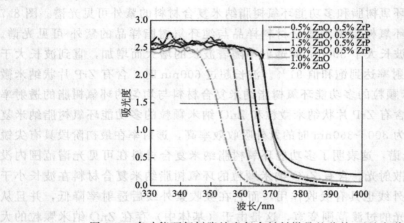

图 8.8　多功能环氧树脂纳米复合材料样品的紫外-可见光谱

　　图 8.9 为初始吸收在 359nm（对应于 3.453eV 带隙能量）时的胶体 ZnO 粒子的光学吸收谱，与室温条件下 370nm（3.35eV）的块状 ZnO 相比发生了明显的蓝移。这是由于半导体纳米颗粒具有量子尺寸效应。半导体纳米粒子的尺寸由带隙能量所决定，通过使用一个有效的质量模型，带隙能量 E^*（eV）可以近似表示为：

$$eE^* = eE_g^{\text{bulk}} + \frac{\eta^2 \pi^2}{2r^2}\left(\frac{1}{m_e^* m_0} + \frac{1}{m_h^* m_0}\right) - \frac{1.8e^2}{4\pi\varepsilon\varepsilon_0 r} + \text{smallerterms} \quad (8.1)$$

　　式中，E_g^{bulk} 为块的带隙能量，eV；r 为纳米粒子的半径；m_e^* 为电子的有效质量；m_h^* 为孔的有效质量；m_0 为自由电子的质量；e 为电子的电荷；ε 为相对介电常数；ε_0 为自由空间的介电常数；另外两个较小的因素通常可以忽略不计。对于 ZnO 来说，使用 $m_e^* = 0.24$，$m_h^* = 0.45$，$\varepsilon = 3.7$。式（8.1）是一个简单的单层有效质量模型，基于 $r = 2.50\text{nm}$（从 HR-TEM 统计分析所得），从方程中计算得出的带隙能量 $E^* = 3.454\text{eV}$，它接近图 8.9 所示的吸收初始时所确定的 3.453eV。

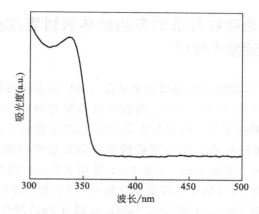

图 8.9　胶体 ZnO 粒子的光学吸收谱

　　ZnO 纳米颗粒在剥离的 ZrP 片状纳米粒子的作用下被引入环氧树脂中，质量分数为 0.5％时在 358.4nm 为吸收初始端，相应的带隙能量为 3.459eV，这与胶体中的 ZnO 纳米颗粒（3.453eV）相比发生了轻微的蓝移，这种变化可能是由 ZnO 纳米颗粒周围的介质差异引起的，这种现象的出现可能是由于纳米粒子与不同的介质发生偶极子-偶极子之间的相互作用。在当前的研究中，甲醇的介电常数为 32.66，而典型的环氧树脂的介电常数小于 10，这个值远小于甲醇。因此，对比环氧树脂与胶体的初始吸收端，介质中介电常数的差异似乎应该是发生轻微蓝移的原因。如图 8.8 所示，当 ZnO 纳米颗粒质量分数为 0.5％时，ZnO 纳米颗粒单独分散在多功能环氧树脂纳米复合材料中，并且粒子之间的平均距离大于 20nm ［图 8.6(a)］，这表明纳米粒子之间没有发生耦合效应。

　　然而，当环氧树脂中的 ZnO 纳米颗粒的浓度增加时，由于其分散性良好，所以颗粒间的距离变得更短，光吸收初始端的红移开始发生，这表明纳米粒子之间发生了耦合效应，并且明显地改变了环氧树脂纳米复合材料的光学性质。含质量分数为 1.0％、1.5％和 2％的 ZnO 纳米颗粒的环氧树脂纳米复合材料样品的带隙能量分别为 3.420eV、3.385eV 和 3.373eV，相应的红移分别为 39meV、74meV 和 86meV，而含有 ZnO 纳米颗粒质量分数为 0.5％的环氧树脂样品没有耦合效应发生。

　　在 HR-TEM 图中，当环氧树脂中没有嵌入片状纳米粒子时，其中没有使用有机封端剂的胶体 ZnO 纳米颗粒会形成聚集体（图 8.6）。在这种情况下会发生强烈的纳米颗粒耦合效应，样品的吸收初始端的预期值与 ZnO 块的值相同。事实上，根据图 8.8，只有含 ZnO 纳米颗粒质量分数为 1.0％和 2.0％的多功能环氧树脂纳米复合材料样品的吸收初始端（分别为 370.7nm 和 370.8nm）接近 ZnO 块（约 370nm）。

8.5.4　可控纳米微粒分散的多功能环氧树脂/ZnO 纳米复合材料的光致发光性能

　　图 8.10 展示了多功能环氧树脂纳米复合材料样品在激发波长为 320nm 下的光致发光（PTI QM-4/2006）光谱，所有的纳米复合材料样品中，ZnO 纳米颗粒都表现出完整的紫外发射。同时包含 ZrP 片状纳米微粒和质量分数为 0.5％、1.0％、1.5％和 2.0％的 ZnO 纳米颗粒的多功能环氧树脂纳米复合材料样品发射峰分别为 363.9nm、370.1nm、376.3nm 和 379.2nm，说明红移随 ZnO 浓度的增加而增加。只含 ZnO 纳米颗粒质量分数为 1.0％和 2.0％的纳米复合材料样品的放射峰分别约为 386.2nm 和 387.3nm，且都与 ZnO 块类似。

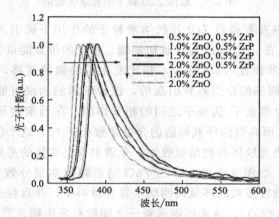

图 8.10　多功能环氧树脂/ZnO 纳米复合材料样品在
激发波长 320nm 下的光致发光光谱

　　由图 8.11 可知，在没有使用有机封端剂的条件下，胶体中的 ZnO 纳米颗粒通常表现为双发射峰：一个是相对尖锐的，但由于电子的重组以及近带边出现的空穴现象，它在紫外线范围内是一个弱峰；另一个是一个较宽且强烈的绿光发射峰，这种可见的发射光通常被认为是由 ZnO 表面存在氧空位引起的。通过使用有机封端剂，如聚乙烯吡咯烷酮，由于氧空位的表面钝化作用，ZnO 纳米颗粒表现出具有淬火的绿光发射和增强的紫外发射。令人关注的是，被嵌入环氧树脂中，即使没有使用有机封端剂，ZnO 纳米颗粒也能表现出完整的紫外发射。因此，在这项研究中，含有 ZnO 纳米颗粒的环氧树脂复合材料能表现出完整的紫外发射，可能是由于在乙酸酯和环氧树脂的固化后所遗留下的 ZnO 纳米颗粒的表面钝化作用。

　　在图 8.11 中，与胶体中 ZnO 纳米颗粒的光致发光谱相比，含有质量分数为

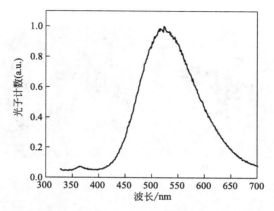

图 8.11　胶体中 ZnO 纳米颗粒的光致发光谱

0.5%的 ZnO 纳米颗粒和 ZrP 片状纳米微粒的多功能环氧树脂纳米复合材料的样品的光致发光谱的峰稍有蓝移，在之前已经讨论过，这可能是由媒介效应引起的。有一点是明确的，除了媒介效应引起的微小变化外，与胶体中的 ZnO 纳米颗粒的光致发光谱和吸收光谱相比，当质量分数为 0.5%的 ZnO 纳米颗粒分散在环氧树脂中时，没有发生明显的红移现象，所以是不会发生耦合效应的。然而，当环氧树脂中存在 ZrP 片状纳米微粒时，随着 ZnO 纳米颗粒浓度的增加，光致发光谱峰出现了红移现象，表明纳米粒子间发生了耦合效应。当多功能环氧树脂纳米复合材料样品中只含有 ZnO 纳米颗粒时，所形成的大的聚集体的两个光致发光谱的峰与 ZnO 块的类似。

8.5.5　ZrP 片状纳米微粒分散的多功能 PMMA/ZnO 纳米复合材料

在热塑性的 PMMA 基体中，ZrP 片状纳米微粒对 ZnO 纳米颗粒具有分散作用[12]。将 PMMA、纯 ZnO 纳米颗粒以及剥离的 ZrP 片状纳米微粒混合在丙酮中，然后通过溶液浇注法和溶剂蒸发法，首先制备了厚度为 100μm 的均匀多功能纳米复合膜样品。在 PMMA 中加入质量分数为 0.5%的 ZrP 片状纳米微粒以及 0.5%～3.0%的 ZnO 纳米颗粒，用于参照对比，同时还制备了两种不包含 ZrP 的样品。其中 ZnO 纳米颗粒的质量分数分别为 1.0%和 2.0%。

图 8.12 为多功能 PMMA/ZnO 纳米复合材料在有/无剥离的 ZrP 片状纳米微粒下的 TEM 图。当没有剥离的片状纳米微粒存在时，在 PMMA 基体中纯 ZnO 纳米颗粒会形成大的聚集体［图 8.12(a) 和 (b)］，这与没有使用 ZrP 片状纳米微粒的环氧树脂基体中的现象类似。然而，当添加了少量 ZrP 片状纳米微

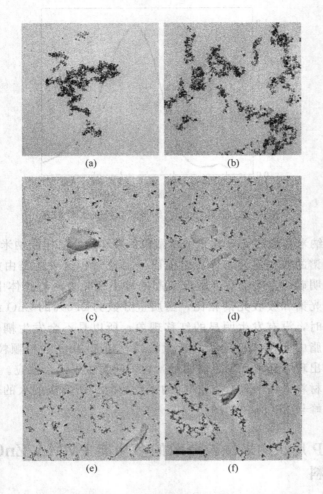

图 8.12　多功能 PMMA 纳米复合材料的 HR-TEM 图

(a) ZnO 纳米颗粒的质量分数为 1.0%；(b) ZnO 纳米颗粒的质量分数为 2.0%；
(c)～(f)ZrP 片状纳米微粒的质量分数为 0.5%，ZnO 纳米颗粒的质量分数
分别为 0.5%、1.0%、2.0%、3.0%

粒以后，ZnO 纳米颗粒的聚集度显著降低，如图 8.12(c)～(f)。在固定质量分数为 0.5% 的剥离的 ZrP 片状纳米微粒存在的条件下，观察到 ZnO 纳米颗粒随着质量分数从 3.0% 降到 0.5%，其聚集度越来越小，这表明剥离的 ZrP 片状纳米微粒与 ZnO 纳米颗粒的比值越大，纳米粒子的分散程度越高。ZrP 片状纳米微粒在 PMMA 中对 ZnO 纳米颗粒的分散作用似乎不如在类似条件下的环氧树脂中。可能的原因是，环氧树脂分子比 PMMA 分子的极性要大得多，从而导致前者的表面亲和力较大。

　　图 8.13 为日立（型号 U-4100）紫外-可见分光光度计下的 PMMA/ZnO 纳米复合膜的紫外-可见光谱。将溶剂蒸发后的多功能纳米复合膜在 120℃的环境下干燥一夜。在测试范围内的紫外线和可见光下，均匀的 PMMA 膜是透明的，而由于 ZnO 纳米颗粒的存在，多功能 PMMA 复合材料能够吸收 360～370nm 的紫外线，并且随着浓度的增高，其吸收的紫外线增加。每种条件下的多功能 PMMA 纳米复合膜在吸收初始端都发生了急剧转变，这表明在剥离的 ZrP 片状纳米微粒的作用下，ZnO 纳米颗粒的分散性良好。此外，在可见光范围下，与均匀的 PMMA 膜类似，所有的多功能 PMMA 纳米复合膜都是透明的。

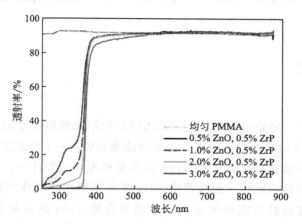

图 8.13　PMMA/ZnO 纳米复合膜的紫外-可见光谱

　　图 8.14 为 PMMA 膜中 ZnO 纳米颗粒的光致发光谱，在 320nm 的条件下，PMMA 中的 ZnO 纳米颗粒具有完整的紫外发射。然而与环氧树脂纳米复合材料

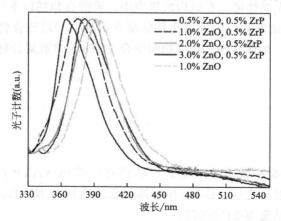

图 8.14　PMMA 膜中 ZnO 纳米颗粒的光致发光谱

样品所表现的趋势类似，随着 ZnO 纳米颗粒聚集度的增加，PMMA 纳米复合薄膜的发射峰会出现红移现象。当加入质量分数为 0.5% 的剥离的 ZrP 片状纳米微粒后，在质量分数为 0.5%、1.0%、2.0% 和 3.0% ZnO 纳米颗粒的 PMMA 中，光致发光峰分别为 365nm、375nm、381nm 和 387nm。随着 ZnO 纳米颗粒聚集度的增加，光致发光峰的红移现象会变得更加明显，这可能是由于纳米颗粒之间产生的耦合效应，这与在环氧树脂纳米复合材料样品中所发现的机制也是类似的。当纳米颗粒紧密接触时，相邻纳米颗粒之间会产生强烈的偶极-偶极相互作用，并且导致在聚集的纳米粒子之间发生光生电子和空穴的量子隧穿效应，这种强耦合效应极大地改变了纳米颗粒的光电性质，并导致光致发光峰发生明显的红移现象。

8.6 结论

本章介绍了一种新的策略，利用剥离的片状纳米微粒在不同的聚合物基体中分散无配体 ZnO 纳米颗粒，用来制备多功能聚合物/ZnO 纳米复合材料。通过引入无机片状纳米微粒，在没有使用表面活性剂或配体的条件下，通过调整纳米颗粒与片状纳米微粒的比值，能够调整 ZnO 纳米颗粒在热塑性或热固性基体中的分散状态，通过这种方法所制备的多功能聚合物/ZnO 纳米复合材料是高透明的，并且能够吸收紫外线。随着 ZnO 纳米颗粒在聚合物中浓度的增加，ZnO 纳米颗粒在聚合物中的分散及聚集状态发生了改变，从而使吸收初始端和光致发光峰产生红移现象，研究结果表明，通过控制 ZnO 纳米颗粒的分散状态及聚集度，同样能够控制其光学性能。在以后的研究中，可能会包括以下几点：①明白片状纳米微粒对 ZnO 纳米颗粒的分散作用的潜在机理；②对聚合物基体中的非球状纳米结构的研究，如纳米棒；③多功能聚合物/ZnO 纳米复合材料在光电设备中的应用。

致谢

作者感谢日本钟渊化学工业公司和得克萨斯州（ATP 授予 000512-0311-2003）为他们的财政支持。Dazhi Sun 博士也致谢资金 JCYJ20120830154526538 和国家自然科学基金委-21306077。

参考文献

[1] Xiong HM, Zhao X, Chen JS. New polymer-inorganic nanocomposites: PEO–ZnO and PEO–ZnO–LiClO$_4$ films. J Phys Chem B 2001;105(42):10169–74.

[2] Beek WJE, Wienk MM, Janssen RAJ. Efficient hybrid solar cells from zinc oxide nanoparticles and a conjugated polymer. Adv Mater 2004;16(12):1009–13.

[3] Li YQ, Fu SY, Mai YW. Preparation and characterization of transparent ZnO/epoxy nanocomposites with high-UV shielding efficiency. Polymer 2006;47(6):2127–32.

[4] Demir MM, Memesa M, Castignolles P, Wegner G. PMMA/zinc oxide nanocomposites prepared by in situ bulk polymerization. Macromol Rapid Commun 2006;27(10):763–70.

[5] Abdullah M, Morimoto T, Okuyama K. Generating blue and red luminescence from ZnO/poly(ethylene glycol) nanocomposites prepared using an in situ method. Adv Funct Mater 2003;13(10):800–4.

[6] Khrenov V, Klapper M, Koch M, Mullen K. Surface functionalized ZnO particles designed for the use in transparent nanocomposites. Macromol Chem Phys 2005;206(1): 95–101.

[7] Sun DZ, Wong MH, Sun LY, Li YT, Miyatake N, Sue HJ. Purification and stabilization of colloidal ZnO nanoparticles in methanol. J Sol–Gel Sci Technol 2007;43(2):237–43.

[8] Sun LY, Boo WJ, Sue HJ, Clearfield A. Preparation of alpha-zirconium phosphate nanoplatelets with wide variations in aspect ratios. New J Chem 2007;31(1):39–43.

[9] Sun DZ, Miyatake N, Sue HJ. Transparent PMMA/ZnO nanocomposite films based on colloidal ZnO quantum dots. Nanotechnology 2007;18 (215606), 6pp. http://dx.doi. org/10.1088/0957-4484/18/21/215606.

[10] Sun DZ, Sue H-J, Miyatake N. Optical properties of ZnO quantum dots in epoxy with controlled dispersions. J Phys Chem C 2008;112:16002–10.

[11] Sun DZ, Everett WN, Wong MH, Sue H-J, Miyatake N. Dispersion tuning of ligand-free ZnO quantum dots in polymer matrices with exfoliated nanoplatelets. Macromolecules 2009;42:1665–71.

[12] Sun DZ, Sue H-J. Tunable ultraviolet emission of ZnO quantum dots in transparent poly(methyl methacrylate). Appl Phys Lett 2009;94:253106.

第9章

纳米微粒改性基体的聚合物复合材料的新功能

K. Schulte，S. Chandrasekaran，Chr. Viets 和 B. Fiedler

汉堡科技大学（TUHH），聚合物和复合材料研究所，德国，汉堡

9.1 引言

当前随着人们对轻便、高效及节能结构的需求不断增长，纤维增强聚合物（FRP）得到了越来越多的重视。纤维增强聚合物在低密度时有着较高的机械性能，这使它具有极好的比刚度和强度。应用日益增加的玻璃纤维增强聚合物（GFRP）的一个例子，是用于风力发电机的转子叶片。转子叶片可能受到冲击，导致叶片内部结构的破坏，例如增强纤维的失效、层间分离和纤维断裂，这可能导致整个 GFRP 结构的压缩载荷突然失效，而且它们很难使用最先进的非破坏性评估（NDE）方法进行原位评估。为了提高安全性、减少停机时间、避免突发故障和优化检修时间，纤维增强聚合物结构的结构健康监测（SHM）受到了越来越多的重视。对纤维增强聚合物进行无损检测的方法有声频发射、热成像、X 射线、超声波和光学技术。虽然有些检测技术对纤维增强聚合物结构的检查非常详细，但是大多数的检测技术有着严重的缺点，例如不适合在现场对庞大或者复杂的结构进行健康监测等。纤维增强聚合物结构中健康监测比较有前途的方法是监测电气材料特性。

在碳纤维增强聚合物（CFRP）的结构中，可以使用导电纤维[1]。在玻璃纤维增强聚合物（GFRP）中，因为玻璃纤维是绝缘的，所以基质可以是导电的。在这里，我们讨论了基于碳纳米颗粒的导电基体，对力学性能和传感性能的影响和适用性，从而使复合材料成为真正的多功能材料。

9.2　碳基纳米颗粒

在元素周期表中排第六位的碳元素始终让人们有着极大的兴趣。材料科学家尤其对其结构可变性感兴趣，使碳成为最有前景的工程材料之一。由于碳元素的强 sp^1、sp^2 或 sp^3 共价键，使它具有独特的力学、热和电性能。

碳可以像金刚石或石墨一样结晶，也可以像炭黑（CB）或无定形碳一样无定形。在过去的几十年中，纳米尺度的特殊碳形态以其显著的工程性质受到了高度的关注。在图 9.1（a）中总结了一些这类元素的同素异形体，如以五边形和六边形形式排列的碳原子，与零维的富勒烯形成一个封闭的中空笼。一维的碳纳米管（CNTs）是由一个圆筒体（SWCNT，单壁碳纳米管）或许多的同心管（被称为多壁碳纳米管，MWCNTs）组成的，然而所谓二维的石墨烯，描述的是从三维石墨块上所获取的一个单层碳，它是一个单原子厚（约 0.345nm）的二维六边形网栅结构的薄片。据报道，对于碳纳米管和石墨烯，它们都具有高的杨氏模量，其大小为 1.1TPa，断裂强度为 75GPa，电导率为 10^5 S/m，热传导率高达 5000W/(m·K)[2]。用 Hummer 方法对石墨烯进行特殊的化学处理，可以合成所谓的热还原膨胀石墨氧化物（TRGO）[3]，在其非常褶皱的表面上含有羧酸基团［比较图 9.1（b）］。石墨烯的比表面积达 2630m²/g，与之相比，TRGO 的比表面积只有 600m²/g。

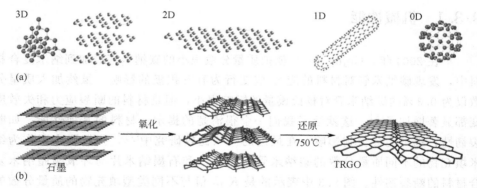

图 9.1　（a）选定的碳纳米同素异形体结构；（b）热还原的石墨烯氧化物的结构原理[3]

以上简略地描述了各种碳同素异形体的结构和性能。正是因为它们的结构和性能，吸引着科学家们用其作为聚合物材料的填充物，以此来显著提高材料的机械和电气性能。在本文中，我们对被用作聚合物填充物的不同碳纳米材料进行了论述，其中包括炭黑、碳纳米管、TRGO 和石墨纳米片（GNPs）。我们使用专门开发的三辊轧机将这些纳米粒子分布在交联环氧树脂聚合物等材料中[4,5]。环氧树脂材料在风机叶片、航空航天和其他的许多工业中都有着广泛的应用，在这些领域它们被用作嵌入增强玻璃纤维或碳纤维的基质。环氧树脂材料是由两种组分的聚合物组成的，一种是聚合物自己本身，第二种是硬化剂/催化剂。在硬化剂和催化剂被混入聚合物之前，纳米颗粒已经均匀地分布在聚合物中。然后其中的各种液体成分会互相反应，并逐渐固化成固体，即形成仅有聚合物和纳米填充物组成的纳米复合材料。这个过程的原理如图9.2所示。

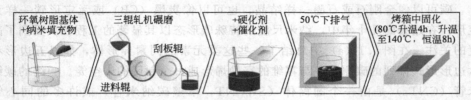

图9.2　制备纳米复合材料的原理[4]

在本章中，首先对纳米复合材料的力学和电学性能进行了介绍，之后会说明在纤维增强塑料（FRP）中作为基体的环氧树脂中，其填充的纳米颗粒是如何提高力学性能的，以及如何将导电基体用于损伤传感。

9.3　纳米复合材料性能

9.3.1　机械性能

早在2004年，Gojny等[5]就把质量分数很小的碳纳米管添加到纳米复合材料中，发现碳纳米管对材料的应力-应变行为有着积极的影响。虽然加入质量分数仅为0.3%的碳纳米管对杨氏模量的影响很小，但是材料的断裂应力和失效应变都显著增加了[6]。这就给了我们一个很清楚的提示：材料的其他性能，如断裂韧性，也可能会受到影响。在最近的一项比较研究中[7]，我们调查了作为纳米填充物的不同质量分数的碳纳米管、TRGO和石墨纳米片与环氧树脂纳米复合材料的断裂韧性。图9.3中表示的是K_{IC}值与不同类型填充物的质量分数的关系绘制的，显然在较低的填料含量（质量分数在0.1%到0.5%之间）的范围内，K_{IC}值随着填充物含量的增加而增大。当石墨纳米片的质量分数变高时（质量分数超过1%），我们可以发现K_{IC}的值有一个下降的趋势。据相关文献报道，当填料的质量分数超过一个特定的值时，纳米复合材料的断裂韧性就开始下降，而且目前的实验结果也支持了这一结论。

有趣的是，在相同的载荷条件下，这些填充物里TRGO的增韧效应是最显

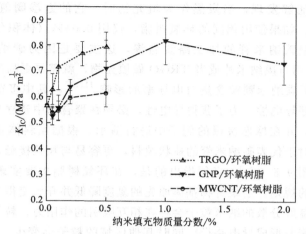

图 9.3　断裂韧性作为填料质量分数的函数[5,7]

著的。断裂韧性增加最大的是添加了质量分数为 5% 的多壁碳纳米管与环氧树脂复合材料，幅度也仅为 8%。对于石墨纳米片与环氧树脂复合材料，断裂韧性增大了 24%，与多壁碳纳米管增强环氧树脂及增幅为 40% 的 TRGO 环氧树脂相比，其增幅是它们的三倍。

在质量分数为 1% 时，我们可以观察到石墨纳米片环氧树脂复合材料的断裂韧性值开始减小。因为 TRGO 环氧树脂和石墨纳米片环氧树脂，比多壁碳纳米管环氧树脂在性能上表现出了更大的改进，因此仅对前两者进行详细的断裂力学分析。其中填料类型（即石墨纳米片和 TRGO）相同而 K_{IC} 值不同的原因，可能是由于填料的层数及存在的官能团引起的。还通过石墨的氧化制备了石墨合成的 TRGO，并且石墨烯片的厚度和尺寸也是重要的，因此它保留的一些剩余氧化功能就会"装饰"在它的表面以及薄片的边缘。进一步说，TRGO 与石墨纳米片这两者对环氧树脂增韧的效果相比，前者使环氧树脂的 K_{IC} 增加了 2 倍，主要是因为 TRGO 的部分层合板被氧化基团功能化，而且它的分散能力也更好。在片材边缘和表面存在的功能基团有助于其与环氧交联树脂的共价键结合[8]，从而增加了填料与基体的相互作用。

9.3.2　电性能

聚合物材料是绝缘的，只有很少的聚合物具有固有导电性。但是通过外加的导电纳米填料，它们也可以被制成导电的。其中导电粒子中的碳基纳米粒子就是候选材料。

在图 9.4 中显示的是由于填充物体积分数的不同，环氧树脂的电导率也随之改变。从图中能够发现，当炭黑作为填充物时，它的逾渗阈值达到了0.93％（体积分数）[9]。如果使用相同的环氧树脂，仅用0.04％（体积分数）的纳米管就可以完成多壁碳纳米管的加工路线逾渗，这主要是因为碳纳米管的高深宽比[10]。如果要用石墨纳米片或者TRGO做填充物，就需要更高的体积分数。图9.5（a）比较了碳纳米颗粒含量对电导率的影响[11,12]，其中多壁碳纳米管可以更好地实现良好导电性。为了获得导电性，必须在聚合物中建立导电路径，如图9.5（b）所示，并在球形炭黑的例子中进行演示。根据填料体积分数，可以形成导电通路。对于代表碳纳米管的棒状填料，更容易与颗粒接触，因此逾渗阈值会降到最低［图9.5（c）］。必须指出的是，在环氧树脂中要实现那么低的阈值也要依赖以下的规则：当聚合物基体原先的黏度降低并开始变得活跃时，其在固化的过程中，良好分散的纳米粒子会存在相互吸引的作用力。粒子彼此之间相互靠近，开始团聚并形成导电路径，同时其他区域的粒子会变少。有关详细信息，请参阅库勒[9]和桑德勒[10]等文献。

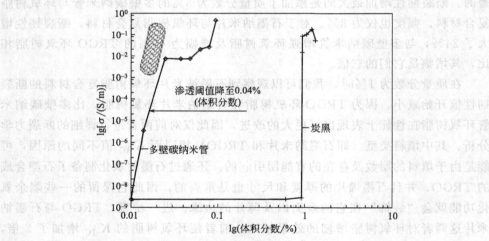

图9.4　电导率相对于多壁碳纳米管和炭黑的逾渗[9,10]

　　导电的纳米复合材料在传感器应用方面展现出了巨大的潜力[13]，特别是在纤维增强聚合物的结构构件领域。实现固有的自感特性，以观察损伤和应力/应变的变化是非常有意义的[14]。

9.3.3　传感性能

　　在上一节的总结中，我们已经很清楚地知道了碳纳米管是增加导电性最有效的纳米颗粒，因此，它们在聚合物和聚合物基复合材料中具有很好的应用前景。在黏性基体体系中，由于它们固有导电性高、宽高比大和典型的动态网状结构，

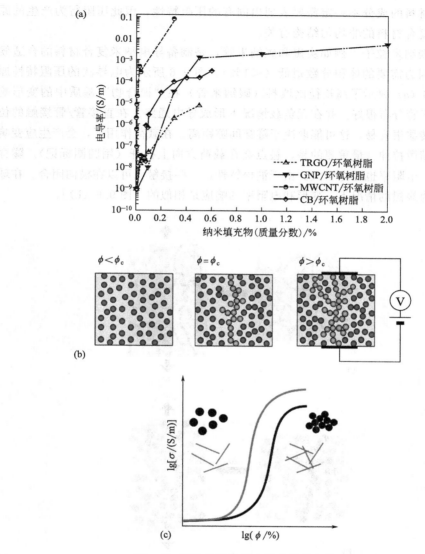

图 9.5 碳纳米微粒填充聚合物的电导率

(a) 电导率相对于纳米微粒的含量，比较炭黑、多壁碳纳米管、石墨纳米片和 TRGO[11,12]；
(b) 逾渗对球状导电性微粒的例子说明。ϕ 为微粒的体积分数；(c) 球状和棒状颗粒的
渗滤行为比较，电导率与体积分数的关系

因此只要使用体积分数极少的碳纳米管，就可以使其他的绝缘聚合物实现导电。

过去在 Wichmann 等[15] 使用炭黑和碳纳米管对碳/环氧复合材料进行的第一次综合研究中，已经分析了颗粒改性聚合物的压阻响应。Carmona 等[16] 研究了液体静压力对碳/环氧树脂和短纤维素环氧树脂聚合物电阻率的影响。作者

强调复合材料的成分不一定需要表现出固有的压阻特性，因此压阻行为产生的原因显然与复合材料的非均匀结构有关。

导电碳纳米粒子，例如炭黑和碳纳米管，是制备导电纳米复合材料的合适候选材料，因为需要的体积分数很低（<1％）。图9.6所示为电导法的压阻特性原理。图9.6（a）显示了高长径比填料（碳纳米管）在"聚合物"基质中的变形响应。碳纳米管分布很好，并在无负载情况下形成导电通路。在直接管/管接触的位置上电荷转移很容易，这可能取决于隧穿间隙距离。在载荷作用下，会产生应变响应，管会稍微拉伸，最重要的是，触点会在载荷方向上打开（用圆圈标记）。隧穿距离增大，电阻率也随之增大。由于泊松特性，一些接触面可以在横向闭合。在球状填充剂为炭黑的情况下，变形和电阻率的响应是相似的［图9.6（b）］。

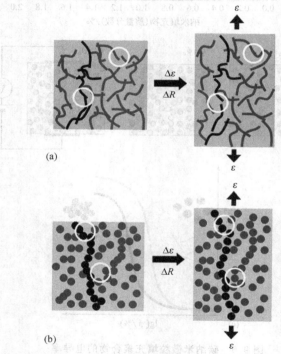

图9.6　在纳米复合材料的应力-应变传感
（a）高长径比的填料（碳纳米管）；（b）球形填充物（炭黑）

接触电阻（隧穿效应）控制压阻行为。

含有质量分数为0.1％多壁碳纳米管和质量分数为0.5％炭黑的环氧树脂纳米复合纤维的拉力测试如图9.7所示[15]。在测试期间，监控电阻率的变化。图9.7（a）显示的是应力-应变行为。由于填料的含量低，这两种材料的表现几乎是相同的。相对电阻变化 $\Delta R/R_0$ 相对于应变作图，如图9.7（b）所示。为了分

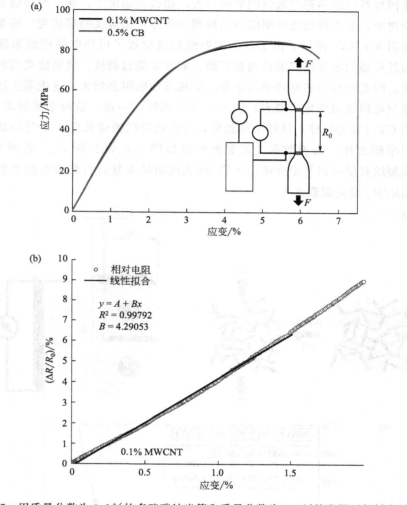

图 9.7   用质量分数为 0.1％的多壁碳纳米管和质量分数为 0.5％的炭黑环氧树脂纳米
复合材料的机械测试的应变和电阻率响应[15]
（a）对环氧树脂纳米复合材料的拉伸试验，插图显示电阻率测量的示意图；
（b）相对电阻变化 $\Delta R/R_0$ 与应变绘制成的曲线

析电导率响应，在弹性区进行了高达 2％应变的实验。对于应变高达 1.5％的
MWCNTs 纳米复合材料，有很好的线性近似。一旦这个方法能集成到玻璃纤维
增强塑料中，那将有助于推动技术的开发。

结果与在相似系统上进行的拉伸试验一致[17,18]，它支持纳米复合材料导电
性理论，而电阻与应变响应主要由颗粒间隧穿机制控制[19,20]。此外，直接操纵
碳纳米管的实验研究似乎表明，碳纳米管的电阻不受小弹性变形的影响[21,22]。

任何材料的破坏都与裂纹的形成有关，那么问题来了：在一种碳纳米颗粒填充聚合物中，能否使用电导率的方法检测（传感）出裂纹的形成呢？答案是可以的。如图 9.8（a）所示，由于一个扩展性裂纹导致了可导电的碳纳米微粒的分离，而且局部的电荷转移通道也被打断。如果要绕过裂纹，就需要更高的电荷转移长度，因此就会引起电导率的下降，而相反地电阻会增大。这表明扩展性裂纹的长度与电阻值的变化（增大）相关。为了证明这一点，给两个碳纳米管/环氧树脂的 CT（紧凑拉伸）试样施加载荷，可控载荷在裂纹长度为 a 时增加，它会与电阻率的变化一起被监测［设置的原理如图 9.8（b）所示］。在图 9.8（c）中，该裂纹长度可以与多壁碳纳米管/环氧树脂纳米复合材料的电阻系数相对变化值 $\Delta R/R_0$ 建立起联系[23]。

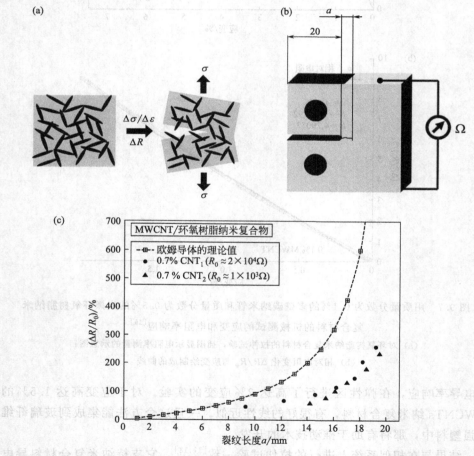

图 9.8   在多壁碳纳米管/环氧树脂纳米复合材料中扩展裂纹对电阻率的影响[23]
（a）由于扩展裂纹导致的电路中断；（b）测试装置（CT 试样）的示意图；
（c）相对电阻的变化与裂纹长度的关系

总之，在碳纳米颗粒填充的聚合物和导电聚合物中，是有可能通过裂缝的形式来感应应变和破坏的。

9.4　纤维增强复合材料

在工业上为了轻量化的设计，纤维增强复合材料已经开始使用。碳纤维增强聚合物和玻璃纤维增强聚合物被广泛应用于航空工业和风力涡轮机。纳米微粒改性基体提供了进一步提高纤维增强复合材料的总体力学性能的机会，特别是实现更高的损伤容限、延缓裂缝的形成和将第一层失效的开始移至更高的载荷水平。

当使用碳纳米微粒作为改性剂时，基体除了会导电外，它还会使玻璃增强纤维变成一个整体导电的材料，或者它会进一步提高壳体中碳纤维复合材料的导电性。

复合材料部件是高度异质且不透明的，因此难以在动态载荷条件下对复合材料部件进行无损检测（NDI）或原位健康监测。近年来，健康监测技术引起了复合材料科学领域的极大关注，尤其是航空工业的发展带来的推动，其中复合材料部件对操作安全至关重要。另一个重要的趋势是海上风能园区的发展，这些技术可以提供检查和维护的方法。原位健康监测的最重要的好处是，通过优化检查周期来防止灾难性故障和降低维护成本，从而提高安全性。在最佳情况下，健康监测系统可以提供对损伤位置和损伤程度的快速评估。在复合材料结构中典型的破坏是界面和层间开裂、纤维断裂、表面裂纹、分层、疲劳裂纹扩展和腐蚀。

尤其是内在的损伤，如基质开裂和脱层等，是很难用常规的无损检测方法来检测的。在纤维增强聚合物材料中，导电纳米复合材料基体体系具有感应破坏和应力应变的潜能，并有希望将传统的复合材料变成真正的多功能材料[1,14,17,24-29]。

9.4.1　碳纳米微粒填充基体的纤维增强聚合物

在本章中，我们报道了用极少量（质量分数为0.3%）的导电碳纳米填料（CB和MWCNTs）改性的玻璃纤维增强（非织造织物，NCF）环氧层压板和用质量分数为0.3%TRGO改性的碳纤维预浸料。为了评估这些多相复合材料的性能和传感潜力，进行了机械和电气联合试验。

为了将纳米颗粒分散在环氧树脂基体中，可使用图9.2描述过的分散方法来分散环氧树脂基体中的纳米颗粒[4]。

采用真空辅助树脂传递模塑（VRTM）和自制的预浸料缠绕机对预浸料进行改性。这个想法是让碳纳米颗粒，即实验中的MWCNTs和TRGO均匀地分布在增强纤维之间。有关该过程的更多详细信息，请参阅文献［17，30］。

我们已经在纳米复合材料章节9.3.1中表明，添加碳纳米颗粒对断裂韧性有着积极的影响（比较图9.3）：实验观察到的结果是断裂韧性增加了50％甚至更多，这种改进的性能还应该会影响基体主导损伤的发展，例如连续纤维增强复合材料内部裂纹的形成和/或分层扩展。

9.4.1.1　内部纤维断裂强度的影响

以玻璃纤维正交铺设NCF层合板为例，研究了横向裂纹（纤维间断裂，IFF）的发展过程。对于90°拉伸试样，叠放四层［0°，90°］-NCF，以实现［0°，90°，90°，0°］$_s$叠层。在图9.9（a）中显示的是应力-应变曲线和电阻-应变曲线（将在9.4.2节中讨论）[29]。只要第一横向裂纹发生在大约0.0033的应变水平，应力-应变曲线就会下降。随着机械载荷的增加，典型的载荷与破坏就会发生。首先，我们可以观察到应力-应变曲线的近似线性增加，之后由于在90°层中的硬玻璃纤维之间的基体应力集中，第一个基体产生了裂纹或是在90°层中的内部纤维发生了断裂。这些垂直于载荷方向的层，受到某些整体应变。因为环氧树脂基体的弹性模量大幅低于玻璃纤维的硬度，因此基体中的纤维之间会出现非常高的局部应变。这会在基体达到整体应变失效之前，引起一个早期的裂纹扩展。因此在第一个内部纤维断裂产生之后，无数的基体裂纹将进一步产生直至最后断裂。

第一个内部纤维断裂时出现的应力值或应变值是一个很重要的设计参数，因此复合材料部件不应该被加载比这还要高的压力水平。图9.9（b）总结了观察到MWCNTs和纯基质材料的第一个IFF时的应力。对于纯基体材料，内部纤维断裂时的平均强度是48.3MPa。加入多壁碳纳米管后，内部纤维断裂时的应力会增加约8％[29]。

这一点可通过对GF-NCF的［0°，45°，90°，−45°，45°，90°，−45°，0°］-叠层进行阶梯拉伸试验的研究得到解答，在该试验中，在每个连续稍高的载荷循环期间监测声发射［对比图9.10（a）］。图9.10（b）表示，在参考纯树脂系统中，声学活性更高。如果计算并绘制声学事件与时间的关系图，则具有MWCNTs改性基质的复合材料始终低于纯树脂的曲线[29]。

9.4.1.2　疲劳寿命的影响

为了研究纳米颗粒对GFRPs疲劳寿命的影响，［0°，45°，90°，−45°，45°，90°，−45°，0°］-铺层GF-NCF在应力比＝0.1（张力-张力）的恒定应力振幅下疲劳加载直至最终失效。对每个样品的疲劳破坏周期数进行计数，然后和各自对应的最大应力来绘制曲线，即SN曲线。疲劳寿命数据由线性函数拟合，揭示了

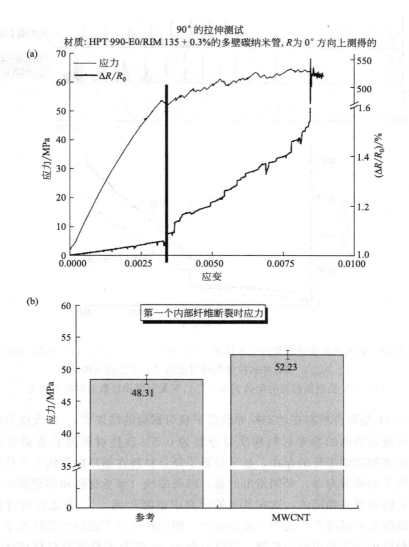

图 9.9　应力-应变曲线和多壁碳纳米管改性的 GFRP-NCF 复合材料在 90°-拉伸测试中的
电阻改变。第一 IFF 的应力用细实线标出。阻力在沿载入方向（0°方向）测得[30]（a）；
GFRP-NCF 复合材料（标准）的无改性和纳米微粒改性材料在 90°-
拉伸测试时，其第一个 IFF 开始的应力[30]（b）

对于大多数所测试的复合材料体系所测定的高系数（$R^2 > 0.8$）。实验结果表明，
加入环氧树脂基体中的多壁碳纳米管延缓了内部纤维裂纹的产生，而且最终的结
果是疲劳寿命达到了数量级的增加。

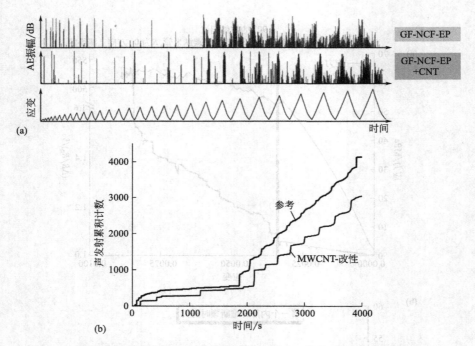

图 9.10　对纯的和碳纳米管改性基体的 [0°，45°，90°，－45°，45°，90°，－45°，
0°] NCF，在阶梯式拉伸测试时使用 AE 方法的破坏监测

（a）声频发射振幅与时间的关系；（b）声发射累积计数与时间的关系

　　图 9.11 是复合材料在动态拉伸载荷下疲劳试验的结果[30]。最大应力振幅的
下降，导致未修饰的参考材料和质量分数为 0.3％ 改性材料两者疲劳寿命的增
加。然而多壁碳纳米管的存在，显著提高了复合材料在循环加载约 1 个数量级的
循环载荷下的疲劳寿命。必须指出的是，两条曲线（参考材料和多壁碳纳米管改
性材料）的斜率是相同的，这在其他的研究中也能看到[31]。如之前所讨论的一
样，在准静态测试时产生的第一横向裂纹，随后转移到了更高的载荷水平。假设
疲劳试验中也会出现类似的机制，可以解释 MWCNTs 改性复合材料在整个载荷
循环过程中 SN 曲线向更高载荷循环的移动。这里，因为避免了由粒子周围的纳
米级裂缝核化而产生的内部纤维断裂，故内部纤维断裂的表象转移到了一个更高
的载荷周期[32,33]。对于具有纳米颗粒改性基体的疲劳加载复合材料，可能会出
现纳米颗粒/基体剥离和塑性空穴成核等非平面机制，从而提高 GFRPs 的疲劳
性能[32-34]。这样，在疲劳状态下裂纹发展的变化可以进一步地与准静态时断裂
韧性的增加相关联[35]。在早期的工作中已经报道过，使用环氧树脂基体的聚合
物（RIM135）的断裂韧性会增加[5,6]。

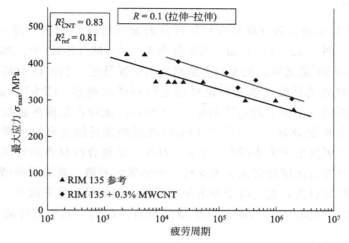

图 9.11　[0°，45°，90°，45°，45°，90°，45°，0°] NCF 复合材料在动态拉伸-拉伸载荷（$R = 0.1$）下的应力与负载循环数[30]

9.4.1.3　冲击后压缩的影响

作为碳纳米颗粒，可以对基体聚合物的断裂韧性产生积极的影响（见9.3.1），因此可以假设，分层生长和冲击后压缩（CAI）性能等其他损伤也会起到积极影响[36]。

在使用寿命期间，纤维增强聚合物部件容易受到冲击破坏。低速碰撞导致碰撞点附近产生多种损伤机制。IFF 和分层以及纤维断裂都是由于在靠近撞击点的层中发生挤压而形成的。对于厚层合板，脱层显示出松树图案，离撞击点越远，脱层越大。不同方向的相邻层之间会形成分层，并且随着冲击能量的增加而变大。IFF 和分层的形成主要受矩阵性质的控制[37-39]。因此，在 CAI 测试中，用于提高残余性能的其他纳米粒子已经分散在复合材料的层合板里。Ogasawara 等用质量分数多达 1% 的富勒烯，对碳纤维/环氧树脂层合板进行改进，结果是根据不同的冲击性能分别提高了 7%～15% 的 CAI 强度。对于过高浓度的富勒烯，其性能再一次下降，这归因于在分散体系中，富勒烯总量的增大和纤维体积分数的减少。尽管纤维的韧性增加，但观察到冲击破坏的大小却没有变化[40]。作为在脱层区域经过冲击及 3.5% CAI 强度增加的结果，改性基体产生了 5% 的下降[41]。

这里我们对分散在一个环氧树脂基体中的氧化石墨烯（质量分数为 0.3% 的 TRGO）的分散体系进行了描述。从预浸料（比较 9.4.1）制备了交叉铺层压板和 3mm 厚的层压板：10J 冲击载荷下的 [0/90]$_s$ CFRP 和 5J 冲击载荷下的 [0$_2$/

$90]_s$ GFRP[36]。

图 9.12 显示的是碳纤维复合材料样品的前侧超声 C-扫描，图 9.12 (a) 是没有改性的，图 9.12 (b) 是加入质量分数为 0.3% 的 TRGO 的。典型的形状分层形成于 0° 和 90° 层之间，较大的分层离冲击位置最远。TRGO 改性试验的分层尺寸减小。对玻璃纤维增强塑料也可以进行同样的观察。CFRP (a) 和 GFRP (b) 每类材料的五个试样的结果如图 9.13 所示。比较在正面的破损尺度，发现在无改性的与质量分数为 0.3% 的 TRGO 改性的碳纤维复合材料样品之间有少量的变化，前者脱层的大小减少了 8%。对碳纤维复合材料背面的破坏区域进行观察，显示出冲击区域趋向减少的这样一个清晰的趋势。玻璃纤维增强塑料样品表现出了类似的行为，但是由于冲击能的降低，损伤尺寸显著减小。加入质量分数为 0.3% 的 TRGO 改性的玻璃纤维增强塑料样品后，其平均背面脱层尺寸下降了 25%。

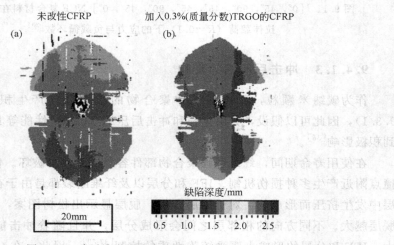

图 9.12 碳纤维增强聚合物试样（见彩图 9.12）

冲击载荷为 19J，前侧的超声 C-扫描，没有修饰的 (a) 和用 0.3%（质量分数）TRGO (b)

图 9.14 中显示的是碳纤维增强塑料 (a) 和玻璃纤维增强塑料 (b) 样品的 CAI 测试结果。加入质量分数为 0.3% 的 TRGO 改性的碳纤维增强聚合物样品，显示出其剩余压缩强度增加了 19%，结果令人满意。

在玻璃纤维增强塑料中可以获得类似的结果，但是与加入了质量分数为 0.3% 的碳纤维增强塑料样品相比，它的增加更加显著：基体改性样本发生失效的应力值增加了 55%。

实验结果清晰地显示出，使用 TRGO 的基体改性材料具有巨大的潜能。使用了 TRGO 的基体增韧会导致更小的冲击损伤尺寸，从而为设计师们指出了未来材料开发的前瞻性趋势。

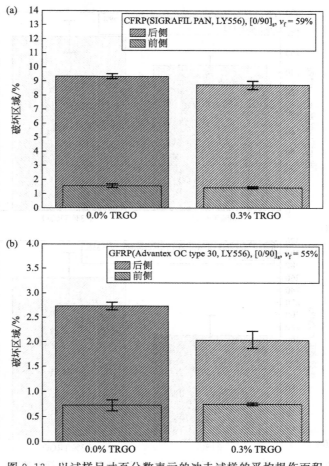

图 9.13 以试样尺寸百分数表示的冲击试样的平均损伤面积

（误差线显示一个标准差[36]）

（a）有改性的和无改性的碳纤维增强聚合物试样；（b）有改性和无改性的
玻璃纤维增强聚合物试样

9.4.2 用纳米碳颗粒改性基质传感

在之前的章节中，我们报道了碳纳米粒子对环氧树脂聚合物力学性能的积极作用。在玻璃纤维增强塑料和碳纤维增强塑料中，环氧树脂是最常使用的基体聚合物。如前一节所述，纯环氧树脂的力学性能的改善也可归因于纤维增强复合材料。研究还表明，基于碳纳米颗粒作为填料的环氧树脂会变成导电的。对不同类型的碳纳米粒子进行比较可知，TRGO 改善了力学性能，主要是断裂韧性；但是具有良好导电性能的碳纳米管是更好的选择［比较图 9.4 和图 9.5（a）］。

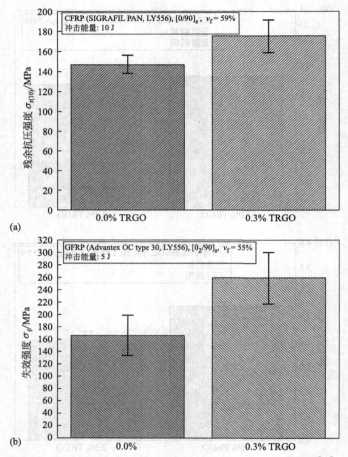

图 9.14 冲击试样的抗压残余强度（误差线显示一个标准差[36]）

（a）有改性的和无改性的碳纤维增强聚合物试样；（b）有改性和无改性的
玻璃纤维增强聚合物试样

因为玻璃纤维和基体都是绝缘体，玻璃纤维增强环氧树脂通常是不导电的。但用我们的方法使用导电基体制作的玻璃纤维增强塑料部件是完全导电的。这个导电性能也可以用于传感和健康监测中，这将在下文中说明[14,15,17]。

在图 9.9（见 9.4.1.1）中，对于交叉铺设的层压板，应力-应变曲线与相关电阻-应变特性一起显示，电阻的变化可以用作弹性状态下测量的表观机械载荷[30]。只要第一个横向裂纹发生在约 0.0033 应变水平上，应力-应变曲线就会下降，而电阻随之增加，这表明破坏开始发生，即这种类型的交叉铺设层压板试样的内部纤维开始产生横向裂纹。在图 9.8（a）中，已经演示了载荷诱发裂纹产生及直接电荷转移中断的原理。由于裂纹不得不绕道，导电性就会降低。在玻璃纤维增强复合材料（GFRP）中，尽管玻璃纤维不导电，导电基体允许对基体主导的失效机制进行健康监测和检测。

对于多壁碳纳米管改性层合板，可以将第一个基体裂纹的出现与电导率的显著增加联系起来，从而为在这种复合材料中进行原位损伤传感提供了可能。

动态载荷下，玻璃纤维 NCF 的拉伸-拉伸疲劳测试采用 $[0°，+45°，90°，-45°，+45°，90°，-45°，0°]$ 堆叠顺序以 0.3% MWCNT 作为导电填料的环氧基体，材料的电阻随着试样刚度的降低而增加（图 9.15）。为了测量试样在 0° 方向上的阻值，可在试样的正反面涂上导电的银漆。为了测量 z 轴方向上的阻

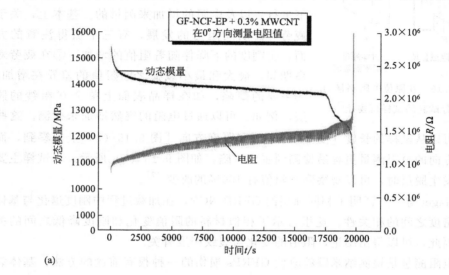

(a)

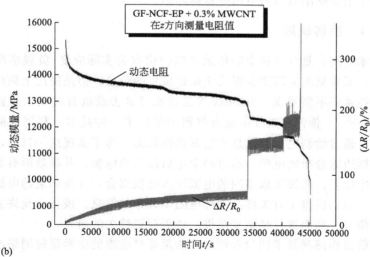

(b)

图 9.15　在动态拉伸载荷下试样刚度和电阻的变化[17]

（a）电阻在纵向 0°方向上测量；（b）电阻在 z 方向上测量

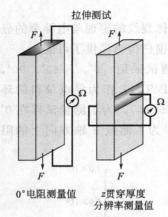

拉伸测试

0°电阻测量值   z贯穿厚度
分辨率测量值

图 9.16   在原位电阻测量的
疲劳试验的试样可视化[17]

值，可将一个 15mm 宽的电极从试样的中部施加到两侧，以此方式与拉伸试验的试样进行联系。该试样和拉伸疲劳试验装置如图 9.16 所示[17]。"z" 和 "0°" 表示的是力学测试时在原位上阻值测量的方向。图 9.15 中显示的是层合板刚度降低的曲线，用动态模量表示，动态模量是根据每个循环的磁滞回线中的最大值和最小值之间的斜率（试验在 6Hz 下进行）以及电阻的增加来测量的。基本上，关于疲劳寿命期间阻力的发展，有三个值得注意的方面：①刚度的下降伴随着阻值的增加；②在疲劳寿命期间，最大和最小载荷之间阻值的差异在增加；③主要的缺陷，如在样品表面上单个 0° 粗纱的脱层，例如：可以通过电阻的突然增加来检测。这些影响可以从试样的长度 [图 9.15 (a)]和厚度方向 [图 9.15 (b)]上观察到，而厚度方向的电阻测量更容易检测到主要缺陷，如图 9.15 (b) 所示。当试样主要部分发生脱层时，可以观察到其阻值有 100% 的改变[17]。

Gagel 等[42] 证明了相同铺层的 GFRP-NCR，在加载过程中刚度退化与基体裂纹密度之间的相关性。这里显示了相似材料的阻值变化和刚度降低之间的关系。因此，可以得出结论，阻值的变化与裂纹密度有关。

电阻测量是检测纳米颗粒改性 GFRPs 损伤的一种很有前途的方法。基体裂纹密度和单个主要缺陷对材料电阻有特殊影响。

9.4.2.1   损伤映射

对于技术应用，复合材料中的传感可以提供有关实际应变/负载情况或部件损伤的信息。最常见的是需要获得关于损伤位置的信息，但是使用上面讨论过的简单的传感技术还不能实现。Schüler 等是首次尝试去获取有关损伤位置信息的实验团队之一[25]。他们在碳纤维复合材料中使用了一种技术，利用载荷和导电碳纤维本身，通过绘制电阻率信息来监测损伤状态。为了实现这一目标，他们用沿着扁平试样边缘分布的电极，通过两个电极注入的电流，并测量所有其他相邻电极之间的电位差。通过采取不同的电流注入电极组合，并在剩余的电极上重复电位差测量，他们获得了有关样品内部电阻率分布的信息。该技术允许去映射损害的大小和位置。然而这只是初步结果，还需要更持久的研究。

解决先前损伤感测技术的局限性的方法是通过逾渗的纳米颗粒网络改变基质的电特性（而不是使用导电碳纤维），基质本身用作传感器材料，这种技术适用于碳纤维复合材料的组合。电阻测量允许以非常高的潜在分辨率，检测层间和层内基质失效。Viets 等[43] 使用单向玻璃纤维布作为纤维增强材料，在填充有质量分数为 0.7％ MWCNTs 的环氧基质中堆叠，以实现 $[0_6, 90_2]_s$ 的最终层压结构。在试样的两个表面上使用一个电极栅极，该栅极由平行线（每个表面 10 条，宽 1mm，间距 5mm）的导电银墨水组成。顶部电极栅极垂直于 0°纤维方向，底部电极栅极平行于 0°纤维方向。这就可以测量一个表面上两个相邻电极之间的电阻，以及放置在两个相邻电极间的样品的电阻：理想交叉点处厚度方向的电阻 [对比图 9.17 （a）]。就像 9.4.1.3 部分描述的那样，产生的影响和损害如图 9.17 （b） 所示。所提出的损伤映射方法的目标，是检测和定位由撞击引起的层间分层（见图 9.12），为了具体说明，他们创建了彩色损伤（阻值变化）图。

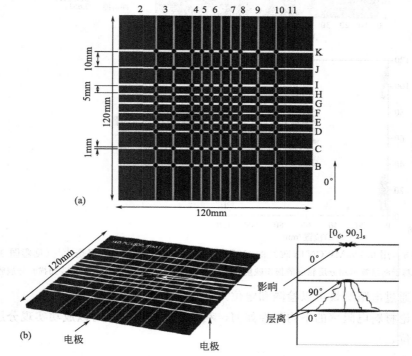

图 9.17　网络的底部（横向灰线）导电银墨水电极和顶部（竖向白线）在厚度方向上的理想化的测量点（交叉点）（a）和中央撞击破坏引起分层（b）（见彩图 9.17）

　　Y 方向等同于 0°纤维方向。图 9.18 （a） 展示了在一个环氧树脂基质包含质量分数为 0.7％的多壁碳纳米管的玻璃纤维增强聚合物损伤图。从图中可以清楚地看到，最大电阻变化为 9.2％，出现在冲击开始的试样中心区域。电阻的变化表明导电粒子网络有明显的损伤。黑点表示理想的测量数据点，这些数据点表示通过超声波 C-扫描评估的分层的外部轮廓。损伤图显示了分层的位置以及 X 和 Y 方向上损伤的大致扩展。由于逾渗网络的导电通路主要在重叠分层区域中断 [如图 30.18 （b）中相应的超声波 C-扫描所示]，因此该区域表现出最高的电阻

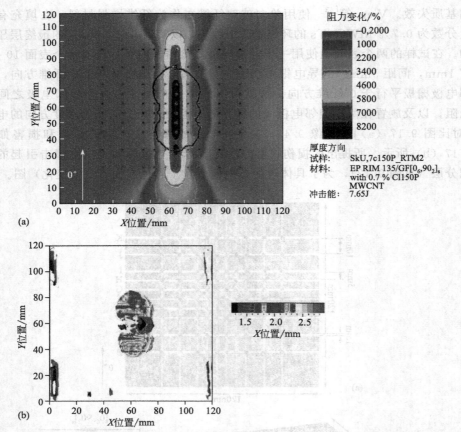

图9.18　用0.7%MWCNTs改性的GFRP试样在7.65J冲击下的损伤[43]（见彩图9.18）

(a) 基于网络技术和分层轮廓的损伤映射超声波C-扫描；(b) GFRP的超声波C-扫描，分层轮廓

变化。通过电阻测量可以检测和定位几乎看不见的碰撞相关损伤。

　　无论材料电阻率的不均匀性如何，利用损伤映射技术可以成功实现分层的检测和定位。

9.4.2.2　中心翼盒演示器的电气特性传感

　　为了表明能够通过导电基质感知变形和损伤，科学家设计并制造了一个2m长的全复合翼盒演示器［图9.19（a）］。所选材料与前面章节中讨论的GFRP NCF和环氧树脂相同。在盒子上下侧的最后一层，是多壁碳纳米管改性的导电环氧树脂基体，然后将盒子固定在一个跨度的一端，另一端连接于一个伺服液压缸。如图9.19（b）所示，为了方便测量，从前端到盒子上的各种位置都有制成的电阻连接。然后，对箱子进行重复加载历史记录[44]。第一次循环产生的位移如图9.20所示，晶石梁尖位移由浅灰线表示，测量从梁端到点4、5和10的电阻变化。可以看出，在圆柱体的第一次向下运动期间，当盒子的上层受到拉伸载荷时，在通道 4 和通道 5 中都可以检测到电阻率的增加，而通道 10 在底部测量时，检测到电阻率的减少，因为从这里开始压缩载荷。结果表明：

——通过电阻率测量可以对大型复合 GFRP 部件进行位移监测。还可能通过零件（这里是翼盒）的刚度减小来监控损伤，但是这里的工作没有达到这个水平。

——应变检测不仅可以在测试试样上进行，还可以在大型演示器部件上进行，并且可以进行远距离测量。

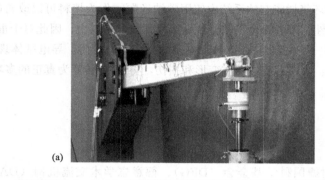

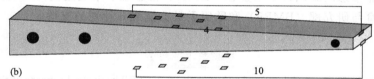

图 9.19　部分中央翼盒的演示装置

（a）固定在跨度中央翼盒的演示的照片；（b）由翼梁尖端测量距离为 4、5 和 10

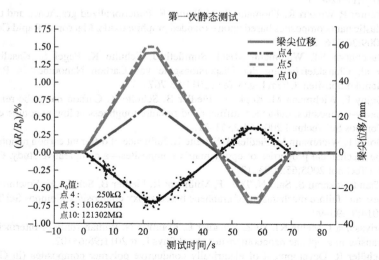

图 9.20　梁尖位移和产生电阻变化［见图 9.19（b）］的中央翼盒演示器

　　上述的结果只是发展过程中的一步，在未来，导电线（电缆）将直接集成到复合材料结构中。如果压电材料可以集成用于能量收集，则传感和健康监测与外部能源无关，并且结果可以通过层叠电路传输。

9.5　总结

　　结果表明，在环氧树脂基体系统中使用碳纳米颗粒作为填料可以改善断裂行为，同时可以实现导电性。两者都可以转移到纤维增强复合材料中，因此对于重要的力学性能（如 CAI 或第一层失效），可以导致更多的损伤容忍行为。导电基体现在可以实现新的功能，例如：直接感应应变或变形和损伤，将 FRP 转变为真正的多功能材料。

致谢

　　作者非常感谢德国科学基金会（DFG）、德意志学术交流机构（DAAD）、德国联邦教育与研究部（BMBF）和欧盟委员会框架 6 计划的支持。

参考文献

[1] Schulte K, Baron C. Load and failure analyses of CFRP laminates by means of electrical resistivity measurements. Compos Sci Technol 1989;36:63–76.

[2] Greil P. Perspectives of nano-carbon based engineering materials. Adv Eng Mater 2015;17:124–37.

[3] Steurer P, Wissert R, Thomann R, Mülhaupt R. Functionalized graphenes and thermo-plastic nanocomposites based upon expanded graphite oxide. Macromol Rapid Commun 2009;30:316–27.

[4] Buschhorn ST, Wichmann MHG, Sumfleth J, Schulte K, Pegel S, Kasaliwal R, et al. Charakterisierung der Dispersionsgüte von Carbon Nanotubes in Polymer-Nanokompositen. Chem Ingen Tech 2011;83:767–81.

[5] Gojny F, Wichmann M, Köpke U, Fiedler B, Schulte K. Carbon nanotube-reinforced epoxy-composites: enhanced stiffness and fracture toughness at low nanotube content. Compos Sci Technol 2004;64:2363–71.

[6] Goiny F, Wichmann M, Fiedler B, Schulte K. Influence of different carbon nanotubes on the mechanical properties of epoxy matrix composites—a comparative study. Compos Sci Technol 2005;65:2003–13.

[7] Chandrasekaran S, Sato N, Tölle F, Mülhaupt R, Fiedler B, Schulte K. Fracture toughness and failure mechanisms of graphene based epoxy composites. Compos Sci Technol 2014;97:90–99.

[8] Srivastava I, Mehta RJ, Yu Z, Schadler L, Koratkar N. Raman study of interfacial load transfer in graphene nanocomposites. Appl Phys Lett 2011;98:63102.

[9] Schüler R. Development of electrically conductive polymer composites (in German) [Ph.D. thesis]. Hamburg, Germany: Hamburg University of Technology, TUHH; 1994.

[10] Sandler J, Shaffer MSP, Prasse T, Bauhofer W, Schulte K, Windle A. Development of a dispersion process for carbon nanotubes in an epoxy matrix and the resulting electrical properties. Polymer 1999;40:5967–71.

[11] Chandrasekaran S, Faiella G, Prado LASA, Tölle F, Mülhaupt R, Schulte K. Thermally reduced graphene oxide acting as a trap for multiwall carbon nanotubes in bi-filler epoxy composites. Compos Part A 2013;49:51–7.

[12] Sumfleth J, Adroher XC, Schulte K. Synergistic effects in network formation and electrical properties of hybrid epoxy nanocomposites containing multi-wall carbon nanotubes and carbon black. J Mater Sci 2009;44:3241–7.

[13] Li C, Thostenson ET, Chou TW. Sensors and actuators based on carbon nanotubes and their composites: a review. Compos Sci Technol 2008;68:1227–49.

[14] Fiedler B, Gojny FH, Wichmann MHG, Bauhofer W, Schulte K. Can carbon nanotubes be used to sense damage in composites? Special issue: smart or adaptive materials, carbon nanotubes for sensing damage in composites. Ann Chim Sci Matér 2004;29: 81–94.

[15] Wichmann MHG, Buschhorn ST, Gehrmann J, Schulte K. Piezoresistive response of epoxy composites with carbon nanoparticles under tensile load. Phys Rev B 2009;80: 245437.

[16] Carmona F, Canet R, Delhaes P. Piezoresistivity of heterogeneous solids. J Appl Phys 1987;61:2250–557.

[17] Böger L, Wichmann MHG, Meyer LO, Schulte K. Load and health monitoring in glass fibre reinforced composites with an electrically conductive nanocomposite epoxy matrix. Compos Sci Technol 2008;68:1886–94.

[18] Hu N, Karube Y, Yan C, Masuda Z, Fukunaga H. Tunneling effect in a polymer/carbon nanotube nanocomposite strain sensor. Acta Mater 2008;56:2929–36.

[19] Kilbride BE, Coleman JN, Fraysse J, Fournet P, Cadek M, Drury A, et al. Experimental observation of scaling laws for alternating current and direct current conductivity in polymer-carbon nanotube composite thin films. J Appl Phys 2002;92:4024–30.

[20] Li C, Thostenson ET, Chou TW. Dominant role of tunneling resistance in the electrical conductivity of carbon nanotube-based composites. Appl Phys Lett 2007;91:223114.

[21] Gómez-Navarro C, de Pablo PJ, Gómez-Herrero J. Studying electrical transport in carbon nanotubes by conductance atomic force microscopy. J Mater Sci Mater Electron 2006;17: 475–82.

[22] Paulson S, Falvo MR, Snider N, Helser A, Hudson T, Seeger A, et al. In situ resistance measurements of strained carbon nanotubes. Appl Phys Lett 1999;75:2936.

[23] Viets C. Polymer nanocomposites with piezoresistive properties as matrix for structural integrity monitoring of fibre reinforced polymers (in German) [Ph.D. thesis]. Hamburg, Germany: Hamburg University of Technology, TUHH; 2014.

[24] Schulte K, Baron Ch. Load and failure analysis of CFRP laminates by electrical resistivity measurements. Compos Sci Technol 1989;36:63–76.

[25] Schüler R, Joshi SP, Schulte K. Damage detection in CFRP by electrical conductivity mapping. Compos Sci Technol 2001;61:921–30.

[26] Kupke M, Schulte K, Schüler R. Non-destructive testing of FRP by d.c. and a.c. electrical methods. Compos Sci Technol 2001;61:837–47.

[27] Thostenson ET, Chou TW. Carbon nanotube networks: sensing of distributed strain and damage for life prediction and self healing. Adv Mater 2006;18:2837–41.

[28] Park JM, Kim DS, Kim SJ, Kim PG, Yoon DJ, DeVries KL. Inherent sensing and interfacial evaluation of carbon nanofiber and nanotube/epoxy composites using electrical resistance measurement and micromechanical technique. Compos Part B Eng 2007;38: 847–61.

[29] Thostenson ET, Chou TW. Real-time in situ sensing of damage evolution in advanced fiber composites using carbon nanotube networks. Nanotechnology 2008;19:215713.

[30] Böger L, Sumfleth J, Hedemann H, Schulte K. Improvement of fatigue life by incorporation of nanoparticles in glass fibre reinforced epoxy. Compos Part A 2010;41:1419–24.

[31] Manjunatha CM, Taylor AC, Kinloch AJ, Sprenger S. The tensile fatigue behaviour of a silica nanoparticle-modified glass fibre reinforced epoxy composite. Compos Sci Technol 2010;70:193–9.

[32] Grimmer CS, Dharan CKH. High-cycle fatigue of hybrid carbon nanotube/glass fiber/polymer composites. J Mater Sci 2008;43:4487–92.

[33] Rafiee MA, Rafiee J, Srivastava I, Wang Z, Song H, Yu Z-Z, et al. Fracture and fatigue in graphene nanocomposites. Small 2010;6:179–83.

[34] Yavari F, Rafiee MA, Rafiee J, Yu Z-Z, Koratkar N. Dramatic increase in fatigue life in hierarchical graphene composites. ACS Appl Mater Interfaces 2010;2:2738–43.

[35] Hsieh TH, Kinloch AJ, Masania K, Lee JS, Taylor AC, Sprenger S. The toughness of epoxy polymers and fibre composites modified with rubber microparticles and silica nanoparticles. J Mater Sci 2010;45:1193–210.

[36] Mannov E, Schmutzler H, Chandrasekaran S, Viets C, Buschhorn S, Tölle F, et al. Improvement of compressive strength after impact in fibre reinforced polymer composites by matrix modification with thermally reduced graphene oxide. Compos Sci Technol 2013;87:36–41.

[37] Abrate S. Impact on composite structures. Cambridge, UK: Cambridge University Press; 1998.

[38] Cantwell WJ, Morton J. Detection of impact damage in CFRP laminates. Compos Struct 1985;3:241–57.

[39] Soutis C, Curtis PT. Prediction of the post-impact compressive strength of CFRP laminated composites. Compos Sci Technol 1996;56:677–84.

[40] Ogasawara T, Ishida Y, Kasai T. Mechanical properties of carbon fiber/fullerene-dispersed epoxy composites. Experimental techniques and design in composite materials. Compos Sci Technol 2009;69:2002–7.

[41] Ashrafi B, Guan J, Mirjalili V, Zhang Y, Chun L, Hubert P, et al. Enhancement of mechanical performance of epoxy/carbon fiber laminate composites using single-walled carbon nanotubes. Compos Sci Technol 2011;71:1569–78.

[42] Gagel A, Lange D, Schulte K. On the relation between crack densities, stiffness degradation and surface temperature distribution of tensile fatigue loaded glass-fiber non-crimp-fabric reinforced epoxy. Compos Part A Appl Sci Manuf 2006;37:222–8.

[43] Viets C, Kaysser S, Schulte K. Damage mapping of GFRP via electrical resistance measurements using nanocomposite epoxy matrix systems. Compos Part B Eng 2014;65:80–88.

[44] Horst P. Supported the tests, which were performed at Institut für Flugzeugbau. Germany: TU Braunschweig.

第 10 章

复合材料学：结构和组织工程用多尺度多层复合材料

Josef Jancar

布尔诺技术大学，捷克，布尔诺

10.1 引言

人类社会的历史进步一直与现有材料和制造工艺的复杂程度密切相关。合成材料和天然形成的生物材料之间的根本区别，在于生物学中的功能可以通过排列不同的通用纳米级构建模块（NSBB）的模式来创建，而不是像许多合成材料那样，通过发明新型的纳米级构建模块来创建[1,2]。自然界组装了分层复合的上层结构，如骨骼、牙齿、细胞骨架、木材或丝纤维，这些结构能够进行特定功能的特性组合，由非常有限的成分组成的纳米级构建模块，并在层次结构分层执行特定功能。大自然的生长过程是基于所需纳米级构建模块的合成，然后是自组装（SA）到上层结构，局部可变设计不断响应外部刺激（温度、pH、电场、机械力等）[3-6]。等级制度的形成，为在单一上层建筑中存在的普遍性和多样性提供了结构基础[1,2]。

目前的人工复合设计范例并没有提供实现层次功能复合结构的方法，这种结构可以独立适应各种功能。需要开发新型自下而上的材料平台，以增加其不断增强的物理化学性质和环境友好性。制造功能性复合材料的上层结构，模拟承重生物复合材料的结构和功能层次，需要对层次结构的发展进行精细控制。这可以通过将纳米级构建模块的自组装与精确的超分子结构组合成微米级亚单元，并将这些亚单元组装成 3D 宏观分层结构来有效地实现[7-9]。它必须超越仿生学和生物启发系统，利用自组装和层次结构的基本机制，并整合从头合成的纳米级构建模块。利用通用的纳米级构建模块，来创建跨越纳米尺度的多功能层次宏观结构的挑战，可以促成新技术范例的出现。未来的人造复合材料超结构应该能够模拟承重生物复合材料的结构和功能层次，同时保持比生长期短得多的生产周期。

为了保证实现轻量化和环境友好，必须更深入地了解纳米层级结构、天然结构及两者在长度与时间上的特性和功能之间的根本联系。类似于基因学研究的基因组，复合材料是在结构属性与复杂功能性两个领域上进行交叉研究的新兴材料科学。这种跨学科的方法是基于开发新材料与纳米技术，及纳米技术科学的潜在影响的情况下[1] 形成的概念和技术，其中涵盖了工程学、材料学、结构生物学、化学和物理，以及结构与性能的量的关系。通过这些学科可以理解多尺度的上下层结构的形成。

量化结构属性关系和理解多尺度自下而上装配过程，对于进一步发展我们的知识库和开发新颖、高效的技术，以制造用于工程结构、组织工程、传感和工程的智能分层聚合物复合材料至关重要。现在所需要的理论结构是可以理解聚合物链的存在，以及纳米粒子对材料性能所产生的效应。我们认为，在长度方向上的积分，和物理、化学、生物概念在聚合物层级结构修饰上的融合，能够极大地推动未来智能材料设计的发展。同时我们也可以发现，在多个长度和时间尺度中，寻找应用纳米单元与层级结构的关系，并将其应用在材料与生物科学方面的法则中，这对于目前的科学发展将是一个巨大挑战，因此这一领域有待于继续发展。

10.2　材料学：多层级多功能复合材料结构研究

类似于基因学研究的基因组，材料学是研究给定材料的结构、性能、功能之间关系的一门新兴的交叉学科。当前，材料学主要研究并分析蛋白质和多糖等天然材料，例如骨骼、细胞骨架、木材[2-4]。研究生物材料学可以在生物创新和高功能合成材料方面提供一个更广阔的视野[1]。

结合分层生物复合材料结构的基本设计原则，在合成系统中获取丰富的化学物质，可以使材料具有前所未有的性能和功能。这种生物启发方法，需要考虑自然设计原则，和其在更强的结构中及外部的工作条件下的应用[10]。解决建立纳米级的多元化、多功能复合分层结构的挑战，需要应用新的技术手段。生物启发性的层次陶瓷复合材料与自然形成、亚分解和 3D 打印的陶瓷复合材料相比，具有更强的韧性[11-18]。其中，嵌段共聚物和纳米粒子组成的纳米复合材料备受关注，因为嵌段共聚物是由多相纳米结构[19]组成的，即使是普通聚合物也能够通过加入适当的纳米颗粒来增强性能，嵌段共聚物更是如此。当前尝试使用的超分子纳米分层结构，是用确定的无机纳米粒子（如二氧化硅、皂石、石墨烯、碳纳米管）和超分子（如纳米粒子的 POSS、C_{60}、富勒烯等）嫁接或替代各种功能结构的有机链而构成的[20,21]。这样合成的聚合物存在一系列潜在的相互作用，以及具备如纳米球、纳米锥、纳米线、微胶粒、囊泡、树突、螺旋等自发形成的形状。这种自下而上的复合材料装配工艺的主要制约因素是该工艺的低效率和与之相关的亚微米尺度。因此，基于外部刺激指令组装的新范例，可能是进一步发展自下而上复合材料制备纳米技术的一个合理策略。

有人提出，先进的结构复合材料将受益于新的特点，可以在纳米尺度上设计改性结构，其灵感来源于生物复合结构，例如以矿化胶原原纤维为纳米级构建模块的具有分层排列结构成分的骨骼。蛋白质材料的力学性质分析是一个新兴的领域，它利用结构-过程-性质关系在其生物学背景下的机械洞察力，在分子和微观层面上探索变形和破坏现象。

蛋白质构成了一组生物材料的关键组成部分，从蜘蛛丝到骨骼，从肌腱到皮肤，所有这些都在为生物系统提供关键功能方面发挥着重要作用[22-25]。这些材料不同于通常的结构和材料，因为它通过分层形成，其范围从纳米级到宏观都有[26,27]。这种结构和材料的结合对于生物蛋白质材料达到优异性能至关重要，特别是对于它们结合不同性能的能力，如韧性和刚度[28]或它们适应、改变和重塑的内在能力。

多尺度模型和模拟方法已经成为我们加深对生物蛋白材料认识的一种广泛使用的策略。具体地说，多尺度实验和模拟工具的集成使用，使我们能够在跨尺度和多级结构层次上，评估材料特性的复杂变化[29]。在这类模型中，多肽链的弹性被简单的谐波或（非线性）谐波键和角捕获，其参数化来自多尺度方案中较低层次的高保真模型。这种方法在计算上非常有效，可以捕捉大型生物分子结构中的形状依赖性力学现象，也可以应用于结缔组织中的胶原纤维以及骨等矿化复合材料的研究。这种粗粒化模型可用于更大级别的模拟，例如用于胶原组织的有限元模拟。通过遗传选择和结构改变，蛋白质材料的进化已经形成了一套定义其结构的特定蛋白质构建单元。工程材料和自然形成的生物材料之间的一个根本区别是，生物中的功能可以通过以不同模式排列通用的构建块来实现，而不是像许多工程材料那样，通过发明新型的构建块来实现。层级结构的形成为单一材料中普遍性和多样性的存在提供了结构基础。这种不同概念的结合可以解释蛋白质材料为何能够结合不同的材料特性，如高强度、高灵活性，以及多功能性。

利用通用构建块创建多样化的多功能分层结构的方法，已成功应用于当前的宏观工程范例中。例如，在建筑物或桥梁等结构的设计中，通用构件（砖、水泥、钢桁架、玻璃）被组合在一起，以在更大的长度尺度上创造多功能性（结构支撑、生活空间、热性能、光捕获）。利用跨越纳米尺度的类似概念（如生物蛋白质材料中所例证），通过结构和材料的整合，可以实现新技术概念的出现。新材料开发的一个主要障碍在于我们无法在多个层次上直接控制结构的形成。

到目前为止，多尺度结构的几何形状的分层排列尚未广泛应用于大多数工程中。许多生物材料已经在进化的趋势下发展并实现了多种功能，例如通过利用分层结构来实现高强度、高耐用性能的材料。利用这些概念，能够开发基于肽和蛋白质纳米级构建模块的自组装仿生纳米材料。大多数当下最先进的自下而上形成的纳米结构复合材料，旨在用于非结构应用，如光伏、光学、电气和磁性设备、传感、催化、分离过程和药物输送等。

尽管目前的结构纤维增强复合材料（FRC）在商业上取得了广泛的成功，但仍存在许多不足[29-31]。人们已经尝试采用 3D 纤维结构[32] 并通过在微米尺寸的增强纤维中添加纳米填料，使其结构在一定程度上分层，来避免这些缺点[33-37]。有人试图开发具有可控 3D 空间分布和增强方向的复合材料，以满足所需的外部载荷要求以及驱动和其他功能[38-42]。此外，在自然复合材料中观察到的设计原理被转化为合成复合材料的制造，用于使用光刻[43-45]、模板[46] 以及复制生物矿化[47-50] 的其他策略的一系列应用。这些尝试虽然非常成功，但在技术上不可能成为主要的工业制造技术，因为它们只能产生相当小的物体。不幸的是，也没有普遍接受的模型适用于预测分层复合材料的机械响应[51]。

采用氧化铝微颗粒和锂皂石纳米薄片状颗粒作为填充剂，可以用于生产聚氨酯层状增强体[52]。与纯的聚氨酯基体相比，加入 5%（体积分数）锂皂石和 27%（体积分数）氧化铝是最佳的，可以使复合材料的强度增加 7 倍，刚度增加 29 倍。在聚氨酯较硬的链段处加入锂皂石纳米片，是产生大量氧化铝渗入的先决条件。为了获得理想的韧性和刚度平衡，必须将基体聚合物与片状填料紧密结合。采用流延法能在薄膜和块体复合材料中使片状填料排列良好。

文献 [53] 概括了碳纳米管在制造用于结构应用的分级纤维增强聚合物中的应用。通过添加碳纳米管到碳纤维复合材料中，预计可以消除碳纤维复合材料的常见缺点，包括差的压缩性能和抗分层性[54]。碳纤维复合材料中使用的聚合物基质的弱纤维-基质界面和固有脆性，被认为是导致上述缺点的最重要因素。已经研究了通过增加结构层次来使纳米级纤维或填料，来增强基质的抗断裂性和纤维-基质界面的强度，作为基质增韧、纤维上浆和/或采用 3D 纤维结构的传统方法的替代方案。使用纳米级添加剂来改善碳纤维复合材料性能的主要优点是：除了获得传统碳纤维复合材料中不存在的其他性能和功能外，还可以实现工艺的可扩展性和经济可行性。

将碳纳米管整合到传统碳纤维复合材料中的技术包括：将碳纳米管改性基质注入初级碳纤维组件[55,56]，通过 CVD 直接生长碳纳米管[57,58] 或在增强织物上进行电泳沉积[59,60]，在碳纤维层之间直接放置碳纳米管[61]，将碳纳米管接枝到碳纤维上[59]，以及使用碳纳米管改性浆料[62,63]。

10.3 多层纳米复合材料的特性

纳米结构复合材料的基础研究引起了公众的广泛兴趣，当构成物质相内的不连续相体积接近分子大小时，各组成相和结构材料变得依赖组分的尺寸、形状以及局部和全局空间填料的内在特性的形态。对所观察到的大的性质变化和功能有效性起因的理解仍处于初级阶段，部分原因是不存在被普遍认可的纳米聚合物复合材料的分子模型，及缺乏可靠的实验数据[19,20]。除了详细了解聚合物基质的分子结构外，合适理论的发展还需要充分描述纳米粒子分散、自组装现象、粒子链相互作用以及与纳米复合材料制备过程动力学相关的影响[64]。

有证据表明，在某些纳米复合材料中，长时动力学可能比某些纳米复合材料的短时动力学有更重要影响。在这些情况下，颗粒可用于锁定其中的缠结或使其稳定，尤其是当链-颗粒相互作用弱时。纳米粒子可以使加入它们的聚合物介质的结构极化，改变粒子附近的分子堆积和动力学，这可以间接地改变远离粒子的堆积和动力学。结果表明，获得缠结的空间分布与颗粒间隔的空间分布短于平均缠结长度[65,66]，因此，应该与颗粒尺寸分布和颗粒分散的均匀性有关。研究表明，与连续介质力学的方法相反的是，由于受纳米尺寸与基体界面的相互作用，聚合物链刚度的增强与 V_f 一定时的填料粒径成反比。人们普遍认为，由聚合物纳米复合材料制成的宏观固体的总体响应的关键因素，与局部链动力学如何以及在何种程度上受到链段与大比表面积颗粒之间相互作用的强度和程度的影响有关。同时与不同的表面化学以及这种局部响应如何在非均质结构纳米复合材料体积上"平均"到介观尺度连续体试样的测量性质有关。

最先进的聚合物材料通常是通过添加特定的纳米粒子到聚合物基质中得到的。纳米粒子能强烈影响周围片段状的聚合物基体的有序性和弛豫动力学，在更大的宏观尺度上产生机械和物理性质的广泛变化[67]。众所周知，纳米粒子在聚合物基体中的分散在纳米复合材料力学中起着关键作用[68,69]。除了制备方法外，分散状态还受到许多因素的影响，包括但不限于纳米粒子形状、负载、纳米粒子-纳米粒子相互作用、纳米粒子-链相互作用和基体链结构。纳米材料进一步发展的主要障碍在于我们无法在相当短的时间内，直接控制并造出多个尺度的分层排列的结构。具有结构编码的分级组装原理的新型纳米级构建模块的合成，及其在结构和功能分级复合材料的组装中的应用，可以为所需的自下而上材料设计和制造范例提供核心知识。表面修饰精确定义的纳米级构建模块的外部场定向自组装，代表了获得精确控制的功能性纳米粒子空间排列的方法。

对纳米级结构变量与聚合物纳米复合材料的宏观性质之间的基本物理关系的理解，仍处于起步阶段。本段的主要目的是，确定关于理解和预测在宽温度范围内，用纳米尺寸固体夹杂物增强聚合物宏观性质的现有技术。我们强调：向聚合物基质中添加具有大比表面积的纳米颗粒会导致链和固体表面之间产生相互作用，引起许多截然不同的分子过程的扩增。当在宏观尺度上测量时，将导致这些系统对机械激励的"非经典"响应。例如，预计纳米颗粒在改变无定形态聚合物形成的固有纳米级动态非均质性方面特别有效。最近的模拟表明，颗粒与聚合物基质的相互作用强度和颗粒浓度，都可以显著影响颗粒的动态脆性、聚合物无定形态的形成、黏度的衡量或结构弛豫时间的温度依赖性的强度。纳米颗粒在聚合物基质中的另一个基本特征是，颗粒倾向于结合到延伸结构中，所述延伸结构可以支配纳米复合材料的流变学、黏弹性和机械性质，使得影响纳米颗粒分散的热力学因素可能是至关重要的。

纳米颗粒在聚合物基质中的分散状态，往往对聚合物材料的特性有很大的影响。不幸的是，在聚合物基质中形成均匀稳定分散的纳米粒子是困难的，应用不同的制备技术，得到的聚合物体系性能也因此而不同。此外，纳米颗粒的几何形状，如板或片状颗粒、纳米管或多面体纳米颗粒，也可以对属性更改产生很大的影响，因为它可以影响表面能量和表面与体积之比。考虑到相分离以及相分离之前可能发生的自组装所起的作用，研究了纳米颗粒团聚的潜在机制。另外，纳米颗粒聚集的状态和纳米粒子的形状都会影响其应用性能和材料性能[70,71]。

人们对利用颗粒自组装作为一种"自下而上"的新材料组装方法有很大的兴趣。这种粒子自组装之所以引起人们的兴趣，是因为它可以使我们构建具有"定制"特性的改进型聚合物纳米复合材料。具体来说，具有自组装所需结构能力的颗粒，可以提高绝缘聚合物的导电性。同样，利用这种能力得到了一系列仿生材料。从代表性的例子中可知，其中的羟基磷灰石（HA）的球形纳米颗粒可用于创建牙釉质和骨骼仿生系统。据推测，在前者情况下，HA 颗粒被生物系统组织成"线"，然后这些"线"被基质稳定，随后在这个组织中硬化和"冻结"。相反，骨骼里 HA 颗粒在基质中均匀分散。因此，其独特的纳米组织控制能力，可能启发我们建立一系列全新的合成应用的仿生系统。研究还表明，胶原等结构蛋白在形成微纤维时可以经历类似于一级热力学转变的自组装过程，而微纤维在很大程度上控制着矿化过程，从而形成骨骼的基本结构块。

纳米增强结构的特征包括对该化学结构表面更为详细的描述，和关于该颗粒相对于其链刚度的局部曲率以及表面区域的特征。在具有随机填充颗粒的真实纳米复合系统中，颗粒间距离的空间和时间分布对于实验观察到的巨大链硬化至关重要[72]。对于球形加固，有关径向尺寸分布的更多细节对于精细预测模型的开发非常重要。因此，更合适的比表面积、表面曲率分布和填料颗粒径向分布的描述是重要的，因为响应的尺度与纳米粒子引起的局部扰动的尺度相关。同样，对于各向异性粒子，需要更详细的描述，包括粒子取向的空间和时间分布信息。与会者还一致认为，仍然需要在一系列长度尺度上进行多尺度描述和表征，以便能够对每一个尺度进行建模。相反，人们普遍认为，当考虑这类纳米复合材料的整体力学、流变学和物理性能时，增强纳米粒子的刚度和强度是次要的。更为关键的特性与相间区域的聚合物行为有关，即使在球形颗粒的情况下，在非常低的纳米颗粒含量下，相间区域的聚合物行为也优于本体[69]。显然，传统意义上的界面层，是存在于粒子表面和聚合物本体中一定距离之间的连续层，在纳米尺度上不再有效。实验和理论模拟表明，"相间厚度"并不像通常所说的那样随颗粒大小而变化。在常规立方晶格的单分散球体的简单例子里[73]，平均颗粒间距达到了体积分数为7％的填料粒径 D 的大小，而对于相同球体的无规律填料，在填料体积分数为 2.6％时达到此限制。对于 $D=10nm$ 的球形颗粒和回转半径等于 5nm 的普通无定形的聚合物，在这个含量下，所有的聚合物链与材料表面接触，并且无分散聚合物。另外，通过填充和聚合物堆积或属性渐变，相间层通常被描述为具有不同属性的层。这样的描述若是不在一个单一的大分子的有效长度规模或缠结链的情况下，就变得更加复杂。

10.3.1 纳米和微米尺度的界面/界面层

在多尺度非均匀结构的纤维增强聚合物中，不同尺度的界面现象对控制结构的性能和可靠性具有重要意义[68]。采用基于连续介质力学的各种模型，较好地描述了宏观和介观界面对层状大型纤维增强聚合物构件力学响应的影响。在微观尺度上，界面被认为是具有给定平均性质的三维连续介质。在过去的 50 年中，连续介质力学模型被用来描述基体和单个纤维之间的应力传递，取得了很好的效果。在这些模型中，界面具有一些平均剪切强度 τ_a 和弹性模量 E_a 的特征。另外，将单个纤维周围的微尺度界面性质，转化为宏观多纤维复合材料的力学响应的模型，通常并不成功。这些复合材料结构的各向异性，是导致这些模型失效的主要原因。微尺度界面弹性模量的厚度依赖性很强，说明其下有次级结构的存在。

在纳米尺度上，必须考虑聚合物的离散分子结构。最初为连续体物质引入的"相间"一词必须重新定义，以包括在该长度尺度下物质的离散性质。在纳米尺度上，由于链与固体表面的相互作用而导致链的延迟重排的链段固定化现象，似乎是重新定义界面性质的主要现象。因此，用蠕动模型和简单的逾渗模型描述固体纳米粒子附近链的固定化，可以解释纳米尺度"相间"黏弹性响应的特点。因伯努利-欧拉连续介质弹性失效，将高阶弹性理论与蠕动动力学方法相结合，为解决连续介质微观力学与离散介质纳米尺度力学之间的过渡问题，提供了合适的方法。

纳米级"相间"控制纤维增强聚合物部件性能和可靠性的作用需要从两个角度考虑：①低体积含量（$v_f < 0.05$）纳米复合材料；②高体积含量纳米复合材料（$v_f > 0.85$）。①代表了制备新的纳米结构先进基质的方向，而②则代表设计新的纳米结构增强复合材料。除了少数资料外，大多数合成纳米复合材料的文献研究了低体积含量纳米复合材料，另外，大多数发表的高体积含量纳米复合材料的文献是关于生物复合材料的，如骨骼、牙齿和贝壳。

大多数与低体积含量（v_f）纳米复合材料界面相有关的实验数据，是在低于聚合物 T_g 的温度下用介观试样测试获得的。假设链固定化是纳米尺度上的主要增强机制，则构象熵在聚合物相内的空间分布具有重要意义。因此，必须考虑基体 T_g 以上纳米复合材料的实验数据。Sternstein 和 Zhu[73] 发表了对基体 T_g 以上橡胶纳米复合材料黏弹性响应的解释，即 Payne 效应。Kalfus 和 Jancar[74-76] 分析了填充纳米羟基磷灰石的聚醋酸乙烯酯在 $-40 \sim 120$℃温度范围内的黏弹性响应，并观察到类似于 Payne 效应的应变软化。模量恢复实验可以确定本体分子链和表面固定化分子链的末端弛豫时间，支持考虑纳米尺度时本身不存在"相间"的假设。为了弥合微尺度上连续相界面与基体离散分子结构之间的空隙，可以采用高阶弹性结合合适的分子动力学模型来解释。

实验结果表明，纳米填料的大比表面积能够固定大量的分子链缠结体，导致 E' 的急剧增加，而纳米粒子的加入量很小[77]。这一观察似乎证实了纳米级强化机制的纯熵特性。所有发表的数据都支持链固定化作为主要增强机制的主导作用。

根据现有的实验数据，在考虑真正的纳米复合材料时，定义为有限范围连续相的"相间"一词似乎失去了其物理意义。由于真正的纳米填料比表面积要比理论上的大 2 个数量级，几乎所有的聚合物链都在体积分数 2% 以上的极低填料填充量下与表面接触[75]。此外，连续介质力学在这一长度尺度上的有效性有限，离散分子结构占主导地位，导致纳米复合材料基体黏弹性响应的非局部性增强。

用鲍鱼壳研究了高 v_f 纳米复合材料中的"相间"[78]。这些壳代表了一种层压板增强复合材料，其体积分数超过 95%，排列整齐的 500nm 薄文石片以明显的网状纤维形式嵌入蛋白质基质中。在 Hansma 等[79,80] 的工作中，提出了牺牲键模型来解释所观察到的珍珠复合材料的高抗断裂性。研究表明，牺牲键假设也可用于模拟轻交联的长柔性链网络聚合物纤维的变形响应。为了将该模型应用于刚性、弱吸引、纳米填料附近的链系综行为，必须研究固定化现象作为聚合物黏弹性行为剧烈变化的根源，外加少量纳米填料。

将刚性填料的尺寸从微米级减小到纳米级的同时，链与填料之间的内部接触面积增加了 2～3 个数量级。此外，当纳米颗粒含量大于 2%（体积分数）时，平均粒间距离减小到链的回转半径 R_g 以下。因此，在温度 $T \geqslant T_g$ 时与固体表面接触的链段的流动性会降低。低于 T_g，由于主要链段的流动性是冻结的，所以只能影响次级低温侧链流动性。此外，在 T_g 以上，固体表面附近的链的构象统计可以由高斯随机线团转变为 Langevin 线团，这种现象也可以转化为 T_g 以下凝固时，固定化链的行为。

为了定量描述缠结熔体中链流动性的降低，可以使用由 deGennes[81] 引入的特征滑动的弛豫时间 τ_{rep} 来描述，对于给定的纠缠链，τ_{rep} 定义为[82]：

$$\tau_{rep} \cong \frac{L^2}{D_c} \cong \frac{NL^2}{D_0} \tag{10.1}$$

式中，L 是滑移的路径长度；N 是链中的单体单元数；D_c 和 D_0 分别为一个链的扩散常数和一个单体。链在纯聚合物熔体中的末端弛豫时间可以用多种方式表示。Lin[83] 在考虑到链轮廓长度波动的情况下，用以下形式表示了 τ_{rep}：

$$\tau_{rep} = \frac{L_0^2}{\pi^2 D_c} \cong \frac{b^2 \zeta_0 N^2}{\pi^2 k_B T} \left(\frac{M}{M_c} \right) \left[1 - \left(\frac{M_e}{M} \right)^{1/2} \right] \tag{10.2}$$

式中，ζ_0 是单体的摩擦系数；b 是线段长度的统计；k_B 为玻尔兹曼常数；T 是热力学温度；M_e 是每个纠缠链的重复单元个数。

在链与填充物表面相互作用并与相邻链纠缠的情况下，如何建立静态构象结构与链动力学之间的联系是首要的问题。尽管存在一定的分子内顺序，熔体中的链可以看作是一个随机高斯线团。如果这样一个链接近固体表面，其构象将转移到链环尾结构，在给定条件下，链构象熵和链内能将根据表面-聚合物相互作用能 e_{fp} 发生很大变化。假定链摩擦系数 ζ_c 的计算公式如下：

$$\zeta_c = \zeta_0 N + \zeta_a N^{1/2} \tag{10.3}$$

式中，ζ_a 为吸附单体单元的摩擦系数；对于弱相互作用表面，列中单体单元的数量为 $N_a = N^{1/2}$，则终端松弛时间为：

$$\tau_{rep}^{ads} = \frac{L^2}{2D_c} = \frac{b^2 N^{5/2}}{2k_B T N_c} [\zeta_0 N^{1/2} + \zeta_a] \tag{10.4}$$

Kalfus 和 Jancar[75] 扩展了上述鲁宾斯坦模型的使用，用来描述与纳米填料表面弱相互作用的线性链的蠕动时间[82]。

摩擦系数 ζ 是很难衡量的，仅在 153℃硅-聚苯乙烯体系的摩擦系数是已知的。ζ 的估计一般基于 Lin[83] 给出的理论分析。因此，可以建立一个表面吸附链蠕动时间的关系式如下：

$$\tau_{\text{rep}}^{\text{ads}} = \frac{b^2 N^2}{\pi^2 k_{\text{B}} T N_{\text{e}}} [\zeta_0 (N - N_{\text{a}}) + \zeta_{\text{a}} N_{\text{a}}] \tag{10.5}$$

在这种情况下，$N_{\text{a}} = N^{1/2}$，蠕动时间采取的形式：

$$\tau_{\text{rep}}^{\text{ads}} = \frac{b^2 N^{5/2}}{2\pi^2 k_{\text{B}} T N_{\text{c}}} [\zeta_0 N^{1/2} + \zeta_{\text{a}}] \tag{10.6}$$

为了将聚合物链蠕动动态变化描述为纳米粒子的体积分数的函数，使用了逾渗模型[75]。单个纳米粒子上的固定化链相互连接形成的物理网络贯穿整个样品体积。在这种情况下，只考虑物理"交联"，并且终端松弛时间达到物理填料-聚合物键的寿命的特征值。因此，逾渗阈值附近的松弛时间的作用形式[75] 表示为：

$$\tau_{\text{composite}}^{\text{rec}} = \tau_{\text{rep}}^{\text{ads}} v_{\text{eff}} \left(\frac{v_{\text{eff}} - v_{\text{eff}}^*}{1 - v_{\text{eff}}^*} \right)^b \tag{10.7}$$

式中，v_{eff}^* 为临界有效填料体积分数（$v_{\text{eff}}^* = 0.04$ 聚醋酸乙烯酯-羟基磷灰石 90℃），b 是逾渗指数（$b = 4$ 为同一系统）。v_{eff} 是填料的体积分数和固定链的体积分数总和，对于 90℃ 下的聚醋酸乙烯酯-羟基磷灰石纳米复合材料，等于 0.04。为了简化渗流，仅以类似于 Jancar 等最初概述的方式考虑有效硬球的随机聚集[84]。在聚醋酸乙烯酯-羟基磷灰石纳米复合体系中，每 1g 复合材料中约有 2m^2 的填料-聚合物接触面积处存在逾渗阈值。所有的链都固定在每 1g 纳米复合材料 42m^2 的内接触面上。

10.3.2　不同尺度上的增强机理

颗粒填充聚合物的增强机理主要有三个方面：第一种是用更硬的颗粒取代部分低刚度聚合物，它与尺寸无关；第二种是由于颗粒-基体界面产生的剪切应力而导致的应力向非球形颗粒的转移；第三种是由于链段尺度上的动力和堆积限制而导致的链式加强，这与颗粒尺寸密切相关。粒子与粒子间的相互作用也被用来解释橡胶的黏弹性行为[85] 和纳米复合聚合物材料的变形响应[86]。在低温或短时间内，基体链的低构象熵态导致非晶纳米复合材料表现为增强的两相粒子-聚合物体系，这与微观力学模型一致[87]。因此，在纳米填充无定形聚合物中，增强主要是通过机械作用来实现的。在更长的时间或更高的温度下，分子的硬化作用变得至关重要。目前还没有一个普遍接受的模型能够以令人满意的方式预测这种效应。

近年来，随着纳米填料含量的增加，基体的 T_{g} 值越来越高，从而导致弹性模量显著提高的分子机理已经被人们所认识。Riggleman 等[88] 提出了一种非常普遍的方法，将观察到的弹性模量的急剧增加，归因于链松弛时间的空间分布的变化，以及吸引或排斥颗粒附近的链填充的变化。在一个更为实用的模型中，Zhu 和 Sternstein[89] 引入了陷阱纠缠模型，来描述聚醋酸乙烯酯的弹性模量随纳米二氧化硅含量的急剧增加，并解释了橡胶纳米复合材料中的 Payne 效应。Riggleman 模型隐含地假设了抗塑化剂分子的随机分布，但是它们之间的间距没有明确的描述。另外，Sternstein 模型只考虑了简单的立方颗粒堆积情况下颗粒间距的影响。

研究发现，对于随机堆积，与立方堆积相比，大部分颗粒间距离更短，同时短于形成缠结所需的链长。因此，在 Sternstein 模型的框架内，随机颗粒堆积是提高链增量刚度的必要条件，因为在填料含量远小于均匀颗粒间距的情况下，通过与填料表面的相互作用，链增量刚度很强。

为了理解和预测聚合物纳米复合材料的力学行为，所提出的模型必须能够将高度局部化的纳米结构信息，与在介观尺度上观察到的行为联系起来。这些模型是基于这样一个假设，即系统的机械响应可以被认为是局部的，并且系统是遍历的，因此，通用的均匀化程序是适用的。这种方法在预测晶体的行为方面非常成功，而在预测多晶体的行为方面则不太成功。如 Maranganti 和 Sharma[90] 所示，聚合物代表了具有高度非局部变形行为的系统，因此，传统的连续介质力学无法使用，高阶弹性与分子动力学相结合被认为是用于非晶态固体的合理框架。此外，当结构信息被认为低于临界代表体积元（RVE）时，应力和应变的平均值不再是遍历的。这种情况更为复杂，因为存在非均质性，如刚性纳米粒子，导致其附近的动力学和链的堆积发生剧烈变化，并且链离其表面更远。因此，如果不了解液态和凝固转变过程中的影响，就无法完全理解玻璃态聚合物纳米复合材料的结构-机械响应关系。

在分子水平上发生的宏观弛豫过程，在宏观测量非晶聚合物的黏弹性表现中，起着决定性的作用。这些分子过程按层级顺序，包括单体单元的局部振动运动、协同构象跃迁和简正模式运动。单键协同构象跃迁对于链构象结构的均匀化，以及由此引发的玻璃化跃迁具有关键的意义。Boyd 和 Smith[91] 已经证明，这些构象转换，大多以具有不同转换速率的序列的形式实现。因此，局部构象动力学的一种表现形式是构象转换波形式的键序列沿链扩散，其扩散速率取决于局部堆积效应。

当链的构象遍历时，正常模式振荡会引起链端到端的矢量波动。这种弛豫机制明显依赖于链长度。因此，随时间变化的初始弹性模量 $G(t)$ 下降之后，在机械玻璃过渡区 $G(t)$ 内，采用 Rouse 模型[92] 预测的斜率 $G(t) \propto t^{-1/2}$。这意味着随着时间的推移，激流段的"驻波"会越来越长。在长链熔体中，这种弛豫过程受到缠结聚合物链拓扑约束的干扰。链的巨大互穿性及其不可交叉性，导致了链可以通过相互滑动而不是相互穿行来移动的现象。由于这一限制，某些有效链长是熵驱动弹性阻力在时间尺度上持续存在的主要原因。在很长的时间尺度上，聚合物链的运动就好像它们是幻影一样，质量位移的均方中心的时间依赖性被标度为 $g_3 \propto t^1$。这一框架对于解决导致聚合物纳米复合材料黏弹性行为的真实机制似乎至关重要，因为由于填料-聚合物界面面积很大，纳米颗粒能够剧烈地改变链扩散运动，并在与链尺寸相当的范围内造成局部几何约束。

Sternstein 等[73,89]假设，即使在低填充体积分数 v_f 下，平均粒间距离也与链端到端距离相当。链在纳米颗粒表面的吸附导致表面形成链环和粒间桥。这些链段可能相对较短，其构象统计数据明显偏离高斯行为。非高斯链的弹性可用基于 Langevin 函数的橡胶弹性理论来描述。此外，这些短链段处于比被称为参考状态偏差的链端到端距离更长的状态。在给定的测量时间尺度下，填料-聚合物键的平均寿命足够长，使得非高斯链段的行为类似于化学网络中连接点之间的链。与长高斯链网络相比，这种系统具有更大的刚度。从上面提出的论点来看，粒子间距的重要性变得显而易见。

Sternstein 的纳米复合材料增强理论是基于填料-聚合物界面有限链段的 Langevin 橡胶弹性提出的。该理论考虑了弹性，但只考虑了链载荷作用下构象熵变化的弹性。当链的伸长接近极限时，对应于 r/Nb 的极限，其链段的构象熵下降，链的收缩力迅速增加。该收缩力可以表示为：

$$f = \frac{k_B T}{b} L^*(r/Nb) \tag{10.8}$$

式中，k_B 是玻尔兹曼常数；T 是温度；L^* 是逆 Langevin 函数；r 是链端到端的距离；N 是单体单元数；b 是单体单元的长度。短链段的弹性必须考虑在给定条件下几乎不可变形的键角。这导致乙烯基型链（如 PE、PS 或 PVC）的完全延伸修正系数为 0.816，导致完全延伸链的最大长度等于 $0.816Nb$，而不只是 Nb，如自由连接链[93]。用 Langevin 函数表示的回缩力远大于用高斯统计量计算有限尺寸链的回缩力。

虽然该模型并不需要对链缠结精确定义，但似乎值得对这个术语提供相当宽泛的定义。在任何情况下，这里所考虑的链纠缠都不是文献中经常描述的由两个"鞋带"链形成的节点。不管缠结这个术语的真正含义是什么，从大量的松弛实验中明显看出，对于 T_g 以上的高分子量聚合物，一定的特征内距离是典型的。这种距离表示链段的简正模型波动的某种约束范围，可近似为管的直径 d_T。然而，空间 d_T^3 不仅被一个缠结链占据，立方管道直径内包含大约 15 个其他链段。因此，在所提出的模型中，缠结被认为是一个在时间和空间上变化的链段的协同运动群。由于周边整齐的聚合物链，链间距对链流动性的约束在理论上与管的约束非常相似。纳米颗粒之间的链在松弛过程中必须在约束表面上重新形成。与纯聚合物相比，纳米颗粒的存在需要更多的能量。因此，随着 v_f 的增加，陷阱纠缠的影响以牺牲链纠缠为代价而增加。实验上，我们可以观察到即使在纳米填充短链熔体中的橡胶平台，以及在长链熔体中的非常长的持久橡胶平台，其中完全弹性下降超过了实验室时间尺度。

10.3.3 粒子分散效应

集聚状态可以通过相关函数[94] $G(d)$ 来描述：

$$G(d) = \frac{V}{N^2} \left(\sum_n \sum_{n \neq m} \delta(d - \mid x_m - x_n \mid) \right) \tag{10.9}$$

式中，N 是检查体积 V 的粒子数；x_m 和 x_n 表示粒子 m 和 n 的位置向量；δ 是狄拉克函数。该公式将粒子位于某个中心到中心距离的概率相加，因此规则结构会导致峰 $G(d)$ 出现，但在统计学上它不是一个相关函数[95]。

胶体化学提供了公认的 DVLO 理论来描述集聚扩散现象[96]。如果库仑力（取决于悬浮液的离子强度和表面电荷，由 Zeta 电位 ζ 量化）不足以使胶粒分散，则由于范德华引力而吸引胶粒聚集。如果库仑力足够强，存在一个带势垒的一次能量最小值，从而导致动力学控制的团聚。对于中等的离子强度和高或中间的 Zeta 电位，较微弱的二次最小变量比 $2K_BT$ 和不稳定的二次团聚颗粒变得更深，其粒度的稳定性比一次团聚体对粒径更敏感。

在纳米聚合物复合材料方面，聚合物支架有三个用途：将纳米粒子组装成团簇，诱导有序化和各向异性取向，或作为功能元件。Hooper 和 Schweizer[97,98] 对溶解在吸附均聚物熔体中的硬球粒子进行了棱镜计算研究，并预测了四类聚合物介导纳米粒子组织：接触聚集、空间稳定、单链上吸附更多粒子形成的桥连，以及"远程桥连"，其中不同的吸附层与较长范围的桥共存。以上所有类型的组织结构如图 10.1 所示。

Hooper 和 Schweizer 发现界面聚合物-颗粒在接触处的强度和颗粒吸引的空间范围在决定分散状态方面起着关键作用。在两种相分离的情况下，聚合物-颗粒之间的相互作用出现了一个混溶窗口。接触聚集有利于粒子与聚合物之间的低亲和力，而桥连则在强吸引的情况下占优势。这些结果由 Anderson 和 Zukoski[99] 的实验得到了证实。此外，他们还报道了在较高的填料负载下具有中等颗粒相互作用强度的凝胶化，并得出结论：聚合物在桥连状态下的吸附是可逆的，因此聚合物链在冷却时可以改变其在表面上的结构。

尽管 Hooper 和 Schweizer 预测，由于聚合物平移熵的损失，随着链长的增加，混相窗口将关闭并最终消失，但 Anderson 和 Zukoski 没有观察到这种现象

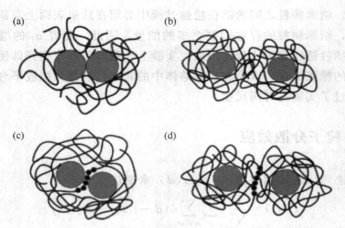

图 10.1 预测的纳米粒子的组织模式可视化

(a) 接触聚集；(b) 空间稳定；(c) 桥连；(d) 远程桥连[97]

的证据。相反，Patra 和 Singh[12] 通过动力学模拟，报告了色散状态的守恒性，与颗粒链的相对大小无关，抑制大于聚合物回转半径 R_g 的粒子的直接接触团聚，和随链长增加而呈团簇减少的趋势，其特征是从线状团簇到枝状团簇和球形团簇的顺序移动，以及基于其分子的团簇溶解。后一种效应明显是由聚合物诱导的斥力引起的，这种斥力首先导致粒子-粒子位置偏好的丧失，最终完全抑制了聚集。

模拟结果表明，相行为表现出熵驱动的下临界溶解温度类型的相分离和焓驱动的上临界溶液温度类型的相分离，其间具有混溶窗口。Shenhar 等[11] 确实报道了三种不同组织状态的实验结果。分散态的熵最高，其次是直接接触团聚态和桥连态，颗粒间的结构和聚合物的限制都会导致熵的损失。纳米复合材料的总势能主要由聚合物-颗粒相互作用能量决定，并随着相互作用强度的增加而降低。Rahedi 等[100] 用强的短程吸引力和弱的长程排斥力在聚合物熔体中模拟了纳米颗粒的团簇，得出这样的系统表现出一个自组装转变温度，在该温度下，来自低温高团簇态的大多数团簇熄灭，形成高温高分散态；然而，在较高的填料载荷下，簇被部分保留。

为了评价溶剂化效应，必须对溶剂容量进行适当的物理化学测量。聚合物和溶剂的相容性通常是通过汉森的总溶解度参数 δ 来表述，溶解度参数被定义为内聚能密度的平方根[101]：

$$\delta = \sqrt{\frac{\Delta E_{vap}}{V_m}} \tag{10.10}$$

式中，ΔE_{vap} 表示摩尔蒸发能量；V_m 代表液体的摩尔体积。$\Delta\delta < 7MPa^{0.5}$

的物质可能很容易混合，然而不易混合的物质一般 $\Delta\delta > 10 \mathrm{MPa}^{0.5}$。汉森将这个一维参数分开成三个部分的溶解度——源自色散的 δ_d、极性 δ_p、氢键 δ_h 的贡献：

$$\delta^2 = \delta_\mathrm{d}^2 + \delta_\mathrm{p}^2 + \delta_\mathrm{h}^2 \tag{10.11}$$

　　在溶液中，纳米粒子与聚合物的亲和力必须大于其与溶剂的亲和力才有可能产生组装。纳米复合物的溶解会导致聚合物分子的稀释，还会导致粒子之间相互作用的减少。然而，Kim 和 Zukoski[102] 报道说，混溶性与溶剂质量没有直接关系。在实验室温度下，PEG-硅纳米复合物的粒子在水中（好的溶剂条件）比在乙醇中（接近 θ 溶剂条件）经历了较高的作用力，但是在升高温度时，由于减少的粒子之间的排斥力，水（接近 θ 溶剂条件）分离到表面，聚合物聚集到一起，但是在乙醇（好的溶剂条件）中却没有发生这种变化。Kalra 等[103] 通过粗粒化动力学研究了纳米粒子分散在聚合物熔体中剪切力作用的影响。他们总结出剪切显著影响聚集动力学，而分散的平衡状态保持不变。他们称，剪切会导致类似破裂的变形，导致了扩散率对剪切速率的非单调依赖性，在临界点处，随着剪切速率的增加，扩散率下降变成增加。对于短链，扩散系数的最小值被抑制，但随着聚合度的增加，扩散系数的最小值变深并转移到较高的剪切速率。比聚合物回转半径小的胶态粒子的扩散常量超出了斯托克斯-爱因斯坦方程的预测，并表现出不依赖于聚合物分子量的特性。

　　由于纳米粒子通常分散在热动力学非平衡态的基体中，因此对聚集现象的动力学研究更适合于实际应用；然而，目前对这一领域的研究还很少，需要进一步的研究。另外，聚集速率在低于玻璃化转变温度时变慢[104]。平均力势（PMF）具有较高的振荡趋势，更多的能量阱被势垒隔开，从而导致一种假设，即动力学结构的形成控制了此类系统的行为。这与 Shenhar 等的陈述一致，他们声称离子间的相互作用经常导致扩展网络产生动力学诱捕[11]。

　　而纳米粒子分散被认为严重影响性能，但不明显的是，单个粒子分散或组织状态应优化任何给定的宏观性能。有人认为在宏观复合材料的不同的传输性能之间存在交叉性的界限[95,105,106]。利用这些界限，我们可以预测优化复合材料一个或多个性能的二次相色散状态。这表明，优化复合材料的性能，可能需要非常不同的形态。虽然这种想法在聚合物纳米复合材料（PNCs）领域是新的，未经证实，但它表明，多功能复合材料的产生，需要精确控制纳米粒子空间分布[107-109]。将纳米粒子分散与宏观性能的组织联系起来是一个关键的步骤，这是现在开始要考虑的[35-38]。由于聚合物链和纳米颗粒的大小相似，在液相中可能存在竞争，影响纳米粒子在凝固过程中空间分布的演变。非晶高聚物中，在平衡液向非平衡无定形态过渡中形成的超分子结构是受动力学控制的。因此，制备方案对于纳米粒子的分散状态和聚合物纳米复合材料的性质至关重要。

　　为了同时优化复合材料超级结构的多个特性，要求组成"相"以多周期方式连接[95]。这即表明，优化复合材料的一对二特性可能需要非常不同的形貌。必须理解纳米级构建模块合成、层级结构自组装、多长度和多时间尺度的性质和功能之间的基本联系，这需要跨学科的方法，整合来自工程、材料科学、结构生物学、化学和物理的概念和技术，能够捕捉物理声音平均过程的可能算法，尚未发现将自然界离散的各种局部纳米结构的机械响应，转化为宏观连续体的全局响应。揭示纳米级构建模块色散与具有宏观性质的组织之间的联系是一个重要的方面，这将通过开发合适的跨学科理论框架来量化。这种新框架的开发需要设计和执行专门设计的实验，以便在当前文献中没有的许多长度和时间尺度上同时提供可靠的结构和性能数据。我们认为，在聚合物基质中发现控制纳米级构建模块的自组装的基本自然规律，对于开发响应性分层聚合物材料及其制造技术至关重要。

纳米粒子在聚合物基体中的分散是纳米复合材料力学中的一个关键问题。除了制备方案外，分散状态还受到许多因素的影响，包括但不限于纳米粒子形状、负载、纳米粒子-纳米粒子相互作用、纳米粒子-链相互作用、基质分子结构、温度和外力场。聚合物基体中纳米粒子的组装/分散状态受其链分子量、规整性和刚度、纳米粒子形状和载荷、纳米粒子-纳米粒子和纳米粒子-链相互作用的影响最大[97,98]。聚合物中的纳米粒子组件可以采取聚集、团簇的形式，或具有随机或规则空间组织的单个纳米粒子的均匀分布[98]，这是由于液相的焓（团聚）和熵（分散）、制备方案和凝固动力学之间的复杂相互作用造成的。然而，纳米粒子空间组织的潜在机制尚未被发现，这些过程的动力学仍然是高分子物理的一个重大挑战。为了获得控制多层复合材料中多长度和多时间尺度结构-性能-功能关系的基本规律，必须获得良好的纳米粒子分散性。发现控制表面修饰的、精确定义的纳米粒子的自组装的热力学和动力学参数，并将其与纳米级构建模块合成联系起来，是开发能够制造大型分层复合材料超级结构的先进技术的基础[110]。理解表面修饰的精确定义的纳米粒子的自组装的机理和动力学，是在技术可行的条件下获得精确控制的纳米粒子空间布置的手段。目前还没有一个理论框架来描述将纳米级构建模块或纳米粒子多尺度装配成层级结构的规律。

通过实验技术全面了解纳米粒子在聚合物纳米复合材料中的分散和聚集是一个巨大的挑战。因此，对聚合物熔体/溶液中纳米粒子组装进行了平衡粗粒化分子动力学模拟[111]。Hooper 和 Schweizer 提出了四种软排斥粒子-粒子势场，导致纳米粒子聚集、桥连、空间稳定和远桥连。增加纳米粒子体积分数（v_f）导致从高度桥联或空间稳定的团簇向具有多体团簇特征的更弥散的类液体堆积转变。该模型预测在弱界面吸引处形成团聚体，在中间链-纳米粒子吸引处出现均匀分散，在强界面吸引处观察到团聚体[112]。研究还表明，有两种类型的团簇跃迁，一种是由热力学响应引起的，另一种是由动力学响应引起的[113]。据我们所知，迄今为止公布的结果中，没有一个报告了从平衡熔体到非平衡玻璃态转变过程中的形态演变，尽管大多数实验观察是使用固体样品进行的[12,110]。在模拟与颗粒表面接触的链数可忽略的聚合物中微粒团簇的情况下，平衡模型能很好地描述聚合物的结构和性质。比界面面积（S_f）与粒径成正比，因此，如前所述，聚合物玻璃化的非平衡状态不受微粒的显著影响，并且与纯聚合物的情况相同。然而，在聚合物纳米复合材料中，大的 S_f 改变了链的大部分的排列和动力学，因此，在相同的条件下，与纯基体玻璃化相比，系统正处于显著不同的非平衡状态，这使得利用等体积分子动力学模拟结果解释过冷非电导聚合物纳米复合材料的行为值得怀疑。

在热力学平衡下形成的纳米粒子组件的几何结构与单个纳米粒子形状和表面能有关[110]。无机纳米粒子通常与有机相不相容，导致纳米粒子-自组装与相分离之间的竞争。到目前为止，已经有几项成功的技术示范，它们诱导了纳米粒子的液态自组装，导致类似于链和线的结构、六边形排列的颗粒、蠕虫状和迷宫状结构、精确的团簇、纳米线和洋葱状囊泡，以及很少或没有顺序的聚集体。类似地，流动效应也可用于将粒子组装成各向异性结构。同时，剪切流显著减缓了富纳米粒子畴的形成并影响其结构[103]。

了解纳米和微观尺度下的结构如何影响宏观尺度下层次复合材料的力学和功能，仍处于初级阶段[67]。纳米粒子改变了其表面附近的链段堆积和链段迁移率空间分布的不均匀性[114]。在平衡熔体中，纳米粒子-链段相互作用能影响离表面三段距离处的流动性。对于弱吸引相互作用，团簇中的纳米粒子形成由聚合物链分隔的网络，有可能吸附诱导团簇内链的玻璃化[99,115]。纳米粒子诱导的链桥的链段取向和有限的伸展性可能对聚合物纳米复合材料中观察到的非经典增强有很大贡献[116]。Riggleman 等[117] 的研究表明纳米粒子可以作为纠缠吸引子，从而在大变形下捕获链的原始路径。团聚纳米粒子对聚合物体的逾渗能力可能对这些分层超结构的大应变变形行为产生很大影响。

混合物中普遍存在热力学相分离态。相对于纳米粒子-纳米粒子相互作用而言，相分离的纳米粒子团簇在聚合物-纳米粒子相互作用不利的情况下尤其常见。事实上，当聚合物-纳米粒子相互作用非常不利时，可能不存在热力学稳定的纳米粒子分散。在这里，我们关注可能的稳定分散情况，并检查纳米粒子团聚过程。分散状态受许多因素的影响，包括粒子负载、粒子间相互作用和温度。我们发现，由于比热容对与粒子分散有关的能量波动很敏感，因此比热容可以作为确定分散状态的可靠指标。具体地说，当粒子处于稳定的分散或聚集状态时，由于"相"是高度稳定的，能量几乎没有波动。然而，在有限的聚集态和分散态之间，粒子可以聚集成小的、短的团簇，从而产生大的能量波动，进而产生大的比热容。为了说明这一点，我们绘制了几个加载分数的比热容与温度的函数关系图，并在中间加载时找到一个明显的最大值。比热容峰值定义了分散态和组装态之间的交叉，能量决定了组装态发生在低温下（也可以通过目测识别）。如果色散类似于二元混合物的相分离，我们预计 u_{pp} 和 c_{pp} 将呈现不连续性，前提是我们不遵循通过临界点的路径。另外，如果跃迁是一阶的，我们会期望跃迁附近的迟滞。在靠近跃迁的狭窄区域，我们的结果将取决于我们接近跃迁的方向。文献 [14] 对这种可能性进行了测试，他们没有发现迟滞的迹象。这些结果表明这种转变不是一级的。

如果聚集态和分散态之间的交叉不是一个简单的相变，我们如何描述它？我们使用比热容数据来计算"团聚图"，具体地说，对于每种情况，我们通过比热容的位置或峰值 c_{pp} 来定义聚集态和分散态之间的近似边界温度 T^*。边界是正倾斜的，这表明大 v_f 和低 T 下发生了团聚现象。通过比较 c_{pp} 最大值的振幅和位置的行为，为我们提供了进一步的证据。c_{pp} 峰值的幅度随 v_f 的增加而减小，这与关联系统的预测行为一致[14]。平衡聚合模型特别预测，比热容最大值的位置应根据以下条件确定：

$$v_f^{crit} \approx \exp(-E/kT^*) \tag{10.12}$$

指数温度依赖性来源于描述平衡粒子缔合和解离速率常数的 Arrhenius 温度依赖性。这些结果表明，团聚转换与简单关联系统的机制相同。这一观察结果为许多纳米颗粒系统的行为合理化提供了一个框架，进而有助于控制分散性和纳米复合材料的性能。

人们普遍认识到，高度不对称的纳米粒子，在改变其加入的聚合物基体的性质方面，有可能比球形（或近球形）纳米粒子更有效。除了连续介质流体力学和弹性理论，所期望的黏度和剪切模量的大幅度提高之外，通过纳米粒子之间的直接相互作用，或者通过纳米粒子之间的链桥接（其中"桥接"链是与至少两种不同的纳米粒子接触）。这些非连续机制被认为在聚合物纳米复合材料的性能增强中起着重要作用，而不是更"经典"的表现微组分。根据基本高分子物理知识可知，随着粒子数 N 的增加，黏度预计会增加，因为链间摩擦系数随着 N 的增加而增加。链间相互作用和"缠结"相互作用提高了这一增长率，由于每根链的摩擦系数随 N 呈线性增加，计算机模拟和实验表明，增加的原因必须比单纯增加 N 复杂得多。

我们将"桥接链"定义为同时与两个或更多纳米颗粒接触的链。结果表明，每一链长的桥链分数 f_B 随 N 的增加而增加。因此，桥接链的分数似乎是表征聚合物-纳米粒子相互作用的一个有用的"顺序参数"。如果聚合物-纳米颗粒之间的相互作用足够小，则桥连将不会发挥重要作用，而且很可能采用连续流体力学方法来解释。然而，Sternstein 和 Zhu[73] 以及 Kalfus 和 Jancar[75] 的研究已经表明，对于橡胶矩阵，即使在弱纳米粒子-链相互作用的情况下，由于缠结迁移率的扰动，导致"陷阱"缠结，链的硬化也会变得很大。

10.4 多层复合材料超结构的组装技术

术语"增材制造"描述了机器在计算机设计中读取并放置连续的液体或粉末层的过程，并且以这种方式从一系列横截面构建3D形状。这些层对应于计算机模型的虚拟横截面，它们自动连接或融合在一起以创建最终形状。有许多竞争技术可供使用。它们在构建图层以创建零件的方式和可以使用的材料方面有所不同。一些方法使用熔化或软化材料来产生层，例如选择性激光烧结（SLS）和熔融沉积建模（FDM），而其他方法则放置用不同技术固化的液体材料，例如立体光刻（SLA）。目前3D打印工艺的分辨率为几十微米，因为最先进的打印机使用直径为20~50mm的液滴，尽管有些技术可以生产薄至16mm的薄层。水平分辨率等于标准激光打印机的分辨率。通过多光子光聚合的3D微加工技术可以制造超小结构的器件。在该方法中，通过聚焦激光在凝胶块中描绘出期望的3D对象。由于光激发的非线性特性，凝胶仅在激光束聚焦的地方固化成固体，然后洗掉剩余的凝胶。可以很容易生产小于100nm的特征尺寸，以及诸如移动和互锁部件的复杂结构。

这项技术正在研究中，可能用于组织工程应用。将活细胞层沉积在凝胶培养基或多糖基质上，并缓慢地构建以形成包括血管系统的三维结构。结果表明，可以使用3D打印技术来制造化合物，包括新化合物[118]。他们首先构思了印刷化学反应容器的概念，再使用打印机将反应物喷入其中作为"化学油墨"，再将反应产生的新化合物用以验证该过程的有效性。虽然大多数3D打印机目前用于原型制作和预生产模具制造过程，但3D打印用于制造最终用途部件现在也发生在直接数字制造（DDM）中。

10.4.1 自组装

经典意义上的自组装（SA）可以定义为通过非共价相互作用，将纳米级构建模块（NSBB）自发和可逆地组织成有序结构。自组装是一种过程，在这种过程中，由预先存在的组件组成的无序系统由于组件本身之间特定的、局部的交互作用而形成一个有组织的结构或模式，而没有外部的作用。这个过程的自发性是其关键属性。换句话说，所需的纳米结构自行构建。自组装过程通常在纳米和微米尺度上进行。DNA、蛋白质、脂质膜和其他生物结构代表了这种组织的自然例子。自组装在材料科学中的重要实例包括分子晶体、胶体、脂质双层、相分离聚合物和自组装单层的形成。最近，在低温凝固下，通过二苯基丙氨酸衍生物的自组装制备了三维大孔结构。所得材料可在再生医学或给药系统领域得到应用。

自组装结构必须比孤立组件有更高的次序，它是一个形状或一个特定的自组装的实体可以执行的任务。自组装的另一个独特的特点是，其建立模块不仅是原子和分子，而且跨越了广泛的纳米和介观结构，具有不同化学成分、形状和功能。最近新的模块建立的例子包括多面体和片状颗粒。这些纳米级构建模块可以反过来通过常规的化学路径或其他自组装策略，如方向熵力（DEF）合成。自组装的纳米级构建模块采用热力学最小的结构，找到了亚基间相互作用的最佳组合，但没有形成亚基间的共价键。几乎所有自组装系统的另一个共同特征是其热力学稳定性。对于没有外部力量的干预自组装的发生，这个过程必会导致一个较低的吉布斯自由能，因此自组装结构与单一的结构，或未组装的部件相比，在热力学上更稳定。一个直接的结果是自组装结构的总体趋势是相对没有缺陷。弱相互作用和热力学稳定性使自组装系统中经常遇到外部环境的合理化扰动。改变热力学变量的小波动会导致结构的显著变化，甚至在自组装期间或之后破坏结构。较弱相互作用的性质决定了体系结构的灵活性，并允许结构按照热力学确定的方向重新排列。如果波动使热力学变量回到起始状态，结构很可能回到初始构型。这导致自组装结构的自愈能力，一般在其他技术合成的材料中没有观察到。

直到现在来看，自组装很明显是一个过程，它容易受到外部参数的影响：由于许多自由参数需要控制，这些可能使合成更麻烦，另外，它具有令人兴奋的优势，即在许多长度尺寸上可以得到大量的形状和功能[119]。一般而言，对于纳米级构建模块自组装成有序结构，需要的基本条件是同时存在的长程排斥力和短程吸引力[120,121]。通过选择具有合适的理化性质的前体，可以对产生复杂结构的形成过程进行精细控制。显然，在设计复合材料结构的合成策略时，最重要的工具是建筑单元的化学知识。例如，有人证明，可以使用具有不同嵌段反应性的二嵌段共聚物来选择性地嵌入特定纳米颗粒并生成具有潜在用作波导的周期性纳米复合材料[122]。

具有分层形态的材料的主要优点是：能够在给定的长度和时间尺度下执行特定功能，并且可以根据任何特定应用的要求定制这些材料。使用大分子单体的高级聚合合成具有规定主链结构的链，代表了聚合物的最有希望的方向之一，用于将它们组装成所需的超分子结构。将定制的聚合物或低聚物连接到纳米颗粒表面上，被认为是控制纳米颗粒自组装的最有效方式，即使从球形纳米颗粒中也能获得高度扩展的非均质的各向异性超结构[110]。正考虑从单一结构尺度的异质材料（如纤维复合材料）过渡到更复杂的多尺度多功能异质材料，在不同结构层次之间进行工程化交互作用，类似于生物复合材料（如骨骼、细胞骨架、贝壳或木材）。将特定功能附加到特定结构规模的能力可以导致在制备阶段中对属性和功能开发的工程控制，从而综合模拟自然生长过程。研究自组装纳米结构构件的形成、稳定性和性能，以及由这些构件组成的上部结构中不同长度尺度之间的相互作用，可能对未来用于先进工程和生物医学应用的智能多功能非均相聚合物材料的设计具有决定性意义。

由嵌段共聚物（BCP）和纳米颗粒组成的纳米复合材料吸引了很多研究者的注意，因为嵌段共聚物以纳米尺度的周期性在不同的长度尺度上组成不同的多相结构，而且人们认识到，即使是普通聚合物的性能也能从纳米颗粒的加入中得到极大的优化[67]。人们认为，不同分子结构的嵌段共聚物代表了在纳米尺度上控制异质材料界面行为的手段，而自组装则为尺度间的信号传递创造了可能。对嵌段共聚物分子结构的综合控制允许以规定的方式开发上层结构。通过使合成的大分子单体或聚合物，与生物聚合物共聚和/或连接或形成有机和无机链的嵌段共聚物制备的新型非均相聚合物材料，为设计具有前所未有的性能和功能平衡的材料提供了希望。这可能会产生一种全新的材料，这种材料具有更好的生物相容性、更容易回收和具有更高的耐热性，允许在更高的工作温度下使用这些材料。此外，结合性质迥异的聚合物可形成具有有用工程性质和生物医学功能的纳米结构。

在嵌段共聚物与纳米粒子的混合中，一个经常出现的问题是纳米粒子倾向于自组装成扩展的团簇，这会极大地影响嵌段共聚物有序形态和嵌段共聚物有序-无序转变（ODT）的本质。嵌段共聚物材料中的热波动通过著名的 Brazovskii 机制从二阶到一阶驱动有序相变，并且在 ODT 处的 X 射线和中子散射强度数据中观察到许多跳跃现象。这种现象提供技术上的问题和机会。无穷小的无序量可以通过转变成某种"玻璃状"状态来破坏一阶相变的稳定性，在这种状态下，有序性受到抑制，因此只存在原始相变的高度圆形残余。已经观察到，当延伸的纳米颗粒上部结构仍然局限于嵌段共聚物微区时，自组装纳米颗粒进入延伸结构也可以作为定向嵌段共聚物组装的模板，这意味着纳米颗粒组装和嵌段共聚物有序化过程之间存在协同作用。这些观察结果表明，聚集的纳米颗粒跨越不同嵌段共聚物结构域的能力对于破坏嵌段共聚物有序化过程非常重要。在这种情况下，抑制有序化过程对聚合物电池的应用是有益的，因为结晶会导致导电性和电池功能下降。这种嵌段共聚物组织的有效操作有望在有机光伏领域、燃料电池和以嵌段共聚物材料为模板的自下而上自组装制备工艺中得到应用。

人们对利用粒子自组装作为通向新材料组装的"自下而上"途径有很大兴趣[11]。这类粒子自组装之所以引起人们的兴趣，是因为它可能允许我们构建具有优异性质的改进型聚合物纳米复合材料[14,123]。因此，我们控制纳米颗粒组织的独特能力，可能使我们能够为一系列全新的合成应用构建一系列多功能的仿生系统。研究还表明，胶原等结构蛋白在形成微纤维时，可以经历类似于一级热力学转变的自组装过程，这在很大程度上控制了矿化过程，从而形成骨骼的基本结构块。

扩展的纳米颗粒结构可以更容易地通过纳米颗粒之间的直接相互作用或通过纳米颗粒之间的链桥接形成瞬态网络，其中"桥接"链是与至少两个不同纳米颗粒接触的链。这些非连续机制被认为在聚合物纳米复合材料的性能增强中起着重要作用，而不是更"经典"的表现微组分。桥接链的分数似乎是表征聚合物-纳米粒子相互作用的一个有用的"顺序参数"。如果聚合物和纳米粒子的相互作用足够小，桥接预计不会发挥明显的作用，但是，我们已经证明，由于随机纳米颗粒堆积导致的"陷阱"缠结，缠结迁移率的扰动，链的加强可能变得非常大[73]。

许多以前的研究者已经提出，纳米粒子的形状和他们的相互作用以及相互作用链决定了它们可以组装成超结构[70,99,110]。因此，组装体的几何结构基本上是在单个纳米颗粒的水平上编码的。同样，流效应也可用于将粒子组装成各向异性结构[110]。在聚合物基质中获得纳米颗粒的可控分散是实现聚合物纳米复合材料所承诺的显著性能改善的一个重大挑战[70]。然而，实现这一目标往往是困难的，因为无机粒子通常是与有机相不混溶的。克服这一困难的一种策略是通过将粒子表面与至少部分可与基质聚合物混溶的相同链嫁接来"屏蔽"粒子表面。虽然这种粒子分散方法在某些情况下是成功的，但我们发现粒子本身可以表现出高度各向异性的结构。这一过程的产生是因为不互溶的粒子核和接枝聚合物层试图相分离，但受到链连接的限制，这显然类似于嵌段共聚物和其他两亲分子中的"微相分离"。与这些两亲分子类似，这些具有"可极化"分段云的粒子可以在广泛的条件下自组装成各种超结构。

药物或诊断的纳米粒子可以被封装、吸附或分散在聚合物纳米结构中，这些递送系统的纳米尺度允许它们直接注射到循环系统中，而不存在阻塞血管的风险。研究人员已经证明，调理作用以及随后巨噬细胞的识别和吞噬作用与微粒的大小密切相关。具有双亲性的嵌段共聚物能够形成胶束、纳米球、纳米胶囊和多聚体[67]。与生物活性配体表面结合的能力为靶向治疗和成像提供了一个高级的手段。因此，多聚体在未来的纳米生物材料中，尤其是体内药物传递和诊断成像应用中拥有巨大的潜力。

具有可由外部信号调谐的准静态组织的响应/自适应胶体系统的制备是对纳米粒子上聚合物黏附研究的有力刺激[110]。由于表面化学成分和构象的可逆变化，这些体系能够根据外部信号改变界面相互作用。最近，纳米粒子的合成和表征技术迅速发展，这表明了将这些颗粒组织成各种组合体以获得可能由其二维和三维排列产生的新特性的重要性。通过接枝特定聚合物链实现纳米粒子的表面功能化有望在设计新型有机/无机智能纳米复合涂层[124]和大容量存储介质[125]中发挥重要作用。

光伏器件的效率往往是受限于光生载流子的短扩散范围的限制，而有源区的大小对应于光生电荷载流子的扩散范围，通常为 $10\sim20nm$[67,90]。形态学上的差异，如链的构象或畴的大小，常常掩盖电荷转移的影响，因此器件的性能不一定与快速衰减时间相关。研究发现，半导体聚合物在 C_{60} 上的光诱导电子转移是可逆的、超快的、量子效率接近于统一的、亚稳态的。在聚合物体系中掺杂富勒烯形成体异质结是由于界面的扩展导致了太阳光下产生的电荷对的有效解离。受主畴的尺寸减小导致辐射复合的完全猝灭。通过纳米填料的分散和尺寸优化，可以同时提高光电流。分子形态对纳米复合材料性能的强烈影响强调了纳米复合材料性能的大幅度提高，这一点在有机太阳能电池的性能上仍然可以得到改善[67]。

10.4.2　控制组装

虽然自组装生物复合材料系统依赖于分子和/或纳米粒子的自发组织，但目前最先进的增材制造中使用的命令/强制组装（CA）方法需要良好控制的外部驱动刺激[126]。强制组装过程采用外部驱动力来构建结构和/或防止自发结构崩解。自组装和强制组装与材料工程之间的另一个区别与过程的规模有关。强制组装通常不能在亚微米级上有效地进行，因此通常限于微米以上尺寸的结构[126]。

目前的商业打印机能够打印常规热塑性塑料（PA、ABS）、陶瓷、低熔点金属、蜡、光固化树脂等。该领域的最新研究尤其集中在用于快速原型制造和直接添加制造的各种特殊材料的开发上。如石墨烯、导电复合材料、玻璃/HA 粉末、天然黏土粉末、硅酸钙陶瓷、水硬性 $Mg_3(PO_4)_2$ 粉末、铅合金和许多其他材料。

传统的 3D 材料打印很难被认为是强制装配的，强制成形可能是一个更适合的术语。然而，最近几篇有趣的论文报道了具有不同层次的材料间相互接触的穿透双材料或多材料物体的 3D 打印，这确实利用了微观层面上的强制装配理念，并且表现出非常有趣的特性。一著名的报告侧重于直接制造与生命科学领域相关的物品，即具有潜在药物应用的生物相容性支架。包括聚（乳酸）-HA 复合材料，聚（乳酸-共-羟基乙酸）共聚物，羟基官能化聚（ε-己内酯）或磷酸钙在内的材料已经成功地塑造成具有不同复杂性的对象，从简单的细胞聚集体开始，继续通过骨样支架，上升到主动脉瓣和仿生微血管网络。关于非生物学靶向材料的论文数量相当稀少，但是已经报道了几个有趣的结果，包括水泥和 Al_2O_3 复合材料，Al_2O_3/CuO 互穿相复合材料，用于光学应用的负折射率超材料等。

10.5   纳米尺度的构建模块

必须理解纳米级构建模块的合成、层次结构自组装、多长度时间尺度上的特性和功能之间的基本联系，这需要跨学科的方法，整合工程、材料科学、结构生物学、化学和物理的概念和技术。对多种层次功能生物材料的分析和最近的计算机模拟表明，纳米级构建模块的体系结构可以用来编码简单的设计规则，从而形成独特的自组装超结构。在功能复合层次的组装中利用这些纳米级构建模块的一个先决条件是，开发产生纳米级构建模块的合成技术，和在技术上合理的时间尺度上，将纳米级构建模块自组装成目标层次结构的技术。然而，通常很难实现这一目标，因为无机纳米粒子与有机相是不混溶的。克服这一困难的一个策略是：通过将纳米粒子表面与至少部分可与基质聚合物混溶的链嫁接，来"屏蔽"纳米粒子表面。虽然这种方法在某些情况下是成功的，但是人们发现纳米粒子本身，可以表现出高度各向异性的自组装结构。纳米颗粒在处于极化作用力下，能在很宽的条件下自组装成各种各样的结构。将不同分子量的单链或多链接枝到不同粒形和性质的纳米粒子上，是制备具有特定超分子结构的多功能纳米级构建模块的途径之一。将纳米粒子接枝到嵌段共聚物链上，或者链组装形成纳米尺度的增强元素，或者使用纳米粒子作为暂时交联，在过载下能恢复连接，这在以前的文献中还没有报道过。

10.5.1   合成纳米级构建模块的制备

基团转移聚合（GTP）、原子转移自由基聚合（ATRP）、可逆加成断裂链转移聚合（RAFT）、开环复分解聚合（ROMP）和关环复分解聚合（RCM）、无环二烯复分解（ADMET）和扩环复分解聚合（REMP）是被广泛用来合成嵌段共聚物和功能大分子单体（FMMS）的方法[127-129]。利用这些合成方法，聚合物、互穿聚合物网络（IPN）、嵌段共聚物和功能大分子单体，可以制备具有可控摩尔质量、明确的大分子结构、立体规整性和小的多分散性的聚合物。开环复分解聚合是一种制作二嵌段和三嵌段的嵌段共聚物较好的方法。无环二烯复分解用来制备"N-末端"氨基酸和肽支化的手性聚烯烃。扩环复分解聚合可以生产在其主链上含有大量双键的纯环状聚烯烃，提供进一步的化学修饰处理，采用了像硫烯化学还原氧抑制等方法，效果显著。硫醇烯化学也可以产生延迟凝胶聚合物网络，低收缩、高转化率、均匀的交联密度，形成独特的物理和力学性能[127]。

　　结果表明，嵌段共聚物能够以纳米级的周期性在不同的长度尺度上组成不同的多相结构。并且人们认识到，即使是由普通共聚单体制备的嵌段共聚物的性能也能从添加合适的纳米粒子中得到很大的益处[23,27,107,108,127-138]。将不同分子量的单链或多链接枝到有不同颗粒形状的纳米粒子（POSS、碳纳米管、石墨烯等）上，是最有希望获得具有特定超分子结构的纳米级构建模块的路径之一。表面引发的 ATRP 技术已成功地用于从各种纳米粒子生长定义明确的均聚物[128]、二嵌段共聚物[127]、接枝共聚物、星形聚合物和超支化聚合物。利用 ATRP 从单反应位点 POSS 表面合成了新型的纳米级构建模块，可以更好地控制目标生长 PS 和 PMMA 链的分子量和分子量分布。将纳米粒子接枝到嵌段共聚物链或多链组件，从而形成混合纳米粒子，或将纳米粒子用作能够在过载导致断裂后恢复关节的临时交叉链，在文献中尚未报道。利用先进的聚合技术合成了具有指定结构的一维、二维和三维超分子结构和互穿网络（IPNs），这是合成具有理想超分子结构聚合物的最有前途的方向之一。将通常的嵌段共聚物或功能大分子单体约束到纳米粒子表面，从纳米粒子表面生长一条或多条链，并沿嵌段共聚物链嫁接多个纳米粒子，被认为是制备具有编码自组装动机的混合纳米级构建模块（HNSBBs）的最有效方法。

　　两亲性嵌段共聚物以其形成胶束、纳米胶囊、纳米球、核壳纳米颗粒等各种类型的纳米颗粒的能力而备受关注[109,139-142]。嵌段共聚物胶束是水溶性的，在 10～100nm 大小的生物相容性纳米容器，具有核-壳架构，其中的核是一个储存低水溶性药物的容器，而亲水性的壳提供了核心和外部介质之间的保护界面。两亲性的含有亲水性聚乙二醇（PEG）嵌段共聚物的合成与性能，由于其特殊的理化和生物学特性而备受关注。可生物降解的疏水性聚合物，如聚乳酸（PLA）、聚（乳酸-羟基乙酸)(PLGA)、聚（ε-己内酯）和三亚甲基碳酸酯，主要用作胶束的核心材料（亲脂结构域），以包封各种治疗性化合物。PLGA-PEG 嵌段共聚物通常表现出很好的微相分离、结晶度和水溶性。这些嵌段共聚物在水溶液中自发组装成一个球形胶束。药物释放可通过选择具有不同表面或体积侵蚀率的可生物降解聚合物来控制，外部条件（如 pH 和温度变化）可作为触发药物释放的开关[142]。

　　将单个或多个嵌段共聚物或功能大分子单体，接枝到单个有不同粒子形状和性质的纳米粒子（HAP、β-T 碳纤维复合材料、SiO$_2$、POSS、SWCNT、NT、SLG、CNC 等）上，是合成具有所需的超分子结构纳米级构建模块的最有效的途径。此外，将合适的催化剂锚定在纳米粒子表面后，可以通过从单个纳米粒子表面生长链来形成纳米级构建模块，这将更加精确，但是效率要低得多。将多个纳米粒子嫁接到嵌段共聚物上的过程旨在形成延伸的"矿化"增强元素（1D 串、2D 片、3D 网络）。然而这不是在精确控制的方式下得到的。

在过去的几十年中，溶胶-凝胶过程已广泛应用于自下而上合成新型有机-无机杂化材料。对于复合材料，目标是在聚合物分子存在下进行溶胶-凝胶反应，并包含官能团，以改善其与无机相的结合[143]。这是一个非常有用的新型加固技术，它可以在聚合物基体中生成增强的纳米粒子。溶胶-凝胶过程优于传统混合方法，因为它能通过控制反应参数，巧妙地控制在聚合物基质中生长的无机相形态和表面特征。碱或酸催化剂的选择，会控制成型机制和由此产生的无机包裹体的尺寸。

10.5.2　POSS 基纳米级构建模块

多面体低聚倍半硅氧烷（POSS）[144] 属于一组合适的无机纳米粒子，它们在分子水平上具有规整的结构，并受其合成的控制，能够形成无机核-有机壳-核杂化纳米级构建模块的无机核。这说明使用这些已知的系统，合成纳米级构建模块的策略是值得的。POSS 来自经验公式 $RSiO_{1.5}$ 下的纳米粒子家族，其中 R 是指有机化学基团或氢。POSS 系统表现出不同的结构，包括随机结构、梯形结构、笼形结构和部分的笼状结构，如图 10.2 所示。

POSS 颗粒由一个硅核笼（$SiO_{1.5}$）$_n$（$n=8$、10、12）和外部的有机取代基组成，这些取代基可以用有机化学中已知的任何化学基团来表示。一个分子中可能存在不同的取代基，从而导致大量的 POSS 变体。这种可变性以及 POSS 与纳米二氧化硅相比的清晰结构引起了科学家们的广泛关注。如今，市面上有超过 80 种不同的 POSS 类型，包括烃、烯烃、醇、酯、酸酐、羧酸、胺、亚胺、环氧、硫醇、磺酸盐、氟烷、硅醇基和硅氧化物[145-147]。

10.5.3　POSS 的合成

一般来说，经典的合成方法涉及三官能团有机硅或氢化硅烷的水解[148]。倍半硅氧烷（$HSiO_{1.5}$）$_n$ 代表传统方法中最简单的一类，它可以作为各种 POSS 制备的前驱体。Muller 和同事在 1959 年第一次通过硫酸水解，无意中从三氯氢硅中合成了它。Frye 和 Collins 开发了由三甲氧基硅烷水解的新工艺[149]，Agaskar[150] 介绍了在缺水条件下用三氯硅烷水解的新方法。

据报道，有三种方法可以合成单-多官能团 POSS。不同有机基团的单体共水解作用（R 和 R′）会导致 R/R′ 以所有可能的比率混合成产品，因此为了得到纯的物质，进一步的分离是必要的。文章描述了基于取代反应和硅氧烷笼保留的各种方法，例如，基本的 hydrido-T_8 单元的硅的氢化反应。最后一种方法通常被称为角限制反应，这由 Brown 和 Vogt 首次提到[148]，并由 Feher 和 Lichten-

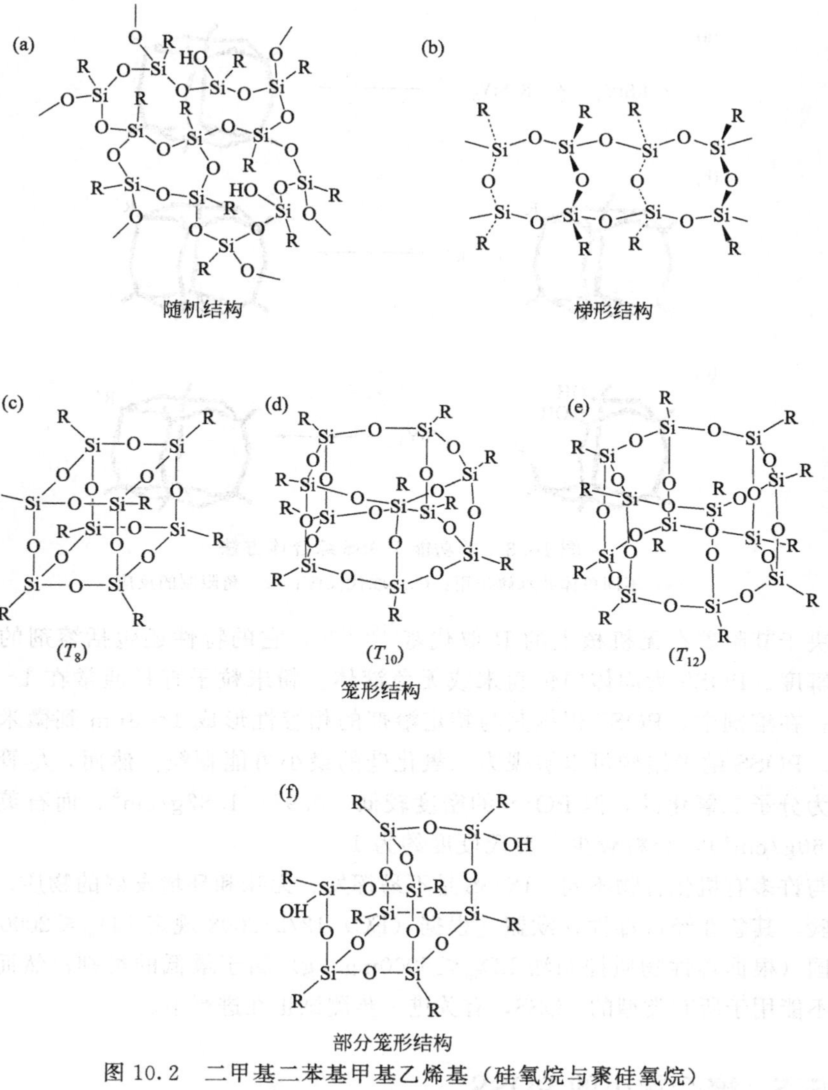

图 10.2　二甲基二苯基甲基乙烯基（硅氧烷与聚硅氧烷）
与苯基倍半硅氧烷的聚合物结构

han 进一步完善[93,151]，它代表了不完全凝聚（T_7）分子的单体反应；然而，较长的反应时间和多样性的限制是这种技术的主要缺点。单官能团 POSS 的合成方法总结在图 10.3 中，其中 Y 表示硅烷官能团。

10.5.4　POSS 性能

多面体倍半硅氧烷（POSS）独特的性能来源于其杂化的有机-无机结构，主

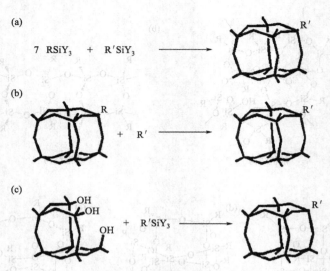

图 10.3　单功能 POSS 综合体方法
(a) 不同单体共水解作用；(b) 取代反应；(c) 角限制的反应

要取决于其附着在无机核上的 R 取代基[152-154]，它的特性还包括溶剂的相容性和溶解度。POSS 为固体白色粉末或无色液体。粉末粒子直径通常在 $1\sim100\mu m$ 之间；在溶剂中，POSS 根据其与特定溶剂的相容性形成 $1\sim3nm$ 到微米大小的范畴。POSS 纳米结构可以被视为二氧化硅的最小可能颗粒；然而，尽管其通常被称为分子二氧化硅，但 POSS 的密度较低（$0.97\sim1.82g/cm^3$，而石英的密度为 $2.60g/cm^3$），磨粒较少，莫氏硬度约为 1。

　　与许多有机化合物不同，POSS 是不易挥发、无味和环境友好的物质。进行毒性试验，其急性经口毒性在欧盟［根据（EC）1272/2008 规定 $LD_{50}\leqslant2000mg/kg$］和美国（根据毒性物质控制法 $LD_{50}\leqslant5000mg/kg$）属于最低的类别；然而，这个结果不能用于所有类型的 POSS，有关进一步测试正在进行中。

10.5.5　聚合物中的 POSS

　　致力于高分子材料的 POSS 添加剂已形成商业规模。混合塑料公司的生产设施管理着每年数百吨的生产能力。表面上的 POSS 取代基可以在不进行任何进一步表面处理的情况下与大多数聚合物相容；然而，一个非平衡的 POSS 纳米粒子的自组装，及其在分子尺度的聚合物基质上的影响的基本描述仍然是个谜。此外，POSS 可作为普通填料通过溶液或熔融共混物理地混合在聚合物基质中，或通过反应官能团共价键合到聚合物链上，从而形成如图 10.4 所示的几种 POSS/聚合物结构。

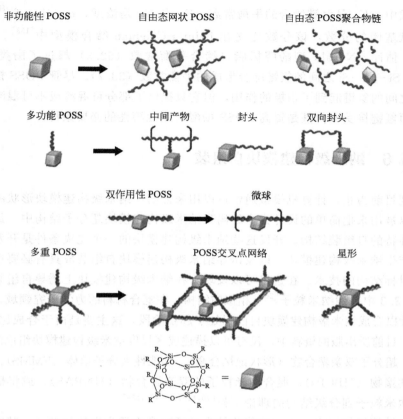

图 10.4　POSS 或聚合物架构

调整 POSS 取代基是调整 POSS/聚合物纳米复合材料性能的一种行之有效的方法，它与纳米粒子的相容性和分散状态密切相关。近期，报道了在分子尺度上与完全分散的纳米粒子以及不同大小的 POSS 结构域形成的共混物[152-154]，并且通过结构域的结晶性[155-157] 和非晶性[158,159] 的存在进一步表明了多样性。

Kuo 和 Chang 研究了氢键对模型化合物八异丁基 POSS 和 2,4-二甲基苯酚的 POSS 核与酚基相容性的影响。混合两种聚合物的自由能 ΔG_m 可以用 Flory-Huggins 方程表述，并由 Painter-Coleman 补充计算了氢键自由能的能量贡献 ΔG_H[158]：

$$\frac{\Delta G_m}{RT} = \frac{\phi_A}{M_A}\ln\phi_A + \frac{\phi_B}{M_B}\ln\phi_B + \phi_A\phi_B\chi_{AB} - \frac{\Delta G_H}{RT} \tag{10.13}$$

式中，ϕ_A 和 ϕ_B 是聚合物的体积分数；M_A 和 M_B 是相应聚合度；χ_{AB} 表示相互作用参数。通过采用 Coggeshall 和 Saier 公式：

$$K_a = \frac{1 - f_m^{OH}}{f_m^{OH}[C_A - (1 - f_m^{OH})C_B]} \tag{10.14}$$

式中，K_a 是氢键缔合的平衡常数；C_A 和 C_B 是浓度，mol/L；f_m^{OH} 是自由键贡献基团的分数，该分数建立在 Painter-Coleman 缔合模型中[158]。Kuo 和 Chang 估计，Novalic 型酚醛树脂自缔合平衡常数（52.3）超过了酚类 OH 和 POSS Si—O—Si 之间的氢键缔合形成的平衡常数（38.7）。尽管 POSS 核与酚醛树脂之间的氢键起到了积极的作用，但它只提供了部分可混溶或不可混溶的混合物，而氢键接受取代基是提高 POSS-酚醛树脂混溶性的必要条件。

10.5.6 纳米级构建模块自组装

到目前为止，计算机模拟通常可以用来证明：纳米级构建模块形状的各向异性可以被用来把简单的设计指令编码到纳米级构建模块超分子结构中，最终形成一个独特的自组装结构。开发这些纳米级构建模块的一个先决条件是开发合成技术来产生纳米级构建模块，以及诱导纳米级构建模块自组装成具有必要性质或功能的目标结构的技术。在这里可以发现，在纳米级构建模块上诱导自组装会产生与 10.3.3 中提到纳米粒子[26] 相似的结构。在复合材料的力学研究领域，采用精确设计以合成纳米级构建模块目前仍处于起步阶段，这主要是由于合成比较困难。此外，目前所出版的资料中，没有可以描述成多尺度纳米级构建模块组成的嵌段共聚物、超分子双亲聚合物（形状记忆合金）、功能性大分子单体（FMMS）、混合型嵌段共聚物（HBCPs）、混合纳米粒子的双亲聚合物（HNPAS），或将聚合物链装饰纳米粒子到分级结构的理论框架[70,110,127,128,159]。

在计算机模拟中，表面功能化纳米粒子通常表示为斑块状粒子，其中斑块代表了负责相互作用的某些化学基团。其中最受关注的例子是 Janus 粒子[160]（JPS），它是以两张脸的罗马神命名的。Janus 粒子具有两部分不同的化学性质，最初这两部分具有相同的大小，但最近也有部分不对称的粒子开始被称为 Janus 粒子了。球面对称型 Janus 粒子能形成胶束和双层膜，这个双层膜将 Janus 粒子囊括进气泡和明显的气液共存区，这已经形成一个确定的系统。添加一个电荷到两亲性椭球体颗粒，可以得到更复杂的集群结构，这可以反映电荷空间分布相关的信息[161-166]。

纳米粒子的非球面性增加了额外的参数以进行探索，研究表明，即使是简单的排斥刚性棒，其排列顺序也随密度的增加而增加，并具有丰富的相图，其中包括向列相和近晶相，这取决于长径比。最近的模拟表明，使用更复杂形状的多面体和球面体、非球面形状可以支撑自组装，并且在中等密度（约 50%）下，产生的熵吸引力约为几 kT。该形状也是模拟和实验研究的八足体结构复杂分层自组装的原因。非对称形状与斑块特征相结合，可以形成 Janus 柱状和圆盘状结构，不仅可以形成胶束和双层结构，而且可以形成截面和夹层结构中 2~4 个颗粒的清晰的纤维。当斑块仅在圆柱体的末端分布时，在明确定义的多面体（二聚体、星形三聚体，以及星形和四角形四聚体）中观察到"火柴棒"聚集体。

当然，自组装颗粒可以有更多的相互作用的块，而且这种日益增加的复杂性会导致更丰富的参数空间与形态的探索。现已证明，计算机模拟技术在指导实验中是一个有用的工具，而且在广阔的参数领域中也占有一席之地。由于在模拟领域，需要以较长时间尺度看待自组装，所以该领域由粗粒度模型占主导地位，这样可以降低由不重要平均自由度导致的问题的复杂性。这些模型保留了重要的物理特征，使我们能够研究系统平衡和/或动力学特性所需的合理尺寸和时间尺度。重要的是，各种化学体系已经被发现与模拟结果一致，包括功能化的纳米粒子、嵌段共聚物、树状大分子和类似胶原三螺旋的肽螺旋[70,71]。这表明，粗粒度模型的模拟结果可以有多种化学实现，只要模型能够准确地描述相互作用，自组装的形貌是相同的。

对于具有更多补片的系统，只进行了很少的开创性模拟，而且这些模拟主要针对球形纳米粒子。高度对称的块分布有不同的宏观阶段，包括气相、晶体和液体，这里液体相可能达到极低的密度，形成突破性网络，称为空液体。一旦相互作用位点不对称，可能会产生各种尺寸的紧凑簇。此外，对这些粒子的动力学研究表明，在凝胶化的每一时间段中，键的分布与特定温度下的平衡分布有关。因此，在平衡相图中，可以将动力学/时效过程映射到冷却过程上。

10.6　结论

功能复合材料结构工程研究所面临的主要挑战是：建立一个新材料的开发平台，能够通过物理化学的方法对超分子进行精确的纳米级构建模块设计，并且能够与嵌入式刺激响应相结合；在纳米级构建模块微米大小的底层结构自组装中强制组装介观超结构，通过计算机辅助 3D 多尺度技术，将其组装成具有规定结构和功能层次，以及机械-化学长度尺度信号的介观超结构。这项研究要取得成功，就必须结合合成化学家、制备所需的自组装亚微米组件的反应、高分子物理学家的努力，发展出描述其形状和功能的机制和动力学的理论，材料和工艺工程师开发多尺度复合材料制造技术。应开发新的实验技术，在多个长度和时间尺度上提供可靠的结构和性能数据，以同时获得结构数据、性能和功能，对全面了解聚合物复合材料的结构-性能-功能关系至关重要。

此外，应该开发新的理论模型，该理论模型应注重结构变量、本质和多层结构形成的动力学，以及理化性质和多层复合结构之间、功能之间的定量关系。获得顺序装配机制的理论描述，该机制在不同的维度和时间尺度上提供复合材料上层结构的结构和功能层次，包括长度尺度间的信息，在不同的子结构中获得定量的结构-性能-功能关系，以及开发这些材料在制备过程中的工程性能和功能的程序，是一项迫在眉睫的挑战。计算机辅助三维装配算法应考虑快速定域的顺序组合，然后用化学键和物理键的快速形成固定这些结构。理解纳/微米长度尺度分层结构在形成宏观 3D 结构的强制组装制造工艺过程，将成为 21 世纪工程和医疗领域制造复合材料上层结构的技术规范。

参考文献

[1] Cranford S, Buehler MJ. [Chapter 4] Biomateriomics. Springer; 2012. p. 399–424.

[2] Buehler MJ, Keten S. Nano Res 2008;1:63–71.

[3] Buehler MJ, Keten S, Ackbarow T. Prog Mater Sci 2008;53:1101–241.

[4] Cranford S, Buehler M. Nanotechnol Sci Appl 2010;3:127–48.

[5] Omenetto FG, Kaplan DL. Science 2010;329:528–31.

[6] Fratzl P, Weinkamer R. Prog Mater Sci 2007;52:1263–344.

[7] Vollrath F. Nature 2010;466:319.

[8] Aizenberg J, Weaver JC, Thanawala MS, Sundar VC, Morse DE, Fratzl P. Science 2005;309:275–8.

[9] Fratzl P. J Roy Soc Interface 2007;4:637–42.

[10] Studard AR. Adv Mater 2012;24:5024–44.

[11] Shenhar R, Norsten TB, Rotello VM. Adv Mater 2005;17:657.

[12] Patra TK, Singh JK. J Chem Phys 2013;138:144901.

[13] Mackay ME, Tuteja A, Duxbury PM, Hawker CJ, Van Horn B, Guan ZB, et al. Science 2006;311:1740.

[14] Starr FW, Douglas JF, Glotzer SC. J Chem Phys 2003;119:1777.

[15] Van Workum K, Douglas JF. Phys Rev E 2006;73:031502.

[16] Rabani E, Reichman DR, Geissler PL, Brus LE. Nature 2003;426:271.

[17] Gupta S, Zhang QL, Emrick T, Balazs AC, Russell TP. Nat Mater 2006;5:229.

[18] Ritchie RO, Buehler MJ, Hansma P. Phys Today 2009;62:41–7.

[19] Saffer EM, Tew GN, Bhatia SR. Curr Med Chem 2011;18:5676.

[20] Nakanishi T, Naffakh M, Díez-Pascual AM. J Phys Conf Ser 2009;159:012005.

[21] Marco C, Ellis GJ, Gómez-Fatou MA. Prog Polym Sci 2013;38:1163.

[22] Buehler MJ, Yung YC. Nat Mater 2009;8:175–88.

[23] Taylor D, HJG, Lee TC. Nat Mater 2007;6:263–6.

[24] Ji B, Gao H. J Mech Phys Solids 2004;52:1963–90.

[25] Wiener S, Wagner HD. Annu Rev Mater Sci 1998;28:271–98.

[26] Kreplak L, Fudge D. Bioessays 2007;29:26–35.

[27] Liu W, Jawerth LM, Sparks EA, Falvo MR, Hantgan RR, et al. Science 2006;313:634.

[28] Luz GM, Mano JF. Comp Sci Technol 2010;70:1777.

[29] Daniel IM, Abot JL, Schubel PM, Luo JJ. Exp Mech 2012;52:37.

[30] Kobayashi S. Compos B Eng 2012;43:1720.

[31] Ozcan S, Filip P. Wear 2005;259:642.

[32] Tong L, Mouritz AP, Bannister M. 3D fiber reinforced polymer composites. Amsterdam: Elsevier; 2002.

[33] Qian H, Greenhalgh ES, Schaffer MSP, Bismarck A. J Mater Chem 2010;20:4751.

[34] Veedu VP, Cao AY, Li XS, Ma KG, Soldano C, Kar S, et al. Nat Mater 2006;5:457.

[35] Ramanathan T, Abdala AA, Stankovich S, Dikin DA, Herrera-Alonso M, Piner RD, et al. Nat Nanotechnol 2008;3:327.

[36] Shin MK, Lee B, Kim SH, Lee JA, Spinks GM, et al. Nat Commun 2012;3:650.

[37] Stankovich S, Dikin DA, Dommett GHB, et al. Nature 2006;442:282.

[38] Espinoza HD, Rim JE, Barthelat F, Buehler MJ. Prog Mater Sci 2009;54:1059.

[39] Bruet BJF, Song JH, Boyce MC, Ortiz C. Nat Mater 2008;7:748.

[40] Jungnikl K, Goebbels J, Burgert I, Fratzl P. Trees Struct Func 2009;23:605.

[41] Elbaum R, Zaltzman L, Burgert I, Fratzl P. Science 2007;316:884.

[42] Fratzl P, Elbaum R, Burgert I. Faraday Discuss 2008;139:275.

[43] Pokroy B, Kang SH, Mahadevan L, Aizenberg J. Science 2009;323:237.

[44] Wong TS, Kang SH, Tang SKY, Smythe EJ, Hatton BD, Grinthal A, et al. Nature 2011;477:443.

[45] Bhushan B. Langmuir 2012;28:1698.

[46] Van Opdenbosch D, Fritz-Popovski G, Paris O, Zollfrank C. J Mater Res 2011;26:1193.

[47] Kim YY, Ganesan K, Yang PC, Kulak AN, Borukhin S, Pechook S, et al. Nat Mater 2011;10:890.

[48] Li HY, Xin HL, Muller DA, Estroff LA. Science 2009;326:1244.

[49] Junginger M, Bleek K, Kita-Tokarczyk K, Reiche Shkilnyy A, et al. Nanoscale 2010;2:2440.

[50] Dong Q, Su H, Cao W, Han J, Zhang D, Guo Q. Mater Chem Phys 2008;110:160.

[51] Pimenta S, Pinho ST. J Mech Phys Solids 2013;61:1337.

[52] Libanori L, Münch FHL, Montenegro DM, Studard AR. Comp Sci Technol 2012;72:435.

[53] Diéz-Pascual AM, Naffakh M, Marco C, Gómez-Fatou MA, Ellis GJ. Prog. Mater Sci 2012;57:1106–90.

[54] Khan SU, Kim JK. J Aeronaut Space Sci 2011;12:115.

[55] Gojny FH, Wichmann MHG, Fiedler B, Bauhofer W, Schulte K. Compos A Appl Sci Manuf 2005;36:1525.

[56] Qiu JJ, Zhang C, Wang B, Liang R. Nanotechnology 2007;18:275708.

[57] Rahmanian S, Thean KS, Suraya AR, Shazed MA, Salleh MAM, Yusoff HM. Mater Des 2013;43:10.

[58] Garcia EJ, Hart AJ, Wardle BR, Yamamoto M. Comp Sci Technol 2008;68:2034.

[59] Quian H, Greenhalgh ES, Shaffer MSP, Bismarck A. J Mater Chem 2010;20:4751.

[60] Bekyarova E, Thostenson ET, Yu A, Kim H, Gao J, Tang J, et al. Langmuir 2007;23:3970.

[61] Abot JL, Song Y, Schulz MJ, Shanov VN. Comp Sci Technol 2008;68:2755.

[62] Barber AH, Zhao Q, Wagner HD, Baillie CA. Comp Sci Technol 2004;64:1915.

[63] Warrier A, Godara A, Roches O, Meyyo L, Luiyi F, et al. Compos A Appl Sci Manuf 2010;41:532.

[64] Naffagh M, Díez-Pascual AM, Marco C, Ellis GJ, Gómez-Fatou MA. Prog Polym Sci 2013;38:1163.

[65] Zidek J, Kucera J, Jancar J. Computers Materials and Continua 2011;24:183–208.

[66] Jancar J, Fiore K. Polymer 2011;52:5851.

[67] Jancar J, Douglas JF, Starr FW, Kumar SK, Cassagnau P, Lesser AJ, et al. Polymer 2010;51:3321–43.

[68] Jancar J. Karger-Kocsis J, Fakirov S, editors. Nano- and micro-mechanics of polymer blends and composites. Hanser; 2009. p. 241–66.

[69] Jancar J, Hoy RS, Jancarova E, Lesser AJ, Zidek J. Macromolecules 2013;46:9409.

[70] Akcora P, Liu H, Kumar SK, Moll J, Li Y, Benicewicz BC, et al. Nat Mater 2009;8:354–9.

[71] Glotzer SC, Horsch MA, Iacovella CR, Zhang Z, Chan ER, Zhang Xi. Curr Opin

Colloid Interface Sci 2005;10:287–95.

[72]   Chabert E, Bornert M, Bourgeat-Lami E, Cavaillé J-Y, Dendievel R, et al. Mater Sci Eng A 2004;381:320.

[73]   Sternstein SS, Zhu AJ. Macromolecules 2002;35:7262–73.

[74]   Kalfus J, Jancar J. Comp Sci Technol 2008;68:3444–7.

[75]   Kalfus J, Jancar J. J Polym Sci Polym Phys 2007;45:1380–88.

[76]   Kalfus J, Jancar J. Polym Compos 2007;28:365–71.

[77]   Riggleman RA, Toepperwein G, Papakonstantopoulos GJ, Barrat J-L, de Pablo JJ. J Chem Phys 2009;130:244903.

[78]   Lin A, Meyers MA. Mater Sci Eng A 2005;390:27–41.

[79]   Fantner GE, Oroudjev E, Schitter G, Golde LS, Thurner P, Finch MM, et al. Biophys J 2006;90:1411–8.

[80]   Hansma PK, Fantner GE, Kindt JH, Thurner PJ, Schitter G, Turner PJ, et al. J Musculoskelet Neuronal Interact 2005;5:313–15.

[81]   deGennes PG. Scaling concepts in polymer physics. Ithaka: Cornell University Press; 1979.

[82]   Zheng X, Sauer BB, van Alsten JG, Schwarz SA, Rafailovich MH, Sokolov J, et al. Phys Rev Lett 1995;74:407.

[83]   Lin YH. Macromolecules 1984;17:2846.

[84]   Jancar J, Kucera J, Vesely P. J Mater Sci Letters 1988;7:1377.

[85]   Chao H, Riggleman RA. Polymer 2013;54:5222.

[86]   Arumugan P, Xu H, Srivastava S, Rotello VM. Polym Int 2007;56:461.

[87]   Jancar J, Recman L. Polymer 2010;51:3826.

[88]   Riggleman RA, Douglas JF, de Pablo JJ. Soft Matter 2010;6:292.

[89]   Zhu A, Sternstein SS. Comp Sci Technol 2003;63:1113.

[90]   Maranganti R, Sharma P. Phys Rev Lett 2007;98:195504.

[91]   Boyd RH, Smith GD. Polymer dynamics and relaxation. Cambridge: Cambridge University Press; 2007. [Chapter 8.2].

[92]   Richter D, Monkenbusch M, Arbe A, Colmenero J. Adv Polym Sci 2005;174:1–221.

[93]   Lichtenhan JD, Vu NQ, Carter JA, Gilman JW, Feher FJ. Macromolecules 1993;26:2141–2.

[94]   Schäfer BM, Hecht J, Harting A, Nirschl H. J Colloid Interface Sci 2010;349:186–95.

[95]   Torquato S, Jiao Y. Phys Rev E 2012;86:011102.

[96]   Molina-Bolívar JA, Galisteo-Gonzáles F, Hidalgo-Alvarez R. Colloids Surf B Biointerfaces 1999;14:3–17.

[97]   Hooper JB, Schweizer KS. Macromolecules 2006;39:5133.

[98]   Hooper JB, Schweizer KS. Macromolecules 2007;40:6998.

[99]   Anderson BJ, Zukoski CF. Langmuir 2010;26:8709–20.

[100]   Rahedi AJ, Douglas JF, Starr FW. J Chem Phys 2008;128:024902.

[101]   Tantishaiyakul V, Worakul N, Wongpoowarak W. Int J Pharm 2006;325:8–14.

[102]   Kim SY, Zukoski CF. Langmuir 2011;27:10455–63.

[103]   Kalra V, Escobedo F, Joo YL. J Chem Phys 2010;132:024901.

[104]   Glotzer SC, Coniglio A. Comput Mater Sci 1995;4:325.

[105]   Torquato S, Hyun S, Donev A. J Appl Phys 2003;94:5748.

[106]   Torquato S, Hyun S, Donev A. Phys Rev Lett 2002;89:26.

[107]   Hyde ST, de Campo L, Oguey C. Soft Matter 2009;5:2782–94.

[108]   Kirkensgaard JJK, Hyde S. Phys Chem Chem Phys 2009;11:2016–22.

[109]   Yang Q, Tian J, Hu MX, Xu ZK. Langmuir 2007;23:6684–90.

[110]   Kumar SK, Jouault N, Benicewicz B, Neely T. Macromolecules 2013;46:3199.

[111]   Yan L-T, Xie X-M-. Prog Polym Sci 2013;38:369.

[112] Liu J, Gao Y, Cao D, Zhang L, Guo Z. Langmuir 2011;27:7926.

[113] Goswami M, Sumpter BG. Phys Rev E 2010;81:041801.

[114] Frishknecht AL, McGarrity ES, Mackay ME. J Chem Phys 2010;132:204901.

[115] Füllbrandt M, Purohit PJ, Schönhals A. Macromolecules 2013;46:4626.

[116] Liu J, Wu S, Zhang L, Wang W, Cao D. Phys Chem Chem Phys 2011;13:518.

[117] Riggleman RA, Toepperwein G, Papakonstantopoulos GJ, Barrat GL, dePablo JJ. J Chem Phys 2009;130:244903.

[118] Symes MD, et al. Nat Chem 2012;4:349–54.

[119] Lehn JM. Science 2002;295:2400.

[120] Forster PM, Cheetham AK. Angew Chem Int Ed 2002;41:457.

[121] Ariga K, Hill JP, Lee MV, Vinu A, Charvet R, Acharya S. Sci Technol Adv Mater 2008;9:014109.

[122] Gazit O, Khalfin R, Cohen Y, Tannenbaum R. J Phys Chem C 2009;113:576.

[123] Damasceno PD, Engel M, Glotzer S. Science 2012;337:453.

[124] Chau JLH, Hsieh C-C, Lin Y-M, Li A-K. Prog Org Coatings 2008;62:436–9.

[125] Griffiths RA, Williams A, Oakland C, Roberts J, Vijayaraghavan A, Thomson T. J Phys D Appl Phys 2013;46:503001.

[126] Li M, Ishihara S, Ji Q, Akada M, Hill JP, Ariga K. Sci Technol Adv Mater 2012;13:053001.

[127] Kumar SK, Krishnamoorti R. Annu Rev Chem Biomol Eng 2010;1:37–58.

[128] Bajpai AK, Shukla SK, Bhanu S, Kankane S. Prog Polym Sci 2008;33:1088–118.

[129] Zhang K, Lackey MA, Cui J, Tew GN. J Am Chem Soc 2011;133:4140–8.

[130] Michlovská L, Vojtová L, Mravcová L, Hermanová S, Kučeřík J, Jancar J. Macromol Symp 2010;295:119–24.

[131] Vojtová L, Jancar J. Chemicke Listy 2005;99:491–2.

[132] Smrtka O, Jancar J. Chem Pap 2009;62:504–8.

[133] Morinaga T, Ohkura M, Ohno K, Tsujii Y, Fukuda T. Macromolecules 2007;40:1159–64.

[134] Park JT, Koh JH, Koh JK, Kim JH. Appl Surf Sci 2009;255:3739–44.

[135] Li L, Yan GP, Wu JY, Yu XH, Guo QZ, Kang ET. Appl Surf Sci 2008;255:7331–5.

[136] Xu C, Wu T, Batteas JD, Drain CM, Beers KL, Fasolka MJ. Appl Surf Sci 2006;252:2529–34.

[137] Riess Jean G. Curr Opin Colloid Interface Sci 2009;14:294–304.

[138] Krafft MP, Riess JG. Chem Rev 2009;109:1714–92.

[139] Liu P, Wang TM. Ind Eng Chem Res 2007;46:97–102.

[140] Hong CY, Zou YZ, Wu D, Liu Y, Pan CY. Macromolecules 2005;38:2606–11.

[141] Chen JC, Luo WQ, Wang HD, Xiang JM, Jin HF, et al. Appl Surf Sci 2010;256:2490–5.

[142] Rijcken CJ, Soga O, Hennink WE, van Nostrum CF. J Control Release 2007;120:131–48.

[143] Kuo S-W, Chang F-C. Prog Polym Sci 2011;36:1649–96.

[144] Baney M, Itoh M, Sakakibara A, Suzuki T. Chem Rev 1995;95:1409–30.

[145] Marcolli C, Calzaferri G. Appl Organometal Chem 1999;13:213–26.

[146] Tsuchida A, Bolln C, Sernetz FG, Frey H, Mülhaupt R. Macromolecules 1997;30:2818–24.

[147] Day VW, Klemperer WG, Mainz VV, Millar DM. J Am Chem Soc 1985;107:8262–4.

[148] Brown JF, Vogt LH. J Am Chem Soc 1965;87:4313–7.

[149] Frye CL, Collins WT. J Am Chem Soc 1970;92:5586–8.

[150] Agaskar PA. Inorg Chem 1991;30:2707–8.

[151] Feher FJ, Budzichowski TA, Rahimian K, Ziller JW. J Am Chem Soc 1992;114:3859–66.

[152] Phillips SH, Haddad TS, Tomczak SJ. Curr Opin Solid State Mater Sci 2004;8:21–9.

[153] Misra R, AlidedeoglU AH, Jarrett WL, Morgan SE. Polymer 2009;50:2906–18.

[154] Sánchez-Soto M, Schiraldi DA, Illescas S. Eur Polym J 2009;45:341–52.

[155]　Fina A, Tabuani D, Frache A, Camino G. Polymer 2005;46:7855–66.

[156]　Jeon HG, Mather PT, Haddad TS. Polym Int 2000;49:453–7.

[157]　Perrin FX, Panaitescu DM, Frone AN, Radovici C, Nicolae C. Polymer 2013;54:2347–54.

[158]　Coleman M, Painter P. Prog Polym Sci 1995;20:1–59.

[159]　Iyer S, Schiraldi DA. Macromolecules 2007;40:4942–52.

[160]　Yan L-T, Xie X-M. Prog Polym Sci 2013;38:369–405.

[161]　Kowalewska A, Fortuniak W, Chojnowski J, Pawlak A, Gadzinowska K, Zaród M. Silicon 2012;4:95–107.

[162]　Cui F-Z, Li Y, Ge J. Mater Sci Eng R 2007;57:1–27.

[163]　Hartgering JD, Beniash E, Stupp SI. Science 2001;294:1684–8.

[164]　Lutsko JF, Basios V, Nicolis G, Caremens TP, Aerts A, Martens JA, et al. J Chem Phys 2010;132:164701.

[165]　Takenaka M, Hasegawa H. Curr Opin Chem Eng 2013;2:88–94.

[166]　Toksoz S, Mammadov R, Tekinay AB, Guler MO. J Colloid Interface Sci 2011;356:131–7.